大学化学

主　编　周长春
副主编　蒋荣立　吉　琛　郑菊花
　　　　　樊　星　赵小燕

中国矿业大学出版社

内 容 简 介

本教材依据教育部相关规定,针对非化学化工类理工科四年制本科生对化学基本知识、基本技术和基本方法的需求和学时分配,整合了原无机化学、分析化学和物理化学的相关知识编写而成。本教材在教学内容的编写上力求达到基础性和科学性等各方面的统一,在保证化学基本原理、基本技术和基本方法的前提下,注意化学与工程技术、医学、药学、材料的紧密联系,介绍化学在这些学科中的应用。本教材的主要内容包括物质的聚集状态、化学反应的基本规律、溶液中的四大平衡及相关分析方法、物质结构等,力求让读者对化学的知识体系和进展有一个较为全面的了解。

图书在版编目(CIP)数据

大学化学/周长春主编. —3 版. —徐州:中国矿业大学出版社,2018.3

ISBN 978 - 7 - 5646 - 3931 - 0

Ⅰ. ①大… Ⅱ. ①周… Ⅲ. ①化学一高等学校一教材

Ⅳ. ①O6

中国版本图书馆 CIP 数据核字(2018)第 059701 号

书　　名	大学化学
主　　编	周长春
责任编辑	褚建萍
出版发行	中国矿业大学出版社有限责任公司
	(江苏省徐州市解放南路　邮编 221008)
营销热线	(0516)83885307　83884995
出版服务	(0516)83885767　83884920
网　　址	http://www.cumtp.com　E-mail:cumtpvip@cumtp.com
印　　刷	徐州中矿大印发科技有限公司
开　　本	787×960　1/16　**印张** 15.25　**插页** 1　**字数** 300 千字
版次印次	2018 年 3 月第 3 版　2018 年 3 月第 1 次印刷
定　　价	26.50 元

(图书出现印装质量问题,本社负责调换)

前　　言

在人类发展的历史长河中,科学技术的迅猛发展极大地改善了人类生存条件和生活状况。化学作为自然科学中的基本学科之一,与人类的现代文明有着密不可分的关系。人类的衣食住行无处没有化学,尤其是当前人们普遍关心的新能源、新材料、新资源的开发与利用,环境保护与可持续发展等问题都离不开化学知识和理论。在科学技术日新月异、学科交叉已经成为时代特征的今天,国内各高等院校普遍在非化学化工专业开设"大学化学"课程,作为普通高等教育的基础课程之一,以提高大学生的综合素质,改善知识结构体系,培养合格的建设者和接班人。

目前,我国高等教育的改革和发展进入了一个新的历史阶段,给大学化学教学改革提出了更高的要求,不仅要求学生在有限的学时内掌握必要的专业知识,而且要求学生有宽广的知识面,从而培养出复合型技术人才。本教材是在教学为先、育人为本的原则下,从培养高素质工科人才的总体需要出发,针对工科专业学生对化学基本知识、基本技术、基本方法的需求,将无机化学、物理化学、有机化学、材料化学、能源化学等相关部分知识进行整合的基础上编写而成的。该教材主要介绍化学反应的基本原理、水溶液中的离子平衡、氧化还原反应与电化学基础、配位化合物与配位平衡、物质的结构基础、化学与社会等内容,还特别增加了化学的应用知识等充分反映化学与现代社会息息相关的内容,力争在较少的学时内使学生对化学知识理论体系有一个较为全面的认识。希望本教材能够帮助学生用现代化学的观点观察、分析和研究物质世界的变化,培养学生的综合素质和在实践中分析问题、解决问题的能力,为今后的学习和工作打下一定的基础。

参加本教材编写的人员:周长春(第一章、第六章、附录二)、赵小燕(第二章)、蒋荣立(第三章、附录一)、吉琛(第四章)、郑菊花(第五章)、樊星(第七章)。全书由周长春、吉琛统稿。

编　者

2018.1

目　　录

第一章　绪　　论

一、化学的地位与作用

化学是一门自然科学,是人类认识物质世界、改造物质世界的重要方法和工具。人类从自然界中获得各种各样的物质,吃、穿、住、行、用等无不密切地依赖化学,能源、生物、材料、医学、信息等科学领域均离不开化学的基础与支撑作用。目前已经被人们发现的天然和人工合成的化学物质有几千万种,化学反应更是多得不计其数。

化学是人类文明的基石。化学与人类生活、社会发展的各种需要息息相关,它为人类提供食物、衣服、住房、能源,保护人类的生存环境,帮助人类战胜疾病,增强国防力量,保障国家安全。在现实生活中,化学无处不在,从星际空间的探索,到地层深处矿物的生成,化学的研究对象几乎包括整个物质世界。物质永远处于不停的运动和变化之中,包括机械运动、物理运动、化学运动、生命运动和社会运动共五种形式。其中化学运动即化学变化,主要特征是在原子核不变的前提下,发生电子的得失和转移进而生成新的物质。因此说,化学是在原子和分子水平上研究物质的性质、组成、结构、变化规律及其能量关系的科学。

化学是一门社会迫切需要的中心学科,人们的各种科学研究、生产活动乃至于日常生活,都要时时刻刻与化学打交道。化学为其他学科的发展和人们的生活提供了必需的物质基础。我国著名化学家徐光宪院士曾著文指出:"如没有发明合成氨,合成尿素和第一、第二、第三代新农药的技术,世界粮食产量至少要减半,60亿人口中的30亿就会饿死;没有发明合成各种抗生素和大量新药物的技术,人类平均寿命要缩短25年;没有发明合成纤维、合成橡胶、合成塑料的技术,人类生活要受到很大影响;没有合成大量新分子和新材料的化学工业技术,20世纪的六大技术(信息、生物、核科学、航天、激光、纳米)根本无法实现。"只要我们生活在物质世界,就不能不与化学发生联系,化学是一门中心学科的地位是十分清楚的(图1-1)。

化学是人类的无尽财富,不仅能够提供我们生活所需,也能解决我们身边的现实问题。在工业文明高度发达的今天,人类生存环境遇到了前所未有的挑战,能源与环境问题已经成为限制人类发展的瓶颈,而化学科学技术可以帮助我们开辟出一条可持续发展的道路。许多新能源,比如太阳能、核能的开发、存储及

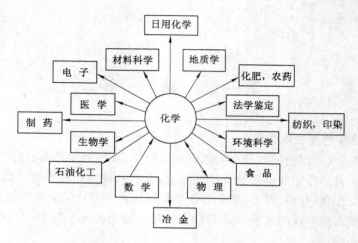

图 1-1　化学是一门中心学科

利用,节能材料的发展等都与化学密切相关,环境的保护与恢复也需要化学工作者的不懈努力。

二、化学变化的基本特征

物质的变化分为两种:一种是物理变化,另一种是化学变化。化学变化主要有以下几个特征。

1. 化学反应遵守质量守恒定律

化学变化是反应物的原子通过旧化学键破坏和新化学键形成而重新组合的过程。以氢气在氯气中燃烧生成氯化氢气体为例,在燃烧过程中氢分子的 H—H 键和氯分子的 Cl—Cl 键断裂。氢原子和氯原子通过形成新的 H—Cl 键而重新组合生成氯化氢分子。在化学反应过程中,原子核不发生变化,电子总数也不改变,因此,在化学反应前后,反应体系中物质的总质量不会改变,即遵守质量守恒定律。这条定律是组成化学反应方程式和进行化学计算时的依据。上面讲到的氢气在氯气中的燃烧反应,可用如下方程式表示

$$H_2 + Cl_2 \Longrightarrow 2HCl$$

2. 化学变化都伴随着能量变化

在化学反应中,拆散化学键需要吸收能量,形成化学键则需要放出能量,由于各种化学键的键能不同,所以当化学键改组时,必然伴随能量变化;在化学反应中,如果放出的能量大于吸收的能量,则此反应为放热反应,反之则为吸热反应。

三、化学的分支学科

从学科的角度来看,化学属于一级学科,按其研究对象和目的的不同,它的

分支学科包括无机化学、有机化学、物理化学、分析化学等。

1. 无机化学

无机化学这一分支的形成是以 19 世纪 60 年代元素周期率的发现为标志的。它主要研究的对象是除碳氢化合物及其衍生物以外的所有元素及其化合物组成、性质、结构和有关化学基础理论。时至今日，科学家已经发现的元素有 110 多种，无机化合物数量达数十万种。进入 20 世纪以来，由于化学工业及其他相关产业的兴起，无机化学有了更加广阔的舞台，如航空航天、石化能源、信息科学以及生命科学领域的发展，推动了无机化学与这些领域的融合与交叉，出现了无机材料化学、生物无机化学、有机金属化学、理论无机化学等新兴领域，使传统的无机化学再次焕发出勃勃生机。

2. 有机化学

有机化学是一门研究碳或碳氢化合物及其衍生物的组成、结构、性质、合成及其相关理论和应用的科学。

有机化学的结构理论和分类形成于 19 世纪下半叶。1861 年凯库勒提出碳的四价概念及 1874 年范特荷甫和勒贝尔的四面体学说，至今仍是有机化学最基本的概念之一。世界有机化学权威杂志就是用 Tetrahedron（四面体）命名的。医药、农药、染料、化妆品等都与有机化学有关。有机化合物都含有 C、H 两种元素，有些还含有 O、P、Cl、N、S 等非金属元素，现在已知的有机化合物数量接近 1 000 万种。而周期表中 100 多种元素形成的无机化合物才只有几十万种。有机化学是化学研究最庞大的领域。

3. 物理化学

1887 年，范特荷甫创办了《物理化学杂志》，标志着这个分支学科的形成。

物理化学是化学学科的基础理论部分，物理化学的主要内容包括化学热力学、化学动力学、结构化学三个方面。化学热力学是化学各分支科学的普遍基础，根据热力学来判断系统的稳定性、化学反应的方向和进行的程度。热化学、电化学、溶液化学、胶体化学都是化学热力学的组成部分。化学动力学主要研究化学反应的速率和反应机理。结构化学主要研究原子、分子的结构以及其结构与宏观性质的相互关系。

4. 分析化学

分析化学是研究物质的化学组成和化学结构的分析方法及其理论的一门科学。按其分析方法可以分为化学分析和仪器分析。分析化学分支形成最早，19 世纪初，相对原子质量的准确测定促进了分析化学的发展，这对相对原子质量数据的积累和周期律的发现都有很重要的作用。1841 年 Berzelius J. 的《化学教程》、1846 年 Fresenius C. R. 的《定量分析教程》和 1855 年 Mohr E. 的《化学分析滴定法教程》等专著相继出版,其中介绍的仪器设备、分离和测定方法,已初现今日分析化学的端倪。

分析化学的研究对象是物质的化学组成,它所要回答的问题是物质含有哪些组分以及各组分的含量,这些组分可以是元素、化合物,也可以是官能团。分析化学在化学发展的历史上发挥着"眼睛"的作用,历史上的一些化学基本定律,如定比定律、倍比定律、质量守恒定律、元素周期律等的发现均与分析化学密切相关。

化学学科在发展过程中与其他学科交叉结合形成多种边缘学科,如生物化学、材料化学、环境化学、农业化学、地球化学、能源化学等等,这些学科交叉对于各门学科的发展都起到积极的推动作用。

四、课程内容与学习方法

1. 课程内容与学习要点

化学是生活中的一门工具,这门工具处理的是物质的结构、性质和变化的过程。大学化学涉及的是化学工具箱中一些最简单、最基本的工具,以及这些工具的原理和使用说明。物质结构是了解物质性质和功能的基础,在物质相互转化过程中,原子是最基本的组成单元;原子通过不同形式的化学键形成具有各种功能的分子;分子通过分子间力形成自然界各种各样的物质。因此了解和掌握物质间的相互转化和相互作用要从原子结构和组成入手。物质之间通过各种化学反应相互转化,化学反应的类型包括酸碱反应、沉淀反应、氧化还原反应、配位反应等。化学反应的过程伴随着能量的流动或转化,这些流动或转化的规则构成化学热力学和动力学原理。

2. 学习方法

首先,应该重视大学化学基本概念的学习,大学化学的基本概念是在中学化学教学的基础上的延伸与拓展,是掌握化学基本原理的基础,在学习过程中务必掌握化学基本概念的精髓,领会实质,灵活运用;其次,要重视大学化学相关化学原理的学习,化学原理是人类在发展过程中对化学知识内部联系规律的总结,在学习过程中要掌握化学原理的本质,注重化学原理产生的背景、提出的理由、解决问题的思路和方法;最后,要强化自主学习,在大学里,教科书、参考书、科技文献、学科讲座等都可以作为学习的课本,资料室、图书馆、网络、实验室、教师甚至学生等等都可以作为学习的资源,应该积极获取新知识,实现自我更新和能力的提高。

大学化学是化学科学的导论课程,是工科专业的基础课程,主要介绍基本的化学理论,其主要任务是在中学化学的基础上,掌握近代化学基本理论、基本知识和基本技能,提高发现问题、分析问题和解决问题的能力,为今后的学习和工作打下一定的化学基础。

展望未来,人类社会面临着环境污染、能源不足、粮食短缺等一系列重大难题,这些问题的解决离不开化学的知识和原理。学好化学、用好化学将是未来高素质人才应该具备的最重要的基本素质。

第二章　化学反应的基本原理

对于一个化学反应,人们总是希望在理论上预先知道该反应能否按预期的方向进行,如果能进行,如何通过控制反应条件改变反应的限度,这属于化学热力学研究的内容。此外,反应的速率是多少,是按照什么步骤进行的,这属于化学动力学研究的内容。化学反应基本原理对于正确指导化工生产、合理使用能源具有重要意义。

第一节　化学反应的热效应

一、基本概念

1. 热力学基本概念

(1) 系统与环境

人们为了研究方便,习惯于把研究对象从其他物质中独立出来,这种被人为独立出来的具有一定种类和一定质量的物质所组成的整体称为系统,而系统以外的其他部分称为环境。例如,如果将 1 mol 水蒸气作为系统,则容器和容器以外的部分被视为环境。根据系统与环境间有无能量和物质的交换,可将系统分为敞开系统、封闭系统和孤立系统。敞开系统与环境之间既有物质交换又有能量交换;封闭系统与环境之间没有物质交换只有能量交换;孤立系统与环境间既没有物质交换也没有能量交换。

(2) 状态与状态函数

在化学热力学中,状态不是指物质的聚集状态,而是指系统的物理性质和化学性质的总和(如质量、温度、压力、体积、密度、组成等)。当这些性质都具有确定的值时,系统就处于一定的状态,即热力学状态。当系统处于一定状态时,这些性质就具有一定的数值。因此,系统的状态是系统的物理、化学性质的综合表现,是系统一切性质的综合。

系统的状态可由状态函数进行描述,状态函数是描述体系性质的有确定值的物理量。用来确定状态的物理量如 T、p、V、H、U、S 等都是状态函数。因为系统的状态是系统多种性质的综合表现,所以各状态函数之间是相互联系的而不是各自独立的。状态函数有一个非常重要的性质,当系统的状态发生变化时,状态函数的变化值只与系统的始态和终态有关,而与变化的具体途径无关。

（3）过程

系统状态发生任何的变化称为过程,实现这个过程的具体步骤称为途径。一个过程可以由多种不同的途径来实现,而每一个途径常由几个步骤组成。在遇到具体问题时,有时会给出明确的实现过程的途径,而有时则不一定给出。状态函数的计算在热力学中很重要,而状态函数的变化值只取决于过程的始态和终态,与途径无关。

2. 热力学第一定律

系统的状态发生变化时,系统和环境之间必然伴随着能量的交换,而能量交换的形式可以概括为"热"和"功"。热指的是在系统与环境间由于温度不同而传递的能量,用符号 Q 表示。功指的是除了热以外系统与环境间所传递的所有其他形式的能量,常用符号 W 表示,常见的功有体积功、非体积功等。热和功都是过程函数,不是状态函数。

系统内部能量的总和称为热力学能(也称内能),用符号 U 表示。人们无法知道一个体系内能的绝对值,但当封闭系统由一个状态变换到另一个状态时,系统内能的变化值可以通过热和功来确定。

能量是不能自生自灭的,但它可以变换形式,这就是能量守恒定律,在热力学中称为热力学第一定律。根据这一定律,当系统经历一个过程,如果某封闭系统由始态(内能为 U_1)变化到终态(内能 U_2),在此过程中系统从环境吸收热量为 Q,对环境做功为 W,根据能量守恒定律,体系内能的变化值为:

$$\Delta U = U_2 - U_1 = Q + W \tag{2-1}$$

这就是热力学第一定律的数学表达式。

3. 化学反应的热效应

根据热力学第一定律,化学反应过程的热效应可由下式求得:

$$Q = \Delta U - W$$

式中,W 包括各种形式的功,但是一般情况下,如果一个化学反应不在特定的装置中进行,反应中就只有系统体积变化引起的体积功,用 W' 表示体积功。不难证明,对于恒压过程,体积功的计算公式为:

$$W' = -p(V_2 - V_1) = -p\Delta V \tag{2-2}$$

将体积功代入热效应公式,有:

$$Q_p = \Delta U + p\Delta V \tag{2-3}$$

式中,Q_p 表示恒压过程的热效应,上式也可以写为:

$$Q_p = (U_2 - U_1) + (p_2 V_2 - p_1 V_1) = (U_2 + p_2 V_2) - (U_1 + p_1 V_1)$$

因为 U、p、V 都是状态函数,$U + pV$ 显然也是状态函数,将其定义为焓,用

符号 H 表示,即:

$$H = U + pV \tag{2-4}$$

$$Q_p = H_2 - H_1 = \Delta H \tag{2-5}$$

式中,ΔH 称为焓变。恒压条件下化学反应的热效应就等于系统的焓变。吸热反应,$\Delta H > 0$;放热反应,$\Delta H < 0$。

若反应在恒容条件下进行,即 $\Delta V = 0$,则有:

$$Q_v = \Delta U \tag{2-6}$$

Q_v 为恒容反应的热效应。可知,在恒容条件下,化学反应的热效应等于系统热力学能的变化。

从焓的定义式可知,由于热力学能 U 的绝对值无法测定,因此焓的绝对值也是无法测定的,但是这并不重要,因为我们关心的是化学反应前后的变化值 ΔH,所以只需要确定焓的相对值即可,这就是热力学中规定的物质的相对焓值。

根据规定,在某温度、100 kPa 的标准压力下,由最稳定单质生成 1 mol 化合物的恒压热效应,叫作该温度下该化合物的标准摩尔生成焓,简称标准生成焓,用符号 $\Delta_f H_m^{\ominus}$ 表示。显然,处于标准状态下的各元素最稳定单质的标准摩尔生成焓为零。例如反应:

$$C(石墨) + O_2(g) \longrightarrow CO_2(g)$$

是 $CO_2(g)$ 的生成反应,故该反应的标准摩尔焓变($\Delta_r H_m^{\ominus} = -393.51$ kJ/mol)就是 $CO_2(g)$ 的标准摩尔生成焓,即 $\Delta_f H_m^{\ominus} = -393.51$ kJ/mol。

常见化合物在 298.15 K 时的标准摩尔生成焓数据列于书后附录二中。需要指出的是,由于反应物与生成物的焓都随温度的升高而增大,故反应的焓变随温度的变化较小,在温度变化不大的情况下,通常将反应的焓变看作不随温度变化的值,即

$$\Delta_r H_m^{\ominus}(T) \approx \Delta_r H_m^{\ominus}(298.15 \text{ K})$$

4. 热化学方程式

表示化学反应与热效应关系的方程式称为热化学方程式。例如在 298 K 及标准状态下:

$$H_2(g) + \frac{1}{2}O_2(g) \longrightarrow H_2O(g) \qquad \Delta_r H_m^{\ominus} = -241.8 \text{ kJ/mol}$$

由于反应热与反应的方向、反应条件、物质状态、物质的量有关,因此书写热化学方程式时,必须注意以下几点:

(1) 应注明反应的温度和压力。如果是 298.15 K 和 100 kPa,可略去不写。

(2) 必须标出物质的聚集状态。通常以 g、l、s 分别表示气、液、固态。同一

物质状态不同，其反应热也不同。例如上述反应中，如果生成的是液态水，则其 $\Delta_r H_m^{\ominus} = -285.83$ kJ/mol。

（3）同一反应，书写方式不同，反应热也不同，上例如果写成：

$$2H_2(g) + O_2(g) \longrightarrow 2H_2O(g)$$

$$\Delta_r H_m^{\ominus} = -483.6 \text{ kJ/mol}$$

（4）正逆反应的绝对值相等，符号相反。例如：

$$2H_2O(g) \longrightarrow 2H_2(g) + O_2(g) \qquad \Delta_r H_m^{\ominus} = 483.6 \text{ kJ/mol}$$

二、化学反应热效应的求算

1. 用标准摩尔生成焓求算

根据生成焓的定义，稳定单质和反应物及产物之间有如下关系：

$$\sum \Delta_f H_m^{\ominus}(\text{反应物}) \xrightarrow{\quad \Delta_r H_m^{\ominus} \quad} \sum \Delta_f H_m^{\ominus}(\text{产物})$$
$$\text{稳定单质}$$

根据此关系及由状态函数变化的特点，可得到：

$$\sum \nu_i \Delta_f H_m^{\ominus}(\text{产物}) = \sum \nu_i \Delta_f H_m^{\ominus}(\text{反应物}) + \Delta_r H_m^{\ominus}$$

故有

$$\Delta_r H_m^{\ominus} = \sum \nu_i \Delta_f H_m^{\ominus}(\text{产物}) - \sum \nu_i \Delta_f H_m^{\ominus}(\text{反应物}) \qquad (2\text{-}7)$$

该式表明，对于任一化学反应的标准摩尔焓变，等于产物的标准摩尔生成焓乘以相应系数之和减去反应物标准摩尔生成焓乘以相应系数之和。

【例 2-1】　已知 $\Delta_f H_m^{\ominus}(\text{NaOH, s}) = -426.73$ kJ/mol，$\Delta_f H_m^{\ominus}(\text{Na}_2\text{O}_2, \text{s}) = -513.2$ kJ/mol，$\Delta_f H_m^{\ominus}(\text{H}_2\text{O,l}) = -285.83$ kJ/mol，求反应 $2\text{Na}_2\text{O}_2(s) + 2\text{H}_2\text{O}(l) \longrightarrow 4\text{NaOH}(s) + \text{O}_2(g)$ 的 $\Delta_r H_m^{\ominus}$。

解　由式(2-7)

$$\Delta_r H_m^{\ominus} = [4\Delta_f H_m^{\ominus}(\text{NaOH, s}) + \Delta_f H_m^{\ominus}(\text{O}_2, \text{g})] - [2\Delta_f H_m^{\ominus}(\text{Na}_2\text{O}_2, \text{s}) + 2\Delta_f H_m^{\ominus}(\text{H}_2\text{O, l})]$$
$$= [4 \times (-426.73) + 0] - [2 \times (-513.2) + 2 \times (-285.83)]$$
$$= -108.86 \text{ kJ/mol}$$

2. 利用盖斯定律求算

1840 年盖斯(Hess G. H.)根据一系列的实验事实提出了如下定律：不管化学过程是一步完成还是分数步完成，这个过程的热效应是相同的。如图 2-1 所示，体系从状态 A 变化到状态 B，不管其途径如何，其焓变的值是一定的。可以看出，盖斯定律实际上是"内能和焓是状态函数"这一结论的体现。利用这一定律，可以由已知的热效应来计算不能测量的反应热效应。

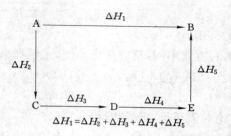

$$\Delta H_1 = \Delta H_2 + \Delta H_3 + \Delta H_4 + \Delta H_5$$

图 2-1 化学反应的不同变化途径

例如,由石墨与氧气反应生成 CO 气体的热效应无法测量,但由石墨与氧气反应生成 CO_2 以及由 CO 和 O_2 反应生成 CO_2 的热效应都可以测量,故可以设计一个如下所示的循环,利用盖斯定律就可以求出石墨和氧气反应生成 CO 的热效应 ΔH_2:

$$C(石墨) + O_2(g) \xrightarrow{\Delta H_1} CO_2(g)$$

$$\Delta H_2 \searrow \qquad \nearrow \Delta H_3$$

$$CO(g) + \frac{1}{2}O_2(g)$$

$$\Delta H_1 = \Delta H_2 + \Delta H_3$$

故有

$$\Delta H_2 = \Delta H_1 - \Delta H_3$$

第二节　化学反应进行的方向

一、自发过程与方向性

所谓自发过程是指不需要借助外力就能自动发生变化的过程。大量实验事实表明,一切自发过程都有一定的方向性,例如,高处的水会自动地流向低处;当两个温度不同的物体接触时,高温物体上的热量必定自发地流向低温物体,直至两物体的温度相等为止;锌片放入硫酸溶液必定会发生置换反应。自发过程具有单方向性的特点,它们的逆过程都不能自动发生。例如,热不可能自动从低温物体流向高温物体。

对某个反应,在没有前提条件下,是不可能判定其反应方向的。也就是说,反应进行的方向与条件有关。例如在室温下,下面化学反应自左向右进行,或者说该反应正向进行。

$$Ca(OH)_2(s) + 2CO_2(g) \longrightarrow Ca(HCO_3)_2(s)$$

如果改变条件,例如,将反应温度升高至 800 K,其反应方向就会逆向进行。

影响化学反应进行方向的主要因素究竟有哪些？这是人们关心的问题。有些化学反应在任何温度都可正向进行，而有些反应却在任何温度下均不能正向进行；有些化学反应在常温下正向进行，但在高温下则逆向进行，而有些反应在常温下不反应，但高温下正向进行。经大量的实验研究发现，温度和反应的焓变对反应进行的方向有很大的影响，焓变小于零的放热反应，有利于化学反应正向自发进行。但是如硝酸钾溶于水和冰的融化虽然都是吸热过程，但在一定的温度下都能自发进行，这表明影响反应进行的方向除了温度和反应焓变外，还有另外一个影响因素。研究发现，该影响因素是反应体系的混乱度变化。

二、熵与熵变

1. 熵的概念

研究发现，有一些 ΔH 为正值（吸热）的化学反应或过程也可以自发进行，如：

$$N_2O_5(g) \longrightarrow 2NO_2(g) + \frac{1}{2}O_2(g)$$

$$NH_4Cl(s)溶于水$$

$$H_2O(l) \longrightarrow H_2O(g)$$

$$H_2O(s) \longrightarrow H_2O(l)$$

这些能量升高的自发过程都有一个共同的特点，那就是体系的混乱度（或无序程度）增大。这表明系统还有从有序变为无序，或从混乱度较小的状态变为混乱度较大的状态的倾向。大家都知道，往一杯水中滴入几滴墨水，墨水就会自发地逐渐扩散到整杯水中，而这个过程不能自发地逆向进行。这表明，过程能自发地向混乱度增加的方向进行，或者说系统会自发地从较为有序向较为无序的方向变化。

系统内物质微观粒子的混乱度可用熵来表达，或者说系统的熵是系统内物质微观粒子混乱度的量度，以符号 S 表示。系统的熵值越大，系统内物质微观粒子的混乱度越大。热力学第二定律的表达为：在隔离系统中发生的自发进行反应必伴随着熵的增加，或隔离系统的熵总是趋向于极大值。这就是自发过程的热力学准则，称为熵增加原理。可用下式表示：

$$\Delta S(隔离) \geqslant 0 \quad \begin{matrix} 自发过程 \\ 平衡状态 \end{matrix} \Bigg\}$$

上式表明：在隔离系统中，能使系统熵值增大的过程是自发进行的；熵值保持不变的过程，系统处于平衡状态（即可逆过程）。这就是隔离系统的熵判据。

系统内物质微观粒子的混乱度与物质的聚集状态和温度有关。在绝对零度时，理想晶体内分子的各种运动都将停止，物质微观粒子处于完全整齐有序的状态。人们根据一系列低温实验事实和推测,总结出又一个经验定律——热力学第三定律:在绝对零度时,一切纯物质的完美晶体的熵值等于零。其数学表达式为:

$$S(0\ K)=0 \tag{2-8}$$

以此为基准来确定其他温度下的熵值,称为这一物质的规定熵。

单位物质的量的纯物质在标准状态下的规定熵叫作该物质的标准摩尔熵,以 $S_m^\ominus$(或简写为 $S^\ominus$)表示。书末附录二中也列出了一些单质和化合物在 298.15 K 时的标准摩尔熵 $S^\ominus$ 的数据。注意:$S^\ominus$ 的 SI 单位为 J/(mol·K);指定单质的标准熵值不是零。与标准生成焓相似,对于水合离子,因溶液中同时存在正、负离子,规定处于标准状态下水合 H^+ 的标准熵值为零,通常把温度选定为 298.15 K,即 $S_m^\ominus(H^+,aq,298.15\ K)=0$,从而得出其他水合离子在 298.15 K 时的标准摩尔熵(这与水合离子的标准生成焓相似,水合离子的标准熵也是相对值)。

由于熵值是系统混乱度的量度,所以,熵值的大小一般有如下规律:

(1)同种物质的气态熵值高于液态熵值,液态熵值高于固态熵值,即:

$$S(气)>S(液)>S(固)$$

(2)混合物或溶液的熵值大于纯物质的熵值,即:

$$S(混合物)>S(纯物质)$$

(3)简单分子的熵值小于复杂分子的熵值,如:

$$S(CH_4)<S(C_2H_6)<S(C_3H_8)<S(C_4H_{10})$$

(4)物质高温时的熵值大于低温时的熵值。

(5)物质高压时的熵值小于低压时的熵值(固体、液体不明显,而气体较明显)。

2. 熵变

熵是状态函数,反应或过程的熵变 ΔS 只与始态和终态有关,故:

$$\Delta S = S_2 - S_1$$

在标准状态下,化学反应的摩尔熵变就等于产物的标准熵之和减去反应物的标准熵之和。对于任意化学反应:

$$aA+bB \Longrightarrow gG+dD$$

$$\Delta_r S_m^\ominus = \{gS_m^\ominus(G) + dS_m^\ominus(D)\} - \{aS_m^\ominus(A) + bS_m^\ominus(B)\} \tag{2-9}$$

应当指出,虽然物质的标准熵随温度的升高而增大,但只要温度升高时没有引起物质聚集状态的改变,则化学反应的摩尔熵变受温度的影响不大。所以反应的 ΔS 与 ΔH 相似,通常在近似计算中,可忽略温度的影响,可认为反应的熵变基本不随温度而变,即

$$\Delta_r S_m^\ominus(T) \approx \Delta_r S_m^\ominus(298.15\ K)$$

【例 2-2】 计算下列反应在 298.15 K 时的熵变。

$$2SO_2(g)+O_2(g) \Longrightarrow 2SO_3(g)$$

解　查表可知：

$$2SO_2(g) + O_2(g) \Longrightarrow 2SO_3(g)$$

$S_m^{\ominus}(298.15\ K)/J/(mol \cdot K)$　　　248.1　　205.03　　256.6

$$\Delta_r S_m^{\ominus}(298.15\ K) = \sum \{\nu_i S_m^{\ominus}(298.15\ K)\}_{生成物} - \sum \{\nu_i S_m^{\ominus}(298.15\ K)\}_{反应物}$$

$$= (2 \times 256.6) - [(2 \times 248.1) + 205.03]$$

$$= -188.03\ J/(mol \cdot K)$$

【例 2-3】　已知

$$CaCO_3(s) \longrightarrow CaO(s) + CO_2(g)$$

$\Delta_f H_m^{\ominus}(298.15\ K)/kJ/mol$　　　$-1\,206.9$　　-635.6　-393.5

$S_m^{\ominus}(298.15\ K)/J/(mol \cdot K)$　　　92.9　　　　40.0　　　213.6

计算此反应的 $\Delta_r H_m^{\ominus}(298.15\ K)$ 和 $\Delta_r S_m^{\ominus}(298.15\ K)$。

解　$\Delta_r H_m^{\ominus}(298.15\ K) = [(-635.6) + (-393.5)] - (-1\,206.9)$

$$= 177.8\ kJ/mol$$

$$\Delta_r S_m^{\ominus}(298.15\ K) = (40.0 + 213.6) - 92.9$$

$$= 160.7\ J/(mol \cdot K)$$

从计算结果来看，$CaCO_3$ 的分解是吸热反应，同时又是混乱度增大的反应。吸热使体系系统能量升高，不利于反应进行，而混乱度增大却有利于反应的进行。这表明，对于这一类反应，焓变所起的作用即焓效应，与熵变所起的作用即熵效应正好相反。这样的反应其反应方向如何判断呢？事实告诉我们，在常温下 $CaCO_3$ 的分解反应是不能进行的，但是达到一定高温时反应却能自发进行，这说明反应的方向还受到温度的影响。

三、吉布斯函数与反应自发性的判据

1. 吉布斯函数

由前面讨论可知，某反应过程的自发性与焓变、熵变及温度三大因素有关，如果同时考虑这三大因素，处理较为复杂。1876 年，吉布斯(J. W. Gibbs)定义了一个新的函数——自由能(或称吉布斯函数)，该函数将这三大因素综合在一起，用符号 G 表示，其定义为：

$$G = H - TS \tag{2-10}$$

吉布斯函数 G 是由几个状态函数组合成的复合函数，由于状态函数具有加和性，故组成后的新函数也是一个状态函数。

2. 反应自发性的判据

判断恒温、恒压下化学反应方向的依据是吉布斯函数的变化值，简称吉布斯函数变：

$$\Delta G = \Delta H - T\Delta S \tag{2-11}$$

这一公式综合反映了影响反应方向的焓效应和熵效应，并考虑到了温度因素。

利用吉布斯函数变判断反应方向的方法是：

$$\Delta G < 0 \qquad 反应正向自发进行$$

$$\Delta G > 0 \qquad 反应逆向自发进行$$

$$\Delta G = 0 \qquad 反应处于平衡状态$$

由判据可知，只要算出吉布斯函数变的变化值，就可据此判断化学反应进行的方向。一般分为以下三种情况：

（1）298.15 K 下反应的标准摩尔吉布斯函数变

在 100 kPa 的标准压力下，由最稳定的单质生成 1 mol 纯物质的吉布斯函数变，称为该物质的标准摩尔生成吉布斯函数，用符号 $\Delta_f G_m^{\ominus}$ 表示。如果温度为 298.15 K，则可表示为 $\Delta_f G_m^{\ominus}(298.15 \text{ K})$。由此可知，化学反应的标准摩尔生成吉布斯函数变 $\Delta_r G_m^{\ominus}$ 就等于产物的 $\Delta_f G_m^{\ominus}$ 之和减去反应物的 $\Delta_f G_m^{\ominus}$ 之和。对于任意化学反应：

$$a\text{A} + b\text{B} =\!\!=\!\!= g\text{G} + d\text{D}$$

$$\Delta_r G_m^{\ominus} = \{g\Delta_f G_m^{\ominus}(\text{G}) + d\Delta_f G_m^{\ominus}(\text{D})\} - \{a\Delta_f G_m^{\ominus}(\text{A}) + b\Delta_f G_m^{\ominus}(\text{B})\} \tag{2-12}$$

物质的 $\Delta_f G_m^{\ominus}(298.15 \text{ K})$ 可以从书后的附表中查到。

化学反应的吉布斯函数变还可以用下式求得：

$$\Delta_r G_m^{\ominus}(298.15 \text{ K}) = \Delta_r H_m^{\ominus}(298.15 \text{ K}) - T\Delta_r S_m^{\ominus}(298.15 \text{ K}) \tag{2-13}$$

此式适用于 $T = 298.15$ K，反应物和产物都处于标准状态（气体压力为 100 kPa，溶液浓度为 1.0 mol/L）的反应。

（2）任意温度下反应的标准摩尔吉布斯函数变

温度对化学反应的吉布斯函数变有显著影响，但由于温度对 $\Delta_r H_m^{\ominus}$ 和 $\Delta_r S_m^{\ominus}$ 影响很小，所以当温度不等于 298.15 K 时，可用下式计算标准摩尔反应吉布斯函数变，即：

$$\Delta_r G_m^{\ominus}(T) \approx \Delta_r H_m^{\ominus}(298.15 \text{ K}) - T\Delta_r S_m^{\ominus}(298.15 \text{ K}) \tag{2-14}$$

（3）任意状态下反应的摩尔吉布斯函数变

计算非标准状态下反应的吉布斯函数变，可利用由热力学导出的下列公式，即：

$$\Delta_r G_m(T) = \Delta_r G_m^{\ominus}(T) + RT\ln Q \tag{2-15}$$

式中，T 为任意温度，Q 为反应商。

对于气相反应：

$$a\text{A(g)} + b\text{B(g)} =\!\!=\!\!= g\text{G(g)} + d\text{D(g)}$$

反应商可表示为：

$$Q = \frac{\{p_G/p^{\ominus}\}^g \{p_D/p^{\ominus}\}^d}{\{p_A/p^{\ominus}\}^a \{p_B/p^{\ominus}\}^b} \tag{2-16}$$

显然,若所有气体的分压均处于标准状态,即所有分压 p 均为 $p^{\ominus}$,则所有的 $(p/p^{\ominus})$ 均为 1,即 $Q=1$,$\ln Q=0$,式(2-15)即变为 $\Delta_r G_m(T) = \Delta_r G_m^{\ominus}(T)$。这时,任意态就变成了标准态,就可用 $\Delta_r G_m^{\ominus}(T)$ 判断反应的自发性。但在一般情况下,只有根据热力学等温方程求出指定态的 $\Delta_r G_m(T)$ 是否小于零,方可判断此条件下反应的自发性。

3. 计算实例

【例 2-4】 已知 $CaCO_3(s) \longrightarrow CaO(s) + CO_2(g)$ 反应的 $\Delta_r H_m^{\ominus}(298.15\ K)$ $=178.0\ kJ/mol$,$\Delta_r S_m^{\ominus}(298.15\ K) = 161.0\ J/(mol \cdot K)$。温度为 400 K 时反应能否正向进行? 估算一下 $CaCO_3$ 热分解的最低温度。

解　$\Delta_r G_m^{\ominus}(400\ K) \approx \Delta_r H_m^{\ominus}(298.15\ K) - 400 \times \Delta_r S_m^{\ominus}(298.15\ K)$

$$= 178.0 - 400 \times 0.161\ 0$$

$$= 113.6\ kJ/mol$$

因为 $\Delta_r G_m^{\ominus}(400\ K) > 0$,故 400 K 时反应不能正向进行。

若 $\Delta_r G_m^{\ominus}(T) = 0$,即 $178.0 - T \times 0.161\ 0 = 0$

$$T = 178.0/0.161\ 0 = 1\ 106\ K$$

则 $CaCO_3$ 的热分解温度应该在 1 106 K 以上。

第三节　化学平衡

一、平衡常数

绝大多数化学反应都是可逆反应,即反应在一定条件下,既可以按反应方程式向右进行正反应,也可以向左进行逆反应。当正逆反应的速率相等时,反应就达到平衡状态。此时,从宏观上看,系统中反应物和产物的浓度都不再随时间而变化,称之为"平衡浓度"。显然,化学平衡是一种动态平衡。从微观上看,反应并没有停止。大量实验表明,在一定温度下,可逆反应达到平衡时,产物浓度与反应物浓度的乘积之比为一常数,称之为平衡常数。对于气体反应:

$$aA(g) + bB(g) \longrightarrow gG(g) + dD(g)$$

各气体均视为理想气体,则有:

$$\Delta G = \Delta G^{\ominus} + RT\ln \frac{\{p_G/p^{\ominus}\}^g \{p_D/p^{\ominus}\}^d}{\{p_A/p^{\ominus}\}^a \{p_B/p^{\ominus}\}^b} \tag{2-17}$$

当 $\Delta G = 0$ 时,反应达到平衡,系统中各气体的分压 p 均为平衡时的分压 p^{eq},上式变为:

$$0 = \Delta G^{\ominus} + RT\ln \frac{\{p_G^{eq}/p^{\ominus}\}^g \{p_D^{eq}/p^{\ominus}\}^d}{\{p_A^{eq}/p^{\ominus}\}^a \{p_B^{eq}/p^{\ominus}\}^b}$$

在给定的条件下：

$$\frac{\{p_G^{eq}/p^{\ominus}\}^g \{p_D^{eq}/p^{\ominus}\}^d}{\{p_A^{eq}/p^{\ominus}\}^a \{p_B^{eq}/p^{\ominus}\}^b} = 常数$$

令此常数为 $K^{\ominus}$，可得标准平衡常数的表达式：

$$\frac{\{p_G^{eq}/p^{\ominus}\}^g \{p_D^{eq}/p^{\ominus}\}^d}{\{p_A^{eq}/p^{\ominus}\}^a \{p_B^{eq}/p^{\ominus}\}^b} = K^{\ominus} \tag{2-18}$$

并可得

$$\Delta G^{\ominus} = -RT\ln K^{\ominus} \tag{2-19}$$

对于水溶液中的反应：

$$a\mathrm{A(aq)} + b\mathrm{B(aq)} \Longrightarrow g\mathrm{G(aq)} + d\mathrm{D(aq)}$$

$$\frac{\{c_G^{eq}/c^{\ominus}\}^g \{c_D^{eq}/c^{\ominus}\}^d}{\{c_A^{eq}/c^{\ominus}\}^a \{c_B^{eq}/c^{\ominus}\}^b} = K^{\ominus} \tag{2-20}$$

对于给定反应，$K^{\ominus}$ 只与温度有关，与分压或浓度无关。在复相反应中，对于体系中的纯固相，或液相，或有大量水的水溶液，在标准平衡常数表达式中不必出现。化学反应的平衡常数代表化学反应进行的限度。通常平衡常数越大，达到平衡时产物的浓度或分压就越大，反应物的浓度和分压就越小，正反应进行得越彻底，也就是说反应物的平衡转化率就越高。转化率等于已经转化为生成物的部分占该反应物起始总量的百分比。

二、平衡常数的特征

(1) 平衡常数只是温度的函数，不随浓度的改变而改变。如果反应的平衡常数随温度的降低而增大，此反应为放热反应；反之，反应的平衡常数随温度的升高而增大，则反应为吸热反应。

(2) 平衡常数的表达方式与化学方程式的书写形式有关。例如：

① $\mathrm{N_2(g)} + 3\mathrm{H_2(g)} \Longrightarrow 2\mathrm{NH_3(g)}$，$K_1^{\ominus} = \dfrac{\{p^{eq}(\mathrm{NH_3})/p^{\ominus}\}^2}{\{p^{eq}(\mathrm{N_2})/p^{\ominus}\}\{p^{eq}(\mathrm{H_2})/p^{\ominus}\}^3}$

② $\dfrac{1}{2}\mathrm{N_2(g)} + \dfrac{3}{2}\mathrm{H_2(g)} \Longrightarrow \mathrm{NH_3(g)}$，$K_2^{\ominus} = \dfrac{p^{eq}(\mathrm{NH_3})/p^{\ominus}}{\{p^{eq}(\mathrm{N_2})/p^{\ominus}\}^{\frac{1}{2}}\{p^{eq}(\mathrm{H_2})/p^{\ominus}\}^{\frac{3}{2}}}$

③ $2\mathrm{NH_3(g)} \Longrightarrow \mathrm{N_2(g)} + 3\mathrm{H_2(g)}$，$K_3^{\ominus} = \dfrac{\{p^{eq}(\mathrm{N_2})/p^{\ominus}\}\{p^{eq}(\mathrm{H_2})/p^{\ominus}\}^3}{\{p^{eq}(\mathrm{NH_3})/p^{\ominus}\}^2}$

$$K_1^{\ominus} = (K_2^{\ominus})^2 = \frac{1}{K_3^{\ominus}}$$

(3) 若反应中涉及固体、纯液体和稀溶液中的溶剂(接近于纯液体)，因其浓度是常数，在反应过程中几乎保持恒定，所以，在平衡常数表达式中不计在内，例如：

$$CaCO_3(s) \Longrightarrow CaO(s) + CO_2(g)$$

$$K^\ominus = p^{eq}(CO_2)/p^\ominus$$

三、标准平衡常数与标准摩尔吉布斯函数变的关系

当体系在平衡状态时有：$Q = K^\ominus$。

在前面的热力学讨论中，体系为平衡状态时的自由能变化值为零，即

$$\Delta_r G_m = 0$$

代入式(2-15)得：

$$0 = \Delta_r G_m^\ominus + RT\ln K^\ominus$$

故有

$$\Delta_r G_m^\ominus = -RT\ln K^\ominus \tag{2-21}$$

或

$$\Delta_r G_m^\ominus = -2.303RT\lg K^\ominus \tag{2-22}$$

由式(2-21)可知，如果求得某化学反应的 $\Delta_r G_m^\ominus$，就可求算出该反应的标准平衡常数。

平衡常数可由反应的标准摩尔吉布斯函数变 $\Delta_r G_m^\ominus(T)$ 求得，由此可确定反应的限度。

【例 2-5】 已知：$HI(g) \Longrightarrow \frac{1}{2}H_2(g) + \frac{1}{2}I_2(g)$ 反应的 $\Delta_r H_m^\ominus(298.15\ K) = 4.7\ kJ/mol$，$\Delta_r S_m^\ominus(298.15\ K) = -10.9\ J/(mol \cdot K)$，计算此反应在 320 K 时平衡常数 $K^\ominus$。

解 根据 $\Delta_r G_m^\ominus(T) \approx \Delta_r H_m^\ominus(298.15\ K) - T\Delta_r S_m^\ominus(298.15\ K)$，有：

$$\Delta_r G_m^\ominus(320\ K) \approx 4.7 - 320 \times (-10.9 \times 10^{-3}) = 8.2\ kJ/mol$$

$$\lg K^\ominus(320\ K) = \frac{-\Delta_r G_m^\ominus(320\ K)}{2.303\ RT}$$

$$= \frac{-8.2 \times 10^3}{2.303 \times 8.314 \times 320} = -1.34$$

$$K^\ominus(320\ K) = 4.6 \times 10^{-2}$$

四、化学平衡的移动

任何化学平衡都是在一定条件下形成的，一旦这些条件发生变化，化学平衡状态就会被破坏成为不平衡状态，此时化学反应就会向某一方向移动，可以利用 Q 和 $K^\ominus$ 的相对大小来判断。

根据式(2-15)和式(2-21)可得：

$$\Delta_r G_m = -RT\ln K^\ominus + RT\ln Q \tag{2-23}$$

$$\Delta_r G_m = RT \ln \frac{Q}{K^\ominus} \tag{2-24}$$

利用式(2-24)可以判断非标准状态下化学反应进行的方向:

当 $Q < K^\ominus$ 时 $\Delta_r G_m < 0$,化学反应正向自发进行。

当 $Q = K^\ominus$ 时 $\Delta_r G_m = 0$,化学反应可逆进行。

当 $Q > K^\ominus$ 时 $\Delta_r G_m > 0$,化学反应不能正向进行,但可逆向自发反应(即逆向移动)。

能使化学平衡发生移动的因素主要有浓度、压强和温度。

1. 浓度对化学平衡的影响

由式(2-24)可知,在平衡体系中,如果增大反应物浓度,会因为反应商表达式中的分母增大而使 Q 值变小,此时 $\Delta_r G_m < 0$,为了达到新的平衡,反应必须向正方向进行,即平衡右移;反之,如果减小反应物浓度,Q 变大,导致 $\Delta_r G_m > 0$,使平衡左移。

2. 压强对化学平衡的影响

(1) 压强对没有气体参加的反应影响不大。

(2) 压强对反应前后气体分子数目没有变化的反应没有影响,例如增大或减小压强对下列反应就没有影响:

$$CO(g) + H_2O(g) \Longleftrightarrow CO_2(g) + H_2(g)$$

(3) 压强对反应前后气体分子数目变化的反应影响显著。

$$N_2(g) + 3H_2(g) \Longleftrightarrow 2NH_3(g)$$

$$K^\ominus = \frac{\left(\dfrac{p_{NH_3}}{p^\ominus}\right)^2}{\left(\dfrac{p_{N_2}}{p^\ominus}\right)\left(\dfrac{p_{H_2}}{p^\ominus}\right)^3}$$

如果将平衡体系总压增加至原来的 2 倍,此时各组分的分压都变为原来的 2 倍,其商为:

$$Q = \frac{\left(\dfrac{2p_{NH_3}}{p^\ominus}\right)^2}{\left(\dfrac{2p_{N_2}}{p^\ominus}\right)\left(\dfrac{2p_{H_2}}{p^\ominus}\right)^3}$$

即 $Q = \dfrac{1}{4}K^\ominus$,平衡向右移动。

3. 温度对化学平衡的影响

由 $\Delta_r G_m^\ominus = -RT \ln K^\ominus$ 和 $\Delta_r G_m^\ominus = \Delta_r H_m^\ominus - T\Delta_r S_m^\ominus$ 可得

$$-RT \ln K^\ominus = \Delta_r H_m^\ominus - T\Delta_r S_m^\ominus$$

即

$$\ln K^{\ominus} = \frac{\Delta_r S_m^{\ominus}}{R} - \frac{\Delta_r H_m^{\ominus}}{RT} \qquad (2-25)$$

因为化学反应的 $\Delta_r S_m^{\ominus}$ 和 $\Delta_r H_m^{\ominus}$ 值随温度的变化而改变量不大,则在 T_1 和 T_2 温度下可近似处理为:

$$\ln K_1^{\ominus} = \frac{\Delta_r S_m^{\ominus}}{R} - \frac{\Delta_r H_m^{\ominus}}{RT_1}$$

$$\ln K_2^{\ominus} = \frac{\Delta_r S_m^{\ominus}}{R} - \frac{\Delta_r H_m^{\ominus}}{RT_2}$$

将两式相减便可得:

$$\ln \frac{K_2^{\ominus}}{K_1^{\ominus}} = \frac{\Delta_r H_m^{\ominus}}{R} \left(\frac{1}{T_1} - \frac{1}{T_2} \right) \qquad (2-26)$$

由式(2-26)可知,如果是 $\Delta_r H_m^{\ominus} > 0$ 的吸热反应,当 $T_2 > T_1$ 时,$K_2^{\ominus} > K_1^{\ominus}$,即平衡常数随反应温度的升高而增大,平衡向正方向移动;反之,当 $T_2 < T_1$ 时,$K_2^{\ominus} < K_1^{\ominus}$,平衡向逆方向移动。

如果是 $\Delta_r H_m^{\ominus} < 0$ 的放热反应,当 $T_2 > T_1$ 时,$K_2^{\ominus} < K_1^{\ominus}$,即平衡常数随反应温度的升高而减小,平衡向逆方向移动;反之,当 $T_2 < T_1$ 时,$K_2^{\ominus} > K_1^{\ominus}$,平衡向正方向移动。

由上述分析可得知如下结论:如果升高温度,平衡将向吸热方向移动;如果降低温度,平衡将向放热方向移动。

需要注意的是,化学反应的自发性与化学平衡的移动或化学反应进行的方向相关,它取决于 ΔG 的值;而化学反应进行的程度或反应进行的限度与化学平衡常数 $K^{\ominus}$ 的大小相关,它取决于 $\Delta G^{\ominus}$,而不是 ΔG。

第四节 化学反应速率

化学热力学研究化学反应中能量的变化,能成功地预测化学反应进行的方向和进行的程度,但是由于热力学不涉及反应的时间,因此它不能告诉我们化学反应进行的快慢(即化学反应速率的大小)。同一化学反应,如果反应条件不同,反应速率也会发生很大变化。在人类的生产和生活中,经常需要对化学反应的速率加以控制,因此研究化学反应速率对人类的生产和生活有十分重要的意义。

一、化学反应速率的表示方法

化学反应速率是指在一定条件下,反应物转变成生成物的速率,常用单位时间内反应物浓度减少或产物浓度增加来表示。浓度常用 mol/L 表示,时间常用 s、min、h、d 表示。反应速率又分为平均速率和瞬时速率两种表示方法。

1. 平均速率

平均速率表示在某一段时间内反应物的浓度减少或产物浓度增加的平均值,即

$$v = \frac{-\Delta c(反应物)}{\Delta t} \quad 或 \quad v = \frac{\Delta c(产物)}{\Delta t}$$

对一般反应

$$a\mathrm{A} + b\mathrm{B} \longrightarrow g\mathrm{G} + h\mathrm{H}$$

以反应物浓度减少表示的反应速率和以生成物浓度增加表示的反应速率之间有如下关系

$$v = \frac{-\Delta c(\mathrm{A})}{a\Delta t} = \frac{-\Delta c(\mathrm{B})}{b\Delta t} = \frac{\Delta c(\mathrm{G})}{g\Delta t} = \frac{\Delta c(\mathrm{H})}{h\Delta t}$$

例如反应:

$$\mathrm{N_2(g)} + 3\mathrm{H_2(g)} \longrightarrow 2\mathrm{NH_3(g)}$$

化学反应速率可有如下各种表示:

$$v = \frac{-\Delta c(\mathrm{N_2})}{\Delta t} = \frac{-\Delta c(\mathrm{H_2})}{3\Delta t} = \frac{\Delta c(\mathrm{NH_3})}{2\Delta t}$$

2. 瞬时速率

瞬时速率是指在某一瞬间的化学反应速率。例如在上述反应中,如果以反应物 A 浓度的减少表示反应速率,则瞬时速率为:

$$v_\mathrm{A} = \frac{-\mathrm{d}(\mathrm{A})}{\mathrm{d}t}$$

瞬时速率可用作图的方法得到,例如 $\mathrm{H_2O_2}$ 在 45 ℃时的分解反应:

$$2\mathrm{H_2O_2} \longrightarrow 2\mathrm{H_2O} + \mathrm{O_2}$$

先用实验测出不同时间下反应物的浓度,然后绘制 c—t 图,得到如图 2-2 所示的曲线,在曲线上某点的切线斜率即为该点的瞬时速率。

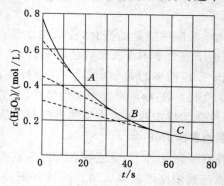

图 2-2　反应物浓度与反应时间关系

二、化学反应速率基本理论

为了阐明化学反应速率大小的原因及其影响因素,先后产生了两种理论:一是分子碰撞理论;二是过渡状态理论(也称活化配合物理论)。

1. 分子碰撞理论

分子碰撞理论由 Lewis 于 1918 年提出,该理论认为,反应物分子之间的相互碰撞是反应的先决条件。按照理论,影响反应速率的因素主要有以下三个:

(1) 碰撞分子的能量。因为化学反应是反应物化学键断裂再生成新化学键的过程,因此碰撞的分子组必须具备足够的能量(称活化分子组)才能打断反应物的化学键而生成产物,显然,这样的活化分子数越多,反应速率越大。

例如反应:

$$HI + Cl \longrightarrow HCl + I$$

Cl 原子和 HI 分子组需要有足够高的动能,才能在它们碰撞时发生反应。假设反应分子所需要的动能至少为 E_a,那么反应的温度越高,具有比 E_a 大的分子数目就越多(即活化分子组越多),因此反应的温度越高,反应的速度也越大(见图 2-3)。

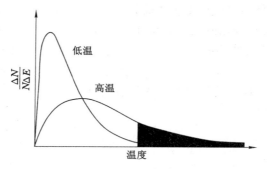

图 2-3　活化分子组数目与温度之间的关系示意图

(2) 反应物分子之间的碰撞方向。例如,以下反应:

$$NO_2 + CO \longrightarrow NO + CO_2$$

如果在分子碰撞的过程中,CO 分子中的 C 原子与 NO_2 分子中的 O 原子碰撞,使 NO_2 的一个 N—O 键断裂,断裂后的 O 原子与 CO 分子生成 CO_2 分子,这种碰撞能使反应发生,故称为有效碰撞,但如果 CO 分子中的 C 原子与 NO_2 分子中的 N 原子碰撞,则不能使 NO_2 分子中的 N—O 键断裂而发生上述反应,此时称为无效碰撞(见图 2-4)。

(3) 反应物分子碰撞的频率。显然,分子之间碰撞的频率越高,反应速率就越大。

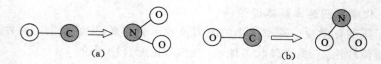

图 2-4　分子之间无效碰撞和有效碰撞示意图

碰撞理论比较直观,能够成功解释简单分子的化学反应。但由于碰撞理论简单地把分子看成是一个刚性的球,故不适应结构复杂且具有内部运动的大分子。

2. 过渡状态理论

20 世纪 30 年代,Eyring 在量子力学和统计学的基础上,提出了化学反应速率的过渡状态理论。该理论认为,当两个具有足够能量的反应物分子相互接近时,分子中的化学键要重排,能量要重新分配。在反应过程中,反应物分子先生成一个过渡状态的活化配合物,其反应历程如下:

$$\underset{\text{反应物}}{AB+C} \longrightarrow \underset{\substack{\text{活化配合物}\\ \text{(过渡状态)}}}{[A\cdots B\cdots C]} \longrightarrow \underset{\text{产物}}{A+BC}$$

反应过程中,体系势能的变化情况如图 2-5 所示,该图称为反应历程—势能图。图中 a 点为反应开始时反应物的平均势能,b 点为生成活化配合物时的势能,c 点为生成产物时的势能。图中反应物势能(a 点)与活化配合物势能(b 点)的势能差,即为正反应的活化能 E_a。b 点与 c 点的势能差为逆反应的活化能 E_a'。正反应与逆反应活化能之差即为反应的焓变:

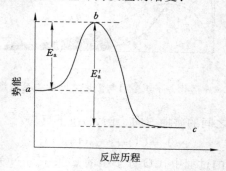

图 2-5　反应历程—势能图

$$\Delta H = E_a - E_a' \tag{2-27}$$

显然,如果 $E_a > E_a'$,则 $\Delta H > 0$,反应即为吸热反应;如果 $E_a < E_a'$,则 $\Delta H < 0$,反应则为放热反应。

三、影响化学反应速率的因素

化学反应的速率首先取决于反应物质的性质,除此之外,还与反应物的浓度、温度及催化剂等外界条件有关。

1. 浓度对反应速率的影响

(1) 质量作用定律

基元反应:反应物分子在有效碰撞中一步直接转化为产物的反应称为基元反应。例如以下反应:

$$NO_2 + CO \longrightarrow NO + CO_2$$

是一步完成的反应,故它是一个基元反应。

1867 年两位挪威科学家提出了质量作用定律:基元反应的反应速率与反应物浓度的乘积成正比,即对于任意基元反应:

$$aA + bB \longrightarrow gG + dD$$

其反应速率

$$v \propto c_A^a \cdot c_B^b$$

或

$$v = k c_A^a \cdot c_B^b \tag{2-28}$$

式中,k 为反应速率常数,即反应物为单位浓度时的反应速率,只是温度的函数,不随浓度变化。一般通过实验来测定。

非基元反应:反应物分子在多步反应后才生成产物的反应称为非基元反应。它是由多步基元反应完成的化学反应,因此,其反应速率方程由所有基元反应速率方程组合而成。对于复杂的非基元化学反应,其速率方程式需要通过实验求出。例如:

$$2H_2(g) + 2NO(g) \longrightarrow 2H_2O(g) + N_2(g)$$

是一个非基元反应,其反应速率方程就需要通过实验来确定。

(2) 反应级数

在速率方程(2-28)中,反应物浓度的方次之和 $a+b$ 称为总反应级数。对反应物 A 来说,是 a 级反应;对反应物 B 来说,是 b 级反应;对总反应来说,则是 $a+b$ 级反应。例如:

$$C_2H_5Cl \longrightarrow C_2H_4 + HCl$$

其速率方程

$$v = k \cdot c(C_2H_5Cl) \qquad\qquad 一级反应$$

$$CO(g) + NO_2(g) \Longrightarrow CO_2(g) + NO(g)$$

其速率方程

$$v = k \cdot c(CO) \cdot c(NO_2) \qquad\qquad 二级反应$$

$$2NO(g)+O_2(g)\!=\!\!=\!\!=2NO_2(g)$$

其速率方程

$$v\!=\!k\cdot\{c(NO)\}^2\cdot c(O_2) \qquad\qquad 三级反应$$

应该指出,反应级数是以速率方程为依据来确定的。对于基元反应来说,速率方程中的反应物浓度的方次就是化学方程式中反应物的系数。但对于非基元反应来说往往不是这样。例如,在 1 073 K 时下列反应:

$$2NO(g)+2H_2(g)\!=\!\!=\!\!=N_2(g)+2H_2O(g)$$

其实验测定的结果表明,当 H_2 浓度保持不变,NO 浓度增大至原来的 2 倍时,反应速率 v 增至原来的 4 倍;当 NO 浓度保持不变,H_2 浓度增大至原来的 2 倍时,反应速率 v 也增至原来的 2 倍,即:

$$v\!\propto\!\{c(NO)\}^2\cdot c(H_2)$$

其速率方程为:

$$v\!=\!k\{c(NO)\}^2\cdot c(H_2)$$

这是一个三级反应。可见,非基元反应的速率方程需要通过实验来确定。只有速率方程确定后,才能确定其反应级数。

确定反应速率方程,首先要对反应机理进行研究,例如,研究表明 $2NO+2H_2\!=\!\!=\!\!=N_2+2H_2O$ 的反应机理如下:

(1) $2NO+H_2\!=\!\!=\!\!=N_2+H_2O_2$　（慢）

(2) $H_2O_2+H_2\!=\!\!=\!\!=2H_2O$　（快）

由此可以看出,决定总反应速率的控制步骤,只能是慢反应,所以速率方程为:

$$v\!\propto\!k\{c(NO)\}^2\cdot c(H_2)$$

其他非基元反应如:

$$2N_2O_5\!=\!\!=\!\!=4NO_2+O_2 \qquad v\!=\!k\cdot c(N_2O_5) \qquad\qquad 一级反应$$

$$S_2O_8^{2-}+3I^-\!=\!\!=\!\!=2SO_4^{2-}+I_3^- \qquad v\!=\!k\cdot c(S_2O_8^{2-})\cdot c(I^-) \qquad 二级反应$$

$$4HBr+O_2\!=\!\!=\!\!=2H_2O+2Br_2 \qquad v\!=\!k\cdot c(HBr)\cdot c(O_2) \qquad 二级反应$$

反应级数可以是整数,也可以是分数,如:

$$H_2+Cl_2\!=\!\!=\!\!=2HCl \qquad v\!=\!k\cdot c(H_2)\cdot c(Cl_2)^{\frac{1}{2}} \qquad 一级半反应$$

还有一些反应速率与浓度无关,称零级反应,如 N_2O 在金粉表面热分解为 N_2 和 O_2:

$$2N_2O(g)\xrightarrow{Au}2N_2(g)+O_2(g)$$

2. 温度对反应速率的影响

温度对反应速率的影响很大。大多数化学反应的速率都随温度的升高而增加,一般温度每升高 10 K,反应速率会增加 2~4 倍。温度对反应速率的影响主要体现在对速率常数 k 的影响上。阿伦尼乌斯(Arrhenius S. A.)于 1889 年提出了一个定量关系式:

$$k = A\exp\left(\frac{-E_a}{RT}\right) \tag{2-29}$$

其对数形式为:

$$\ln k = \ln A - \frac{E_a}{RT} \tag{2-30}$$

式中　k——反应速率常数;

　　　E_a 和 A——对给定反应均为常数,E_a 叫作活化能,A 为指前因子(或频率因子);

　　　R——摩尔气体常数;

　　　T——热力学温度。

若以 $\lg k$ 为纵坐标,$1/T$ 为横坐标,可得一条直线,如图 2-6 所示。

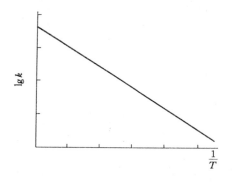

图 2-6　$\lg k$ 与 $1/T$ 的关系

图 2-6 中,直线的斜率为 $-\dfrac{E_a}{2.303R}$,而直线在纵坐标上的截距为 $\lg A$。利用作图法,可求得此反应的 A 和 E_a。此外,若测出不同温度下的 k 值,利用公式试算,也可求得 E_a 和 A(对某反应而言,当温度变化在指定范围 100 K 以内时,E_a 和 A 可看作是不随温度改变的常数)。

3. 催化剂对反应速率的影响

升高温度虽然能加快反应速率,但往往也会带来设备要求高、投资大、技术复杂、能耗高等问题,并且还会产生某些副反应,或者是反应物分解等许多不利的影响。因此人们希望找到一种既能加快化学反应速率但又不升高温度或升高温度不大的方法,使用催化剂就能达到人们的这一要求。

催化剂是一种能改变化学反应速率、其本身在反应前后质量和化学组成均不发生改变的物质。例如在过氧化氢溶液中加入少量的过渡金属离子,就能大大加快过氧化氢的分解,这些金属离子就是催化剂。

催化剂之所以能加快或减慢化学反应速率,是因为催化剂改变了化学反应的历程,降低(或升高)了反应的活化能。如图 2-7 所示,E_{a1} 是没有加催化剂时反应的活化能,E_{a2} 是加入了催化剂后的反应活化能。显然,加入催化剂使反应的活化能降低,活化分子数增加,因而使反应速率加快。

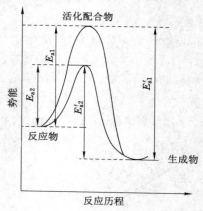

图 2-7   催化剂对反应历程的影响

凡是能加快反应速率的催化剂叫正催化剂;凡是能减慢反应速率的催化剂叫负催化剂。

由图 2-7 可以看出,催化剂在加快(或减慢)正反应速率的同时,逆反应的活化能也减少(或增加)了,故也加快(或减慢)了逆反应的速率。催化剂只能改变反应体系达到平衡的时间,不能改变平衡常数的数值。此外还可以看出,催化剂的存在并不能改变反应体系的始态和终态,仅改变反应的途径,因此催化剂没有改变反应的 $\Delta_r G_m$ 和 $\Delta_r H_m$。这说明催化剂只能加速(或减慢)热力学上认为可能进行的反应,即 $\Delta G < 0$ 的反应;对于热力学不允许进行的反应($\Delta G > 0$),使用任何催化剂都是徒劳。

一种催化剂往往只能对某一种特定的反应有催化作用,这就是催化剂的选择性。同样的反应物可能有许多平行反应时,选用不同的催化剂,得到的产物就不同。

催化剂具有一定的使用寿命,其长短随催化剂的种类和使用条件而异。催化剂因为接触少量杂质而使活性显著降低,这种现象称为催化剂中毒,如果能通过某种方法将毒物驱除而使催化剂的活性重新恢复,这种中毒为暂时性的中毒,否则为永久性中毒。

四、加快反应速率的方法

从活化分子和活化能的观点来看,如果增加单位体积内的活化分子总数就可以加快反应速率。

1. 增大浓度(或气体压力)

在给定的温度下,活化分子的数量一定,增大浓度(或气体压力),也就是增大了单位体积内的分子总数,因此增大了活化分子的总数。显然,用这种方法来加快反应速率,其效率并不高。

2. 升高温度

若分子总数不变,升高反应温度能使更多的分子因获得能量而成为活化分子,活化分子数可显著增加。

升高温度可以使反应速率迅速提高,但人们往往不希望反应在很高温度下进行,这不仅是因为需要耗费热,需要高温设备,而且在高温下,反应的生成物可能不稳定或发生某些副反应。

3. 降低活化能

常温下,一般反应物分子的能量并不大,而活化分子的数量通常极小。若设法降低反应所需要的活化能,即使温度、分子总数不变,也能使更多的分子成为活化分子,从而加快反应速率。

一般选用催化剂来改变反应的历程,从而降低反应的活化能。

习　　题

一、是非题

1. 催化剂不仅能改变化学反应速率,而且能够改变反应的标准平衡常数 $K^{\ominus}$。

2. 温度升高能使反应速率增大的原因是反应的活化能随之降低。

3. 平衡常数 $K^{\ominus}$ 值可以直接由反应的 ΔG 值求得。

4. 在常温常压下,空气中的 N_2 和 O_2 长期存在而不会生成 NO,这表明此时该反应的吉布斯函数变是负值。

5. $\Delta_r S_m^{\ominus}$ 为正值的反应都是自发反应。

6. 升高反应温度,能使反应速率常数 k 和标准平衡常数 $K^{\ominus}$ 都增大。

7. 升高温度,使吸热反应的反应速率提高,放热反应的反应速率降低,从而使平衡向吸热的方向移动。

二、选择题

1. 加入催化剂可使化学反应的下列物理量中哪一个发生改变?

A. 反应热   B. 平衡常数

C. 反应熵变   D. 速率常数

2. 某反应在 298 K 标准状态下不能自发进行,但经升温至某一温度,该反应却能自发进行。从定性角度分析,应符合的条件是:

A. $\Delta_r H_m^{\ominus} > 0, \Delta_r S_m^{\ominus} < 0$ B. $\Delta_r H_m^{\ominus} < 0, \Delta_r S_m^{\ominus} > 0$

C. $\Delta_r H_m^{\ominus} > 0, \Delta_r S_m^{\ominus} > 0$ D. $\Delta_r H_m^{\ominus} < 0, \Delta_r S_m^{\ominus} < 0$

3. 根据热力学规定,下列哪种物质在 298.15 K 时的标准摩尔生成吉布斯函数为零?

A. 石墨   B. CO_2

C. 气态 C   D. CO

4. 化学平衡常数与下列哪一个因素有关?

A. 反应物的浓度   B. 生成物的浓度

C. 反应物与生成物的浓度   D. 温度

5. 增加反应物浓度,化学反应速率加快的原因是:

A. 反应物的活化分子百分率增加   B. 反应的活化能降低

C. 化学反应的速率常数增加   D. 反应物的活化分子数目增加

6. 对于反应 $N_2(g) + 3H_2(g) \Longrightarrow 2NH_3(g)$, $\Delta_r H_m^{\ominus}(298.15 \text{ K}) = -92.2$ kJ/mol,若降低温度,下列说法错误的是:

A. $\Delta_r H_m^{\ominus}$ 基本不变   B. 正反应速率增大

C. 逆反应速率减小   D. 标准平衡常数增大

7. 已知:$Mg(s) + Cl_2(g) \longrightarrow MgCl_2(s)$, $\Delta_r H_m^{\ominus}(298.15 \text{ K}) = -624$ kJ/mol,则该反应:

A. 在任何温度下,正向反应自发进行

B. 在任何温度下,正向反应不可能自发进行

C. 高温下,正向反应是自发的,低温下,正向反应不自发

D. 高温下,正向反应不自发,低温下,正向反应可以自发进行

8. 已知反应 $A + 1/2B \Longrightarrow D$ 的标准平衡常数为 $K_1^{\ominus}$,那么反应 $2A + B \Longrightarrow 2D$ 在同一温度下的标准平衡常数 $K_2^{\ominus}$ 为:

A. $K_2^{\ominus} = K_1^{\ominus}$ B. $K_2^{\ominus} = (K_1^{\ominus})^{1/2}$

C. $K_2^{\ominus} = 1/2 K_1^{\ominus}$ D. $K_2^{\ominus} = (K_1^{\ominus})^2$

三、简答题

1. 反应 $C(s) + H_2O(g) \Longrightarrow CO(g) + H_2(g)$, $\Delta_r H_m^{\ominus}(298.15 \text{ K}) = 131.3$

kJ/mol,在反应达到平衡时,当改变下列条件,平衡向哪个方向移动？并简要说明原因。(1) 升高温度;(2) 增加总压强;(3) 减小 $CO(g)$ 的分压。

2. 反应 $N_2(g)+3H_2(g)\longrightarrow 2NH_3(g)$ 是放热反应,在反应达到平衡时,当改变下列条件,平衡向哪个方向移动？并简要说明原因。(1) 增加总压强;(2) 减小 $N_2(g)$ 的压强;(3) 升高温度。

四、计算题

1. 计算下列反应的 $\Delta_r H_m^{\ominus}(298.15\ K)$ 和 $\Delta_r S_m^{\ominus}(298.15\ K)$。

(1) $4NH_3(g)+3O_2(g)\Longrightarrow 2N_2(g)+6H_2O(l)$

(2) $NH_3(g)+稀盐酸\Longrightarrow NH_4Cl(s)$

2. 计算反应: $MgCO_3(s)\Longrightarrow MgO(s)+CO_2(g)$ 的 $\Delta_r H_m^{\ominus}(298.15\ K)$、$\Delta_r S_m^{\ominus}(298.15\ K)$、$\Delta_r G_m^{\ominus}(298.15\ K)$、$\Delta_r G_m^{\ominus}(1\ 200\ K)$ 和 $K^{\ominus}(1\ 200\ K)$。在标准状态下,$MgCO_3(s)$ 分解的最低温度是多少？

3. 人类历史上,铜器时代早于铁器时代,这与人类只能使用木材做燃料(火焰温度约为 700 K)有关。(1) 试计算标准状态下,以下两反应得以正向自发的温度范围;(2) 试从化学热力学角度说明铁器在当时不能得到发展的原因。

$$2Fe_2O_3(s)+3C(s)\Longrightarrow 4Fe(s)+3CO_2(g)$$
$$2CuO(s)+C(s)\Longrightarrow 2Cu(s)+CO_2(g)$$

4. 已知:$Ag_2CO_3(s)\Longrightarrow Ag_2O(s)+CO_2(g)$

(1) 计算该反应的 $K^{\ominus}(383\ K)$;

(2) 在 383 K 加热 Ag_2CO_3 时,为防止其分解,空气中 $p(CO_2)$ 最低应为多少千帕？

5. 试计算反应: $H_2O(g)+CO(g)\Longrightarrow H_2(g)+CO_2(g)$ 在 298.15 K 时的标准摩尔焓变、标准摩尔熵变以及标准摩尔吉布斯函数变。并根据计算判断标准状态下该反应在 250 K 时的反应方向。

6. 根据实验,在一定温度范围内,下列反应的速率方程式符合质量作用定律:

$$2NO(g)+Cl_2(g)\Longrightarrow 2NOCl(g)$$

(1) 写出该反应的反应速率表达式。

(2) 该反应的总级数是多少？

(3) 其他条件不变,如果将容器的体积增加一倍,反应速率如何变化？

(4) 如果容器体积不变,将 NO 的浓度增加到原来的 3 倍,反应速率又将如何变化？

第三章　水溶液中的离子平衡

第一节　溶液浓度的表示方法

溶液是一种分散体系,分散介质叫作溶剂,被分散物质叫作溶质。溶液可分为气体溶液(如空气)、固体溶液(固溶体)(如一些合金)和液体溶液。在液体溶液中,水溶液是最常用的物质体系。

有些物质可以任何比例互相混溶,例如乙醇和水。但对大多数物质来说,一种溶质在指定溶剂中可溶解的量是有限度的。在指定温度下,一种物质在定量溶剂中可溶的最大量,称为该物质的溶解度。

溶液的浓度表示方法可分为两大类:一类是用溶质和溶剂的相对量表示,另一类是用溶质和溶液的相对量表示。由于溶质、溶剂或溶液使用的单位不同,浓度的表示方法也不同。

一、物质的量浓度

"物质的量"是国际单位(SI)制中的基本物理量之一,它表示系统中所含基本单元的数量,用符号"n"表示,单位为"mol"。这里所谓的基本单元可以是分子、离子、原子及其他粒子,或这些粒子的特定组合。1 mol 的任何物质均含有 6.02×10^{23} 个基本单元数,6.02×10^{23} 称为阿伏伽德罗常数,用"N_A"表示。

摩尔质量(M)是指物质的质量(m)除以该物质的物质的量(n),其单位是 kg/mol,常用单位为 g/mol。表达式为:

$$M = \frac{m}{n} \tag{3-1}$$

每升(或 dm³)溶液中溶解的溶质的物质的量,称为溶液的物质的量浓度,符号为 c_B,单位为 mol/L 或 mol/dm³。表达式为:

$$c_B = \frac{n_B}{V} \tag{3-2}$$

式中　n_B——物质 B 的物质的量,mol;

　　　　V——溶液的体积,L 或 dm³。

二、质量摩尔浓度

在 1 kg 溶剂中溶解的溶质的物质的量,称为此溶液的质量摩尔浓度,符号

为 b_B，单位为 mol/kg。表达式为

$$b_B = \frac{n_B}{m_A} \tag{3-3}$$

式中　　n_B——物质 B 的物质的量，mol；

　　　　m_A——溶剂的质量，kg。

三、摩尔分数

混合系统中，某组分的物质的量(n_i)与混合物(或溶液)总物质的量(n)之比，称为该组分的摩尔分数，用符号 x_i 表示。表达式为

$$x_i = \frac{n_i}{n} \tag{3-4}$$

对于双组分系统来说，若溶质为 B，溶剂为 A，则其摩尔分数分别为

$$x_B = \frac{n_B}{n_A + n_B} \qquad x_A = \frac{n_A}{n_A + n_B} \tag{3-5}$$

显然 $x_A + x_B = 1$。对于多组分系统来说，则有 $\sum x_i = 1$。

四、质量分数

混合系统中，某组分 B 的质量(m_B)与混合物总质量(m)之比，称为组分 B 的质量分数，用符号 w_B 表示。表达式为

$$w_B = \frac{m_B}{m} \tag{3-6}$$

第二节　稀溶液通性

溶液按溶质类型有电解质溶液和非电解质溶液之分；按溶质相对含量又有稀溶液和浓溶液之分。在溶液理论发展过程中，人们最先研究认识的是非电解质稀溶液的规律。各类非电解质稀溶液具有一些共同的性质，如溶液的蒸气压下降、沸点升高、凝固点下降和产生渗透压。这些通性都与溶液中溶质的粒子数(浓度)有关，而与溶质的本性无关，这类性质称为稀溶液的依数性。

一、稀溶液的蒸气压下降

1. 液体的蒸气压

在一定温度下，把一杯液体(如水)置于密闭的容器中，一方面液面上那些能量较高的分子会克服液体分子间的引力，从液体表面逸出成为蒸气，即从液相进入气相，这个过程叫液体的蒸发或汽化；另一方面，气相中的蒸气分子在液面上不停地运动，某些蒸气分子有可能碰撞到液面上，为液体分子吸引而重新进入液相，这个过程叫凝结。例如：

$$H_2O(l) \xrightarrow[\text{凝结}]{\text{汽化}} H_2O(g)$$

在给定温度下,H_2O 的汽化速率是恒定的。在汽化刚开始时,气相中 H_2O 分子不多,凝结速率远小于汽化速率。随着汽化的进行,气相中 H_2O 分子的量逐渐增加,凝结速率也会随之加大,到某一时刻凝结速率等于汽化速率时,液体与它的蒸气处于平衡状态,这种平衡称之为相平衡,相平衡状态为饱和状态,此状态下的蒸气称为饱和蒸气,蒸气所具有的压力称为该液体的饱和蒸气压,简称蒸气压。

　　液体的蒸气压是液体的重要性质。一般讲,某纯液体的蒸气压随温度的升高而增大,而与液体的量、容器的形状、气相中是否存在其他惰性气体无关。在相同温度下,不同液体的蒸气压是不同的,液体的蒸气压越大,意味着该液体越易挥发。

　　2. 稀溶液的蒸气压下降

　　在一定的温度下,纯水的蒸气压是一个定值。若在纯水中溶入少量难挥发非电解质(如蔗糖、甘油等)后,则发现在同一温度下,稀溶液的蒸气压总是低于纯水的蒸气压(见图 3-1)。由于溶质是难挥发的物质,因此溶液的蒸气压实际上是溶液中溶剂的蒸气压。溶液的蒸气压之所以低于纯溶剂的蒸气压,是由于难挥发非电解质溶质溶于溶剂后,溶质分子占据了溶液的一部分表面,阻碍了溶剂分子的蒸发,使达到平衡时蒸发出来的溶剂分子数减少,产生的压力降低,因此溶液的蒸气压就比相同温度下纯溶

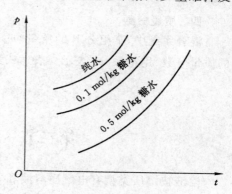

图 3-1　溶液的蒸气压下降

剂的蒸气压低,显然溶液的浓度越大,溶液的蒸气压就越低。设某温度下纯溶剂的蒸气压为 p^*,溶液的蒸气压为 p,p^* 与 p 的差值就称为溶液的蒸气压下降,用 Δp 表示,即

$$\Delta p = p^* - p$$

　　法国物理学家拉乌尔(Raoult)对溶液的蒸气压进行了定量研究,得出如下结论:在一定温度下,难挥发非电解质稀溶液的蒸气压(p)等于纯溶剂的蒸气压(p^*)与溶液中溶剂的摩尔分数(x_A)的乘积,即

$$p = p^* \cdot x_A$$

对于一个双组分系统来说

$$x_A + x_B = 1$$

所以

$$p = p^*(1 - x_B) = p^* - p^* x_B$$

$$\Delta p = p^* x_B$$

即在一定温度下,难挥发非电解质稀溶液的蒸气压下降与溶质的摩尔分数成正比,而与溶质的本性无关。

二、溶液的沸点上升和凝固点下降

1. 液体的沸点与凝固点

一种液体的蒸气压等于外压时,液体就会沸腾,此时的温度称为液体的沸点。液体的沸点随外压的升高而增大,例如:外压为 93.3 kPa 时,H_2O 的沸点为 97.7 ℃;外压为 101.3 kPa 时,H_2O 的沸点为 100 ℃;外压为 106.6 kPa 时,H_2O 的沸点为 101.4 ℃。外压为 101.3 kPa(即 1 个大气压)时,H_2O 的沸点称为正常沸点。通常所说液体的沸点是指正常沸点。

一种液体的正常凝固点是指在 101.3 kPa 外压下,该物质的液相与固相平衡时的温度。例如,H_2O 的正常凝固点是 0 ℃,此时,水与冰共存,建立了液、固两相平衡,水有其蒸气压,冰也有其蒸气压,且二者的蒸气压相等。因此,也可以认为,凝固点是液相与固相蒸气压相等时的温度。

2. 溶液的沸点升高

在某纯溶剂中加入一种难挥发的溶质时,溶液的蒸气压下降,而导致溶液的沸点升高。这里以水溶液的例子来说明。

图 3-2 给出了水、冰的蒸气压及溶有难挥发溶质的水溶液的蒸气压与温度的关系曲线。由该图看出,水的蒸气压等于外压(101 325 Pa)时,水的沸点为 t_{bp}^*(等于 100 ℃),由于水溶液的蒸气压在任何温度下都低于水的蒸气压,所以 t_{bp}^* 温度时,水溶液不会沸腾。要使水溶液沸腾,必须将溶液加热,使水溶液的蒸气

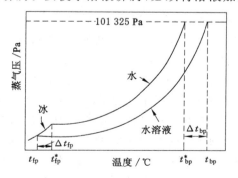

图 3-2　溶液的蒸气压下降、沸点升高和凝固点下降的图解

压等于 101 325 Pa，此时，水溶液的沸点 t_{bp} 显然高于水的沸点 t_{bp}^*。

t_{bp} 与 t_{bp}^* 的差值即为溶液的沸点升高 Δt_{bp}。溶液浓度越大，其蒸气压下降越显著，沸点升高也越显著，根据拉乌尔定律可以推导出：

$$\Delta t_{bp} = K_b b \tag{3-7}$$

即难挥发非电解质稀溶液的沸点升高值 Δt_{bp} 与溶质的质量摩尔浓度 b 成正比，而与溶质的本性无关。式中 K_b 是溶剂的沸点升高常数，它只与溶剂的性质有关。K_b 值可以理论推算，也可以实验测定，其单位是℃·kg/mol 或 K·kg/mol。

3. 溶液的凝固点降低

凝固点是指液体的蒸气压等于其固体蒸气压时系统对应的温度，此时液体的凝固和固体的熔化处于平衡状态。溶液的凝固点降低是溶液蒸气压下降的另一个必然结果。

从图 3-2 可以看出，0 ℃时水的蒸气压和冰的蒸气压相等，水开始凝固，0 ℃即为水的凝固点。但此时溶液的蒸气压低于溶剂的蒸气压，也必定低于冰的蒸气压，所以溶液 0 ℃时不结冰。要使溶液凝固，就必须进一步降低溶液的温度，使溶液和冰的蒸气压同时下降，由于冰的蒸气压下降率比水溶液大，当温度降低到 t_{fp} 时，溶液和冰的蒸气压才相等，此时的温度就是溶液的凝固点。可见溶液的凝固点总是低于纯溶剂的凝固点 t_{fp}^*，t_{fp} 与 t_{fp}^* 的差值即为溶液的凝固点降低 Δt_{fp}。非电解质稀溶液的凝固点降低 Δt_{fp} 与溶质的质量摩尔浓度 b 成正比，而与溶质的本性无关。即

$$\Delta t_{fp} = K_f b \tag{3-8}$$

式中，K_f 叫溶剂的凝固点降低常数，K_f 也只与溶剂的性质有关，其单位是℃·kg/mol 或 K·kg/mol。

4. 溶液的渗透压

在如图 3-3 所示的容器中，左边盛纯水，右边盛糖水，中间用一半透膜（一种只允许小分子通过而不允许大分子通过的物质，如动物肠衣、细胞膜、火棉胶等）隔开，并使两端液面高度相等。经过一段时间以后，可以观察到左端纯水液面下降，右端糖水液面升高，说明纯水中一部分水分子通过半透膜进入了溶液，这种溶剂分子通过半透膜向溶液中扩散的过程称为渗透。渗透现象产生的原因可粗略地解释为：溶液的蒸气压小于纯溶剂的蒸气压，所以纯水分子通过半透膜进入溶液的速率大于溶液中水分子通过半透膜进入纯水的速率，故使糖水体积增大，液面升高。随着渗透作用的进行，右端水柱逐渐增高，水柱产生的静水压使溶液中的水分子渗出速率增加，当水柱达到一定的高度时，静水压恰好使半透膜两边水分子的渗透速率相等，渗透达到平衡。在一定温度下，为了阻止渗透作用的进

行而必须向溶液施加的最小压力称为渗透压,用符号 Π 表示。

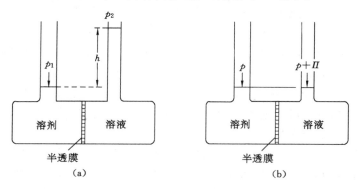

图 3-3 渗透压示意图

1886 年,荷兰物理学家范特霍夫在前人实验的基础上,得出了稀溶液的渗透压定律:

$$\Pi V = nRT \quad \text{或} \quad \Pi = \frac{n}{V}RT = cRT \tag{3-9}$$

式中,Π 是溶液的渗透压,T 是热力学温度,V 是溶液的体积,n 为溶质的物质的量,R 为摩尔气体常数,c 是溶质的物质的量浓度。如果水溶液浓度很稀,则上式可写为

$$\Pi \approx bRT \tag{3-10}$$

即在一定温度下,非电解质稀溶液的渗透压与溶质的质量摩尔浓度成正比,而与溶质的本性无关。

溶液的渗透压可用于测定溶质的摩尔质量,尤其适用于测定高分子化合物的摩尔质量。

在图 3-3 所示的装置中,如果半透膜一端不是纯水而是浓度较稀的糖水溶液,渗透现象也可以发生,此时水分子由稀溶液进入浓溶液,即由渗透压低的部位移向渗透压高的部位。渗透压高的溶液称为高渗溶液,渗透压低的溶液称为低渗溶液,如果溶液的渗透压相等,则称为等渗溶液。渗透压是溶液的一种性质,它的产生有两个条件:一是有半透膜存在,二是半透膜两侧溶液的浓度需不同。

三、稀溶液的依数性的应用

在生产和科学实践中,溶液的依数性被广泛应用,并取得了良好的效果。

例如,冬季汽车水箱中常加的防冻液、用于降温的制冷剂等都是凝固点降低的应用。有机化学实验中也常常用测定化合物的熔点或沸点的办法来检验化合物的纯度。把含有杂质的化合物当作溶液,则其熔点比纯化合物的低,沸点比纯化合物的高,而且熔点的降低值和沸点的升高值与杂质含量有关。溶液的凝固点降低和蒸气压下降还有助于说明植物的防寒抗旱功能。研究表明,当外界气温发生变化时,植物细胞内会强烈地生成可溶性碳水化合物,从而使细胞液浓度增大,凝固点降低,保证了在一定的低温条件下细胞液不致结冰,表现了相当的防寒功能;另外,细胞液浓度的增大,有利于其蒸气压的降低,从而使细胞内水分的蒸发量减少,蒸发过程变慢,因此在较高的气温下能保持一定的水分而不枯萎,表现了相当的抗旱功能。

渗透现象和生命科学有着密切的联系,它广泛存在于动植物的生理活动中。如动植物体内的体液和细胞液都是水溶液,通过渗透作用,水分可以从植物的根部被输送到几十米高的顶部。医院给病人配制的静脉注射液必须和血液等渗,因为浓度过高,水分子则从红细胞中渗出,导致红细胞干瘪;浓度过低,水分子渗入红细胞,导致红细胞胀裂。同样的原因淡水鱼不能在海水中养殖;盐碱地不利于植物生长;给农作物施肥后必须立即浇水,否则会引起局部渗透压过高,导致植物枯萎。

工业上常用"反渗透"技术进行海水的淡化或浓缩一些特殊要求的溶液。"反渗透"是指在溶液一方加上比其渗透压还要大的压力,迫使溶剂从高浓度溶液中渗出的过程。

在讨论难挥发非电解质稀溶液的依数性时要注意,浓溶液和电解质溶液也存在蒸气压下降、沸点升高、凝固点降低和渗透压,但对浓溶液和电解质溶液而言,由于溶质分子或离子之间作用力很复杂,以上的定量公式不能完全适用,必须加以校正。

第三节　酸　碱　理　论

人们对酸碱的认识经历了一个由浅入深、由低级到高级的过程。最初,认为具有酸味、能使蓝色石蕊试纸变为红色的物质是酸;而具有涩味、有滑腻感、使红色石蕊试纸变为蓝色并能与酸反应生成盐和水的物质是碱。随着生产和科学的发展,提出了一系列的酸碱理论,其中比较重要的是瑞典化学家阿伦尼乌斯于1887 年提出的电离理论;1916 年,路易斯提出的广义酸碱反应概念;1905 年,美国化学家富兰克林(Franklin E.C.)提出的酸碱溶剂理论。

一、电离理论

在 1887 年,瑞典化学家阿伦尼乌斯(Arrhenius S. A.)提出了酸碱的电离(解离)理论。

酸是在水溶液中能够电离且产生的阳离子全部是氢离子（H^+）的物质；碱是在水溶液中能够电离且产生的阴离子全部是氢氧根离子（OH^-）的物质。

根据阿伦尼乌斯的定义，重要的酸有盐酸、硫酸、硝酸等：

$$\underset{酸}{HCl(aq)} \longrightarrow \underset{氢离子}{H^+(aq)} + Cl^-(aq)$$

重要的碱有氢氧化钠、氢氧化钾等：

$$\underset{碱}{NaOH(aq)} \longrightarrow Na^+(aq) + \underset{氢氧根离子}{OH^-(aq)}$$

酸碱之间发生的反应称为中和反应：

$$HCl(aq) + NaOH(aq) \longrightarrow NaCl(aq) + H_2O(l)$$

酸碱中和反应的本质是氢离子和氢氧根离子结合生成作为溶剂的水。

氢氧化铝既能够与酸反应，也能够与碱反应，所以是两性化合物：

$$\underset{碱}{Al(OH)_3(aq)} + \underset{酸}{3HNO_3(aq)} \longrightarrow Al(NO_3)_3(aq) + 3H_2O(l)$$

$$\underset{酸}{Al(OH)_3(aq)} + \underset{碱}{NaOH(aq)} \longrightarrow NaAlO_2(aq) + 2H_2O(l)$$

酸碱电离理论从物质的组成上阐明了酸、碱的特征，使得人们对酸碱的认识发生了从现象到本质的飞跃。由于水是最常用的溶剂，因此酸碱电离理论长期以来一直为人们所熟悉和应用，在化学学科发展的长河中起到了积极的、重要的作用。但根据阿伦尼乌斯的理论，有一些物质虽然有典型的酸和碱的性质，却不能算作酸和碱，并且阿伦尼乌斯把酸碱的概念局限于水溶液中，因此该理论有其局限性。

二、质子理论

1923 年，丹麦化学家布朗斯台德（Bronsted J.）和美国化学家劳莱（Lowry T.）提出了酸碱质子理论。

该理论认为：凡是能够释放出质子的任何含有氢原子的分子或者离子都是酸；凡是能够与质子结合的分子或者离子都是碱。也就是说，酸是质子的给予体，碱是质子的接受体。

例如，HCl 能够离解为 H^+ 和 Cl^-：

$$HCl \longrightarrow H^+ + Cl^-$$

CH_3COOH 可以离解为 H^+ 和 CH_3COO^-：

$$CH_3COOH \Longrightarrow H^+ + CH_3COO^-$$

$H_2PO_4^-$ 可以离解为 H^+ 和 HPO_4^{2-}：

$$H_2PO_4^- \Longrightarrow H^+ + HPO_4^{2-}$$

NH_4^+ 可以离解为 H^+ 和 NH_3：

$$NH_4^+ \Longrightarrow H^+ + NH_3$$

$[Fe(H_2O)_6]^{3+}$ 离解为 H^+ 和 $[Fe(OH)(H_2O)_5]^{2+}$：

$$[Fe(H_2O)_6]^{3+} \rightleftharpoons H^+ + [Fe(OH)(H_2O)_5]^{2+}$$

HCl、CH_3COOH、$H_2PO_4^-$、NH_4^+、$[Fe(H_2O)_6]^{3+}$ 都可以给出质子,依据酸碱质子理论它们都是酸。酸可以是有机分子、无机分子、负离子、正离子和络合离子。酸给出质子的过程是可逆的。酸失去质子后,剩余部分就成为碱。同样,碱也可以是分子、正离子和负离子,在上面所举的例子中,Cl^-、CH_3COO^-、HPO_4^{2-}、NH_3、$[Fe(OH)(H_2O)_5]^{2+}$ 都是相应酸的碱。

质子理论强调酸与碱之间的相互依赖关系。酸给出质子后生成相应的碱,而碱与质子结合后又生成相应的酸;酸与碱之间的这种依赖关系称为共轭关系,相应的一对酸碱称为共轭酸碱对。

因此酸碱反应可以用一个通式来表示:

$$酸 \rightleftharpoons 碱 + H^+$$

也就是说,酸给出质子后所生成的碱是它的共轭碱;碱接受质子后所生成的酸为它的共轭酸。常见的共轭酸碱对可参见表 3-1。

表 3-1   **一些常见的共轭酸碱对**

酸性增强 ↑	酸 $\rightleftharpoons$ 质子 + 碱	碱性增强 ↓
	$HCl \rightleftharpoons H^+ + Cl^-$	
	$H_3O^+ \rightleftharpoons H^+ + H_2O$	
	$HSO_4^- \rightleftharpoons H^+ + SO_4^{2-}$	
	$H_3PO_4 \rightleftharpoons H^+ + H_2PO_4^-$	
	$HAc \rightleftharpoons H^+ + Ac^-$	
	$[Al(H_2O)_6]^{3+} \rightleftharpoons H^+ + [Al(H_2O)_5(OH)]^{2+}$	
	$H_2CO_3 \rightleftharpoons H^+ + HCO_3^-$	
	$H_2S \rightleftharpoons H^+ + HS^-$	
	$H_2PO_4^- \rightleftharpoons H^+ + HPO_4^{2-}$	
	$NH_4^+ \rightleftharpoons H^+ + NH_3$	
	$HCO_3^- \rightleftharpoons H^+ + CO_3^{2-}$	

质子理论扩充了电离理论,并且能很容易对酸碱进行定量的描述,所以应用得极为广泛。其局限性在于所定义的酸必须含有会离解的氢原子,不包括那些不交换质子而具有酸性的物质。

第四节   弱酸、弱碱的解离平衡

一、酸碱的平衡常数

1. 水的平衡常数

水是最常用的重要溶剂,实验证明,纯水有微弱的导电性,这说明水是一种

很弱的电解质。水电离时,一个质子由一个水分子传递给另一个水分子,形成水合氢离子和氢氧根离子:

$$H_2O + H_2O \rightleftharpoons H_3O^+ + OH^-$$

上述水的自电离,说明了在水溶液中的氢离子不是一个赤裸裸的质子,而是与一个水分子紧密结合着。习惯上把水的电离书写成:

$$H_2O \rightleftharpoons H^+ + OH^-$$

水既是酸又是碱,当然也有自身的平衡常数,水的自电离表达式为:

$$K_w^\ominus = c^{eq}(H^+)c^{eq}(OH^-)$$

$K_w^\ominus$ 称为水的离子积常数,它表示水中 H^+ 和 OH^- 浓度的乘积,在 298.15 K 时,$K_w^\ominus = 1.0 \times 10^{-14}$。

水的离子积常数说明了溶液中 H^+ 浓度和 OH^- 浓度的相互依存关系,我们把中性的水溶液定义为纯水,此时,H^+ 浓度等于 OH^- 浓度。若水溶液中 H^+ 浓度大于 OH^- 浓度,溶液是酸性的;反之,OH^- 浓度大于 H^+ 浓度,溶液是碱性的。

水溶液的酸碱性统一用 H^+ 浓度的负对数 pH 值表示,即 $pH = -lg\, c(H^+)$,当 pH<7 时,溶液为酸性,当 pH=7 时溶液为中性,当 pH>7 时溶液为碱性。

2. 酸碱的解离常数

一般情况下,为简便起见,考察一种酸 HB 在水中的解离:

$$HB \rightleftharpoons H^+ + B^-$$

反应的平衡常数为:

$$K_a^\ominus = \frac{c^{eq}(H^+)c^{eq}(B^-)}{c^{eq}(HB)}$$

$K_a^\ominus$ 称为酸的解离常数。$K_a^\ominus$ 越大,则平衡向右移动的程度越高,HB 给出质子的能力越强,则酸性越强。如乙酸(CH_3COOH)的 $K_a^\ominus = 1.8 \times 10^{-5}$,乙醇($CH_3CH_2OH$)的 $K_a^\ominus = 1.26 \times 10^{-16}$,说明乙酸的酸性比乙醇强。但由于有机酸的 K_a 一般都比较小,用其负对数表示比较方便。令

$$pK_a^\ominus = -lg\, K_a^\ominus$$

则乙酸的 $pK_a^\ominus = 4.74$,乙醇的 $pK_a^\ominus = 15.9$。所以,酸性越强,$K_a^\ominus$ 越大,$pK_a^\ominus$ 越小。

同样也可以推出一种碱 B^- 和水反应的情况为:

$$B^- + H_2O \rightleftharpoons HB + OH^-$$

$$K_b^\ominus = \frac{c^{eq}(HB)c^{eq}(OH^-)}{c^{eq}(B^-)}$$

$$pK_b^\ominus = -lg\, K_b^\ominus$$

$K_b^\ominus$ 称为碱的解离常数。$K_b^\ominus$ 越大,$pK_b^\ominus$ 越小,则碱性越强。如甲胺(CH_3NH_2)

的 $K_b^{\ominus}=4.17\times10^{-4}$，$pK_b^{\ominus}=3.38$；苯胺（$C_6H_5NH_2$）的 $K_b^{\ominus}=4.0\times10^{-10}$，$pK_b^{\ominus}=9.4$，说明甲胺的碱性比苯胺的碱性强。

3. 共轭酸碱平衡常数之间的关系

共轭酸碱的强度并不是孤立的，而是存在着内在的联系。

酸 HB 的酸性常数为：

$$HB \rightleftharpoons H^+ + B^-$$

$$K_a^{\ominus} = \frac{c^{eq}(H^+)c^{eq}(B^-)}{c^{eq}(HB)}$$

其共轭碱的碱性常数为：

$$B^- + H_2O \rightleftharpoons HB + OH^-$$

$$K_b^{\ominus} = \frac{c^{eq}(HB)c^{eq}(OH^-)}{c^{eq}(B^-)}$$

将上述两式合并得

$$K_a^{\ominus}K_b^{\ominus} = \frac{c^{eq}(H^+)c^{eq}(B^-)}{c^{eq}(HB)}\frac{c^{eq}(HB)c^{eq}(OH^-)}{c^{eq}(B^-)} = c^{eq}(H^+)c^{eq}(OH^-) = K_w^{\ominus}$$

任何共轭酸碱对的解离常数乘积都等于水的离子积常数。K_a 和 K_b 互成反比，可知共轭酸碱存在强弱互补关系，酸越强，对应的共轭碱越弱，反之，碱越强，对应的共轭酸越弱。

二、酸碱溶液 pH 值的计算

1. 一元强酸强碱溶液

强酸和强碱都是强电解质，在水溶液中全部电离。如果酸碱的浓度不是特别低的话（浓度$>10^{-6}$ mol/L），由水自身电离的氢离子浓度可以忽略不计，溶液的 pH 值直接以强酸、强碱有关浓度计算。

对于一元强酸 HB，若原始浓度为 c，则：

$$pH = -\lg c$$

0.10 mol/L HCl 溶液的 pH 值为：

$$pH = -\lg c = -\lg 0.10 = 1.00$$

对于一元强碱 B，若原始浓度为 c，则：

$$pH = pK_w^{\ominus} - pOH = 14 + \lg c$$

0.10 mol/L NaOH 溶液的 pH 值为：

$$pH = pK_w^{\ominus} - pOH = 14 + \lg 0.10 = 13.00$$

2. 一元弱酸弱碱溶液

一元弱酸如醋酸（HAc）和一元弱碱如氨水（$NH_3\cdot H_2O$），它们在水溶液中存在着离解平衡，其平衡常数 K 叫解离常数。分别用 K_a 表示弱酸的解离常数，

K_b 表示弱碱的解离常数。

（1）一元弱酸

以 HB 代表一元弱酸，在水溶液中存在如下平衡：

$$HB \rightleftharpoons H^+ + B^-$$

$$K_a^{\ominus} = \frac{[c^{eq}(H^+)/c^{\ominus}][c^{eq}(B^-)/c^{\ominus}]}{c^{eq}(HB)/c^{\ominus}}$$

由于 $c^{\ominus} = 1 \text{ mol/L}$，一般在不考虑 K_a 单位时，可将上式简化为：

$$K_a^{\ominus} = \frac{c^{eq}(H^+)c^{eq}(B^-)}{c^{eq}(HB)}$$

设该弱酸的初始浓度为 c，解离度为 α，则

$$K_a^{\ominus} = \frac{c\alpha \cdot c\alpha}{c(1-\alpha)} = \frac{c\alpha^2}{1-\alpha}$$

一般情况下，弱酸的解离度很小，所以 $1-\alpha \approx 1$，那么

$$K_a^{\ominus} \approx c\alpha^2$$

$$\alpha \approx \sqrt{K_a^{\ominus}/c}$$

$$c^{eq}(H^+) = c\alpha \approx \sqrt{K_a^{\ominus} \cdot c}$$

$$pH \approx -\lg \sqrt{K_a^{\ominus} \cdot c}$$

上式表明，溶液的解离度与其浓度的平方根成反比。这个关系式叫作稀释定律。

$K_a^{\ominus}$ 和 α 都可用来表示酸的强弱，但 α 随 c 而变，在一定温度时，$K_a^{\ominus}$ 不随 c 而变，是一个常数。

（2）一元弱碱

若以 B 代表弱碱，可写成如下反应通式：

$$B + H_2O \rightleftharpoons HB^+ + OH^-$$

$$K_b^{\ominus} = \frac{c^{eq}(HB^+)c^{eq}(OH^-)}{c^{eq}(B^-)}$$

设该弱碱的初始浓度为 c，解离度为 α，则

$$K_b^{\ominus} = \frac{c\alpha \cdot c\alpha}{c(1-\alpha)} = \frac{c\alpha^2}{1-\alpha}$$

当 α 很小时，$K_b^{\ominus} = c\alpha^2$，则

$$\alpha \approx \sqrt{K_b^{\ominus}/c}$$

$$c^{eq}(OH^-) = c\alpha \approx \sqrt{K_b^{\ominus} \cdot c}$$

【例 3-1】 计算 0.100 mol/L HAc 溶液的 H^+ 浓度、pH 值及 HAc 的解离度。

解 查得 HAc 的 $K_a^{\ominus} = 1.76 \times 10^{-5}$。

方法 Ⅰ　设 0.100 mol/L HAc 溶液中 H^+ 的平衡浓度为 x mol/L，则

$$HAc \Longrightarrow H^+ + Ac^-$$

平衡时浓度 $0.100 - x$ x x

$$K_a^\ominus(HAc) = \frac{c(H^+)c(Ac^-)}{c(HAc)} = \frac{x^2}{0.100 - x}$$

由于 $K_a(HAc)$ 很小,$0.100 - x \approx 0.100$,则

$$\frac{x^2}{0.100} \approx 1.76 \times 10^{-5}, x \approx 1.33 \times 10^{-3}$$

即

$$c^{eq}(H^+) \approx 1.33 \times 10^{-3} (mol/L)$$

方法 Ⅱ   直接代入公式

$$c^{eq}(H^+) \approx \sqrt{K_a^\ominus c} = \sqrt{1.76 \times 10^{-5} \times 0.100} = 1.33 \times 10^{-3} (mol/L)$$

从而可得

$$pH = -\lg(1.33 \times 10^{-3}) = 2.88$$

HAc 的解离度为

$$\alpha = \frac{x}{c(HAc)} = (1.33 \times 10^{-3}/0.100) \times 100\% = 1.33\%$$

3. 多元弱酸弱碱溶液

多元酸是指可以多级解离给出质子的酸,像 H_2S、H_2SO_4、H_2CO_3、H_3PO_4 和 $H_2C_2O_4$(草酸)等。多元酸的解离是分级进行的,每一级解离都有一个解离常数。以 H_2S 为例说明多元酸在水溶液中的解离。

H_2S 的一级解离为:

$$H_2S(aq) \Longrightarrow H^+(aq) + HS^-(aq)$$

$$K_{a1}^\ominus = \frac{c^{eq}(H^+)c^{eq}(HS^-)}{c^{eq}(H_2S)}$$

H_2S 的二级解离为:

$$HS^-(aq) \Longrightarrow H^+(aq) + S^{2-}(aq)$$

$$K_{a2}^\ominus = \frac{c^{eq}(H^+)c^{eq}(S^{2-})}{c^{eq}(HS^-)}$$

式中,$K_{a1}^\ominus$ 和 $K_{a2}^\ominus$ 分别表示 H_2S 的一级解离常数和二级解离常数。一般情况下,二元酸的 $K_{a1}^\ominus \gg K_{a2}^\ominus$。以硫化氢为例,一级解离生成的 H^+ 促使二级解离强烈向左移动,同时,带两个负电荷的硫离子 S^{2-} 对氢离子 H^+ 的吸引比带一个负电荷的 HS^- 对氢离子 H^+ 的吸引要强得多。因此,二级解离的解离常数比一级解离常数小得多,计算多元弱酸溶液的 H^+ 浓度时,完全可以忽略二级解离平衡,把多元酸看成一元酸,用 $K_{a1}^\ominus$ 代替一元酸的 $K_a^\ominus$ 计算即可。

【**例 3-2**】 计算 0.10 mol/L H_2S 溶液的 H^+ 浓度和 pH 值(已知:$K_{a1}^\ominus = 9.1$

$\times 10^{-8}$，$K_{a2}^{\ominus}=1.1\times 10^{-12}$）。

解　根据 $c^{eq}(\mathrm{H^+})=c\alpha\approx\sqrt{K_{a1}^{\ominus}\cdot c}$

$$=\sqrt{9.1\times 10^{-8}\times 0.10}$$

$$=9.5\times 10^{-5}(\mathrm{mol/L})$$

$$\mathrm{pH}\approx-\lg 9.5\times 10^{-5}=4.0$$

4. 同离子效应和缓冲溶液

（1）同离子效应

弱电解质的解离平衡是相对的、暂时的、动态的，当外界条件改变时，平衡将发生移动。如向 HAc 溶液中加入 NaAc，由于 NaAc 是强电解质，在溶液中全部解离成 $\mathrm{Na^+}$ 与 $\mathrm{Ac^-}$，溶液存在以下平衡：

$$\mathrm{HAc}\rightleftharpoons \mathrm{H^+}+\boxed{\mathrm{Ac^-}}$$
$$\mathrm{NaAc}\longrightarrow \mathrm{Na^+}+\boxed{\mathrm{Ac^-}}$$

由于溶液的 $\mathrm{Ac^-}$ 浓度大大增加，使 HAc 的解离平衡向左移动，从而降低 HAc 的解离度；这种在弱电解质的溶液中，加入具有相同离子的强电解质，使弱电解质解离度降低的现象，叫同离子效应。

【例 3-3】　在 0.200 mol/L HAc 溶液中，加入等体积 0.200 mol/L NaAc 溶液，求溶液的 pH 值和 HAc 的解离度，并与 0.1 mol/L HAc 溶液的 pH 值和解离度比较。已知 HAc 的 $K_{a}^{\ominus}=1.76\times 10^{-5}$。

解　两种溶液等体积混合后浓度各减少一半，均为 0.100 mol/L。

设 $c(\mathrm{H^+})$ 为 x mol/L　　　　$\mathrm{HAc}\rightleftharpoons \mathrm{H^+}+\mathrm{Ac^-}$

平衡浓度/(mol/L)　　　$0.100-x$　　x　　　$0.100+x$

$$K_{a}^{\ominus}=\frac{c^{eq}(\mathrm{H^+})c^{eq}(\mathrm{Ac^-})}{c^{eq}(\mathrm{HAc})}$$

$$1.76\times 10^{-5}=\frac{x(0.100+x)}{0.100-x}$$

由于 x 很小，$0.100\pm x\approx 0.100$，则

$$x=c(\mathrm{H^+})=1.76\times 10^{-5}$$

$$\mathrm{pH}=-\lg 1.76\times 10^{-5}=4.75$$

$$\alpha_{\mathrm{HAc}}=\frac{x}{c}=\frac{1.76\times 10^{-5}}{0.100}\times 100\%=0.017\,6\%$$

由例 3-1 可知，0.100 mol/L HAc 溶液中 pH＝2.88，解离度为 1.33%，此结果与上面计算的结果比较可知，由于同离子效应，HAc 的解离度从 1.33% 降到 0.017 6%，pH 值由 2.88 升至 4.75。

（2）缓冲溶液

　　许多化学反应和生产过程,如生物制剂中有效成分的提取,特别是生物体内的酶催化反应,常需要在一定 pH 值范围的溶液中进行。如果反应过程中介质 pH 值发生较大改变,会影响反应的正常进行,酶的活性会大大降低,甚至丧失活性。人体内的各种体液都具有一定的 pH 值范围,如人体血液正常 pH 值为 7.35～7.45;成人胃液正常 pH 值为 1.0～3.0;唾液正常 pH 值为 6.35～6.85 等。如果体液的 pH 值偏离正常范围 0.4 单位以上,就能导致疾病,甚至死亡。那么,怎样才能维持溶液的 pH 值范围基本恒定呢?

　　在室温下,若向 1 kg、pH 值为 7.00 的纯水中加入 0.010 mol HCl 或 0.010 mol NaOH,则溶液的 pH 值分别为 2.00 或 12.00,即改变了 5 个单位;若向 1 kg 含有 0.10 mol/kg HCN 和 0.10 mol/kg NaCN 的混合溶液中(pH 值为 9.40),加入 0.010 mol HCl 或 0.010 mol NaOH,则溶液的 pH 值分别为 9.31 和 9.49,即改变了 0.09 个单位。实践表明,在一定浓度的共轭酸碱对混合溶液中,外加少量强酸、强碱或稍加稀释时,溶液的 pH 值基本不发生变化。这种能抵抗外加少量强酸或强碱,而维持 pH 值基本不发生变化的溶液称为缓冲溶液(buffer solution)。缓冲溶液所具有的抵抗外加少量强酸、强碱的作用称为缓冲作用(buffer action)。

　　① 缓冲作用机理

　　缓冲溶液一般由弱酸和它的共轭碱(如 HAc—NaAc)、弱碱和它的共轭酸(如 $NH_3 \cdot H_2O$—NH_4Cl)、多元弱酸和它的共轭碱(H_3PO_4—NaH_2PO_4)组成。组成缓冲溶液的一对共轭酸碱,如 HAc—Ac^-、NH_3—NH_4^+、H_3PO_4—$H_2PO_4^-$ 称为缓冲对。

　　缓冲溶液中共轭酸碱之间存在的平衡可用如下通式表示:

$$酸 \Longleftrightarrow H^+ + 共轭碱$$

　　如果溶液的酸性增强(往溶液中加酸),溶液中的共轭碱将与之结合,平衡向左移动;如果溶液的碱性增强(往溶液中加碱),溶液中的酸将与之结合,那么平衡向右移动。下面以 HAc—NaAc 系统为例进一步说明。

　　在含有 HAc 和 NaAc 的水溶液中,弱电解质 HAc 的质子转移平衡和强电解质 NaAc 的解离反应如下:

$$HAc + H_2O \Longleftrightarrow H_3O^+ + \boxed{Ac^-}$$
$$NaAc \longrightarrow Na^+ + \boxed{Ac^-}$$

　　NaAc 的加入使 HAc 平衡向左移动,发生了同离子效应,抑制了 HAc 的解离,使得 HAc 和 Ac^- 浓度都比较大,而 H^+ 浓度则很小。当加入少量酸时,加入的 H^+ 与 HAc 解离出的 H^+ 产生同离子效应,解离平衡向左移动,H^+ 离子浓度不会显著增加;当加入少量碱时,OH^- 与体系原来解离出的 H^+ 结合生成 H_2O,平衡向右移动,HAc 会不断解离出 H^+,使 H^+ 保持基本稳定,pH 值改变不大;当加入 H_2O 对溶液稀释时,H^+、Ac^-、HAc 三者的浓度同时减小,仅 HAc 解离度增大,其所产生的 H^+ 也可保持溶液的 pH 值基本不变。显然,当加入大量的 H^+、OH^- 时,溶液中 HAc、NaAc 将消耗殆尽,失去缓冲能力,故缓冲溶液的缓冲能力是有限的。

在缓冲溶液中,弱酸(HAc)称为抗碱成分,其共轭碱(Ac^-)称为抗酸成分。正是由于在缓冲溶液中弱酸及其共轭碱浓度比较大,且存在弱酸及其共轭碱之间的质子转移平衡,抗酸时消耗共轭碱并转变为原来的弱酸,抗碱时消耗弱酸并转变为它的共轭碱,从而维持溶液的 pH 值基本不变。

② 缓冲溶液的 pH 值计算

缓冲溶液一般由弱酸和弱酸盐(例如 HAc—NaAc)或弱碱和弱碱盐(例如 $NH_3 \cdot H_2O$—NH_4Cl)组成。下面以 HAc—NaAc 为例进行分析。

在 HA—A^- 缓冲溶液中存在下列质子转移平衡:

$$HA + H_2O \Longrightarrow A^- + H_3O^+$$

同时有

$$NaA \longrightarrow Na^+ + A^-$$

设弱酸(HAc)的浓度为 $c_{酸}$,弱碱(Ac^-)的浓度为 $c_{碱}$,根据弱酸的电离平衡:

$$HAc \Longrightarrow H^+ + Ac^-$$

平衡浓度 $\qquad\qquad c_{酸} - x \qquad x \qquad c_{碱} + x$

由于同离子效应,x 很小,则 $c_{酸} - x \approx c_{酸}$,$c_{碱} + x \approx c_{碱}$,则

$$K_a^{\ominus} = \frac{c^{eq}(H^+) c^{eq}(A^-)}{c^{eq}(HA)}$$

$$c^{eq}(H^+) = \frac{K_a c_{酸}}{c_{碱}}$$

两边取负对数

$$pH = pK_a^{\ominus} - \lg \frac{c_{酸}}{c_{碱}} \qquad\qquad (3\text{-}11)$$

式(3-11)是计算弱酸—弱酸盐缓冲溶液 pH 值的公式。

同理可得弱碱弱酸盐类型的缓冲溶液 pH 值的计算公式:

$$pOH = pK_b^{\ominus} - \lg \frac{c_{碱}}{c_{酸}}$$

$$pH = 14 - pOH = 14 - pK_b^{\ominus} + \lg \frac{c_{碱}}{c_{酸}} \qquad\qquad (3\text{-}12)$$

【例 3-4】 将 0.30 mol/L NaOH 100 mL 与 0.45 mol/L NH_4Cl 200 mL 混

合,计算混合后溶液的 pH 值。已知 $NH_3 \cdot H_2O$ 的 $K_b^\ominus = 1.76 \times 10^{-5}$。

解 由于 NH_4Cl 与 NaOH 反应生成 $NH_3 \cdot H_2O$,同时 NH_4Cl 过量,所以混合后溶液是缓冲溶液。

$$NaOH + NH_4Cl = NH_3 \cdot H_2O + NaCl$$

按题意有:$c(NH_3 \cdot H_2O) = \dfrac{0.30 \times 100}{100 + 200} = 0.10 \ (mol/L)$

$$c(NH_4Cl) = \dfrac{0.45 \times 200 - 0.30 \times 100}{100 + 200} = 0.20 \ (mol/L)$$

根据式(3-12)有:

$$pH = 14 + \lg(1.76 \times 10^{-5}) + \lg \dfrac{0.10}{0.20} = 8.95$$

【例 3-5】 在 1 L 溶液中,含有 0.1 mol/L HAc、0.10 mol/L NaAc。

① 计算该溶液的 pH 值。已知 HAc 的 $K_a^\ominus = 1.76 \times 10^{-5}$。

② 在上述溶液中加入 1 mL 1 mol/L NaOH 溶液后的 pH 值。

③ 在 1 000 mL 纯水中加入 1 mL 1 mol/L NaOH 后的 pH 值。

解 ① 根据式(3-11),得

$$pH = \lg K_a^\ominus - \lg \dfrac{c_{酸}}{c_{碱}} = \lg 1.76 \times 10^{-5} - \lg \dfrac{0.10}{0.10} = 4.75$$

② 加入 1 mL 1 mol/L NaOH 溶液后,将消耗 1 mmol 的 HAc,并生成 1 mmol 的 NaAc。故有:

$$HAc = H^+ + Ac^-$$

平衡时相对浓度: $\dfrac{(0.1 - 1 \times 10^{-3})}{(1 - 0.001)}$ $\qquad x \qquad$ $\dfrac{(0.1 + 1 \times 10^{-3})}{1.001}$

$pH = pK_a^\ominus - \lg(c_{酸}/c_{碱}) = 4.75 - \lg[(0.1 - 0.001)/(0.1 + 0.001)] = 4.76$

计算表明,加入 NaOH 后,溶液的 pH 值几乎没有变化。

③ $c(OH^-) = 1 \times 10^{-3}/(1 + 0.001) = 0.001 \ mol/L$

$$pOH = 3$$
$$pH = 14 - 3 = 11$$

③ 缓冲溶液的配制

向缓冲溶液中加入少量的酸和碱时,溶液的 pH 值可维持不变,但加入过多的酸和碱时,缓冲溶液就不起作用了,衡量缓冲溶液缓冲能力大小的尺度称缓冲容量。通过计算可以知道缓冲容量与组成缓冲溶液的共轭酸碱对浓度有关,浓度越大,缓冲容量越大;同时,也与缓冲组分的比值有关,当共轭酸碱对浓度比值为 1 时,缓冲容量最大,离 1 越远,缓冲容量越小。所以,缓冲体系中共轭酸碱对之间的浓度通常在 10:1 到 1:10 之间,即:

弱酸及共轭碱系统 $\qquad$ pH $=$ p$K_a^\ominus \pm 1$

弱碱及共轭酸系统 $\qquad$ pOH $=$ p$K_b^\ominus \pm 1$

当缓冲组分的比值为 $1:1$ 时,缓冲容量最大,此时 pH $=$ p$K_a^\ominus$,pOH $=$ p$K_b^\ominus$。

所以配制一定 pH 值的缓冲溶液可选用 p$K_a^\ominus$ 与 pH 相近的酸及其共轭碱或 p$K_b^\ominus$ 与 pOH 相近的碱及其共轭酸。

如需 pH $=$ 5 的缓冲溶液,则应选用 p$K_a^\ominus$ $=$ $4\sim6$ 的弱酸。例如 $K_a^\ominus$(HAc) $=1.76\times10^{-5}$,p$K_a^\ominus$(HAc) $=4.75$,所以选用 HAc—NaAc 即可。

若需 pH $=$ 9 的缓冲溶液,可选用 pOH $=$ $4\sim5$,即 p$K_b^\ominus$ $=$ $4\sim5$ 的弱碱,$K_b^\ominus$(NH$_3$ · H$_2$O) $=1.78\times10^{-5}$ 合适,所以选 NH$_3$ · H$_2$O—NH$_4$Cl,可配制 pH $=$ $9\sim10$ 的缓冲溶液。

缓冲溶液主要有两类:一类用于控制溶液的酸碱度;一类称为标准缓冲溶液,用于校正酸度计。常见的缓冲溶液如表 3-2 所示。

表 3-2 $\qquad$ **常见的缓冲溶液**

缓冲溶液	共轭酸	共轭碱	pK_a
邻苯二甲酸氢钾—HCl	—COOH / —COOH (苯环)	—COO$^-$ / —COOH (苯环)	2.89
HAc—NaAc	HAc	Ac$^-$	4.75
六次甲基四胺—HCl	(CH$_2$)$_6$N$_4$H$^+$	(CH$_2$)$_6$N$_4$	5.15
NaH$_2$PO$_4$—Na$_2$HPO$_4$	H$_2$PO$_4^-$	HPO$_4^{2-}$	7.21
Na$_2$B$_4$O$_7$—HCl	H$_3$BO$_3$	H$_2$BO$_3^-$	9.24
NH$_3$—NH$_4$Cl	NH$_4^+$	NH$_3$	9.25
Na$_2$B$_4$O$_7$—NaOH	H$_3$BO$_3$	H$_2$BO$_3^-$	9.24
NaHCO$_3$—Na$_2$CO$_3$	HCO$_3^-$	CO$_3^{2-}$	10.25

【例 3-6】 用 HAc—NaAc 配制 pH $=$ 4.00 的缓冲溶液,求所需 c(HAc)/c(NaAc) 的比值。

解 $$pH = pK_a^\ominus(HAc) - \lg \frac{c_{酸}}{c_{共轭碱}}$$

$$4.00 = 4.75 - \lg \frac{c_{酸}}{c_{共轭碱}}$$

故 $$\frac{c_{HAc}}{c_{NaAc}} = 5.6$$

【例 3-7】 欲配置 pH $=$ 9.0 的缓冲溶液 1 L,应选用哪种物质为宜? 其浓度比如何?

解　$pH=9.0$,$pOH=5.0$,选用 $pK_b^{\ominus}=5$ 左右的弱碱,如 $NH_3 \cdot H_2O$,其 $K_b^{\ominus}=1.78 \times 10^{-5}$,故可选用 $NH_3 \cdot H_2O$ 和 NH_4^+ 组成缓冲系统。

又根据

$$pOH = pK_b^{\ominus} - \lg \frac{c_{\text{碱}}}{c_{\text{共轭酸}}}$$

$$5.0 = -\lg(1.78 \times 10^{-5}) - \lg \frac{c_{\text{碱}}}{c_{\text{共轭酸}}}$$

所以

$$\frac{c_{\text{碱}}}{c_{\text{共轭酸}}} = 0.56$$

缓冲溶液在工业、农业、生物学等方面应用很广。例如,在硅半导体器件的生产过程中,需要用氢氟酸(HF 的水溶液)腐蚀以除去硅片表面没有用胶膜保护的那部分氧化膜 SiO_2,反应为

$$SiO_2 + 6HF \Longrightarrow H_2[SiF_6] + 2H_2O$$

如果单独用 HF 溶液做腐蚀液,水合 H^+ 浓度太大,而且随着反应的进行,水合 H^+ 浓度会发生变化,即 pH 不稳定,造成腐蚀的不均匀,因此需应用 HF 和 NH_4F 的混合溶液来腐蚀,才能达到工艺的要求。

又如,金属器件进行电镀时,电镀液中常用缓冲溶液来控制一定的 pH。在制革、染料等工业及化学分析中也要用到缓冲溶液。

在土壤中,由于含有 H_2CO_3—$NaHCO_3$ 和 NaH_2PO_4—Na_2HPO_4,以及其他有机弱酸和共轭碱所组成的复杂的缓冲系统,能使土壤维持一定的 pH 值,从而保证了植物的正常生长。

生物体内发生的很多化学反应对 pH 值极为敏感。例如很多生物化学过程中酶的催化作用只有在很窄的 pH 范围内才能起作用。因此,人体的组织细胞内和运输细胞的体液里具有一个非常复杂的缓冲溶液体系以保持 pH 值的稳定。将氧气传送到人体各部位的血液,就是生物体内一个典型的缓冲溶液。

人体内的血液略呈碱性,正常情况下 pH 值为 7.35～7.45。如果 pH 值偏离这个范围,则对细胞膜的稳定、蛋白质的结构以及酶的活性都有极大的破坏作用。当 pH 值低于 6.8 或高于 7.8 的时候,则会引起死亡。pH 值低于 7.35 的情况称之为酸中毒;pH 值高于 7.45 的情况称之为碱中毒。酸中毒的情况更多见一些,主要是因为正常的新陈代谢在体内能产生几种酸。体内控制血液 pH 值的主要缓冲体系是由碳酸(H_2CO_3)和碳酸根(HCO_3^-)离子组成的。此外,碳酸还可以分解为二氧化碳和水。这个缓冲体系内的主要平衡有:

$$H^+(aq) + HCO_3^-(aq) \Longrightarrow H_2CO_3(aq) \Longrightarrow H_2O(l) + CO_2(g)$$

第五节　多相离子平衡

水溶液中的酸碱平衡是均相反应,除此之外,另一类重要的离子反应是难溶电解质在水中的溶解,即在含有固体难溶电解质的饱和溶液中,存在着电解质与由它解离产生的离子之间的平衡,叫作沉淀—溶解平衡。这是一种多相离子平衡。沉淀的生成和溶解现象在我们的周围经常发生。例如,肾结石通常是生成难溶盐草酸钙 CaC_2O_4 和磷酸钙 $Ca_3(PO_4)_2$ 所致;自然界中石笋和钟乳石形成与碳酸钙 $CaCO_3$ 沉淀的生成和溶解反应有关;工业上可用碳酸钠与消石灰制取烧碱等。这些实例说明了沉淀—溶解平衡对生物化学、医学、工业、生产以及生态学有着深远影响。

一、溶度积

1. 溶度积常数

所谓难溶的电解质在水中不是绝对不能溶解的。在一定温度下,将难溶电解质晶体放入水中,就发生溶解和沉淀两个相反的过程。例如,把 AgCl 晶体放入水中时,在极性分子 H_2O 的作用下,AgCl 晶体表面的部分 Ag^+、Cl^- 脱离晶体表面进入溶液成为水合离子,这个过程即为溶解;另一方面,进入溶液的水合离子 Ag^+、Cl^- 在不断的运动中互相碰撞,又返回到晶体表面,以沉淀的形式析出,这一过程即为沉淀。在一定条件下,当沉淀与溶解的速率相等时,这两个方向相反的过程达到平衡状态。因为平衡是建立在固体和溶液中离子之间的,所以称多相离子平衡,又称沉淀—溶解平衡。AgCl 的沉淀—溶解平衡可表示为:

$$AgCl(s) \underset{沉淀}{\overset{溶解}{\rightleftharpoons}} Ag^+(aq) + Cl^-(aq)$$

此时,溶液中的离子浓度将不随时间变化,因此,这时溶液的浓度就是该温度下的溶解度,此系统就是该电解质的饱和溶液。其平衡常数表达式为

$$K = K_{sp}^{\ominus}(AgCl) = c^{eq}(Ag^+) \cdot c^{eq}(Cl^-)$$

为了表明这种平衡常数的特殊性,通常用 $K_{sp}^{\ominus}$ 代替 K 以示区别,并把难溶电解质的化学式注在后面。

此式表明:难溶电解质的饱和溶液中,当温度一定时,其离子浓度的乘积为一常数,这个平衡常数 K_{sp} 叫作溶度积常数,简称溶度积。

根据平衡常数表达式的书写原则,对于通式:

$$A_nB_m(s) \rightleftharpoons nA^{m+}(aq) + mB^{n-}(aq)$$

溶度积的表达式为

$$K_{sp}^{\ominus}(A_nB_m) = \{c^{eq}(A^{m+})\}^n \cdot \{c^{eq}(B^{n-})\}^m$$

与其他平衡常数一样,K_{sp} 的数值既可以由实验测得,也可以应用热力学数据来计算。

【例 3-8】 计算 25 ℃ 时 AgCl 的溶度积。

解
$$AgCl(s) \Longrightarrow Ag^+(aq) + Cl^-(aq)$$

$\Delta_f G_m^{\ominus}(298.15\ K)/(kJ/mol)$ -109.80 77.124 -131.26

$$\Delta_r G_m^{\ominus}(298.15\ K) = 55.66\ kJ/mol$$

在 25 ℃ 时有

$$\ln K^{\ominus} = \ln K_{sp}^{\ominus}(AgCl) = -\frac{\Delta G^{\ominus}}{RT} = \frac{-55.66 \times 1\ 000}{8.314 \times 298.15} = -22.45$$

$$K_{sp}^{\ominus}(AgCl) = 1.78 \times 10^{-10}$$

2. 溶度积和溶解度的关系

难溶电解质的溶解度是指在一定温度下,1 L 难溶电解质的饱和溶液中难溶电解质溶解的量,用 s 表示,单位为 mol/L。溶度积 K_{sp} 和溶解度 s 虽然都能反映难溶电解质溶解的难易,但 K_{sp} 反映的是难溶电解质溶解的热力学本质——溶解作用进行的倾向,与难溶电解质的离子浓度无关,若温度一定,便是一个定值;而溶解度 s 除与难溶电解质的本性和温度有关外,还与溶液中难溶电解质离子浓度有关,如在 NaCl 溶液中,AgCl 的溶解度就要降低。通常讲某物质的溶解度是指在纯水中的溶解度。根据溶度积 K_{sp} 的表达式,难溶电解质的溶度积 K_{sp} 和溶解度 s 可以互相换算,换算时浓度单位采用 mol/L。

【例 3-9】 298 K 时,AgCl 的溶解度为 1.33×10^{-5} mol/L,求 AgCl 的溶度积。

解 由于 AgCl 是难溶强电解质,因此在 AgCl 的饱和溶液中:
$$c(Ag^+) = c(Cl^-) = 1.33 \times 10^{-5}\ mol/L$$

所以 $K_{sp,AgCl}^{\ominus} = c(Ag^+)c(Cl^-) = (1.33 \times 10^{-5})^2 = 1.77 \times 10^{-10}$

【例 3-10】 298 K 时,AgBr 的 $K_{sp}^{\ominus}$ 为 5.35×10^{-13},求 AgBr 在水中的溶解度。

解 设 AgBr 的溶解度为 x,则
$$AgBr(s) \Longrightarrow Ag^+ + Br^-$$
$$\qquad\qquad x \qquad x$$

$$K_{sp,AgBr}^{\ominus} = c(Ag^+)c(Br^-) = 5.35 \times 10^{-13} = x^2$$

所以 $x = 7.31 \times 10^{-7}\ mol/L$

【例 3-11】 298 K 时,Ag_2CrO_4 的 $K_{sp}^{\ominus} = 1.12 \times 10^{-12}$,求 Ag_2CrO_4 的溶解度。

解 设 Ag_2CrO_4 的溶解度为 x,则在 Ag_2CrO_4 饱和溶液中,$c(Ag^+) = 2x$,

$c(CrO_4^{2-}) = x$，则

$$K_{sp, Ag_2CrO_4}^{\ominus} = [c(Ag^+)]^2 c(CrO_4^{2-}) = (2x)^2 x = 1.12 \times 10^{-12}$$

所以
$$x = 6.54 \times 10^{-5}\ mol/L$$

对以上三例的计算结果进行比较，可以看出：AgCl 的溶度积比 AgBr 的大，AgCl 的溶解度也比 AgBr 的大；AgCl 的溶度积大于 Ag_2CrO_4 的溶度积，但溶解度小于 Ag_2CrO_4 的溶解度。

因此，对于同类型的难溶电解质，可以通过溶度积来比较溶解度的大小。溶度积大者，其溶解度必大；溶度积小者，其溶解度必小。如 AgCl、AgBr、$BaSO_4$、$CaCO_3$ 等，在相同温度下，K_{sp} 越大，溶解度也越大；K_{sp} 越小，溶解度也越小。但对于不同类型的难溶电解质，却不能直接由溶度积来比较溶解度的大小。若要比较不同类型难溶电解质的溶解度，一般需要通过计算来确定。这是因为溶度积表达式中有浓度幂次方的关系。

从上述两例中读者可以推出，难溶电解质的溶度积 $K_{sp}^{\ominus}$ 与其溶解度 $s(mol/L)$ 的关系是由该电解质组成决定的。其通式分别为：

AB 型：
$$s = \sqrt{K_{sp}^{\ominus}}$$

AB_2 或 A_2B 型：
$$s = \sqrt[3]{K_{sp}^{\ominus}/4}$$

AB_3 或 A_3B 型：
$$s = \sqrt[4]{K_{sp}^{\ominus}/27}$$

可见，$K_{sp}^{\ominus}$ 的大小不能直接反映出该难溶电解质溶解度的大小，只有相同类型的化合物，才能用 $K_{sp}^{\ominus}$ 比较溶解度的大小。

还须指出，上述溶度积与溶解度之间相互换算的方法是有条件的，它仅适用于离子强度较小、浓度可以代替活度的溶液且在溶液中不发生副反应或副反应程度不大的物质。

3. 溶度积规则

一个已达到平衡的多相体系，当改变溶液中离子浓度时，平衡就会发生移动。我们将某溶液中离子浓度方次数的乘积称为离子积，用符号 Q 表示。在一定温度下，难溶电解质 $A_mB_n(s)$ 在溶液中有如下平衡关系：

$$A_nB_m(s) \rightleftharpoons nA^{m+}(aq) + mB^{n-}(aq)$$

离子积表达式为：

$$Q = \{c(A^{m+})\}^n \cdot \{c(B^{n-})\}^m$$

当 $Q = K_{sp}^{\ominus}$ 时，溶液建立动态平衡体系，此时溶液为 A_nB_m 的饱和溶液；

当 $Q > K_{sp}^{\ominus}$ 时，平衡向着沉淀生成的方向移动，直至 $Q = K_{sp}^{\ominus}$；

当 $Q < K_{sp}^{\ominus}$ 时，平衡向着沉淀溶解的方向移动，此时溶液中无沉淀生成，为不饱和溶液。

以上称为溶度积规则,它是难溶电解质多相离子平衡移动规律的总结。据此可以判断体系在发生变化过程中是否有沉淀生成或溶解,也可以通过控制离子的浓度,使沉淀产生或溶解。

二、多相离子平衡移动

一个已达沉淀平衡的体系,改变条件可使平衡产生移动。

1. 沉淀平衡中的同离子效应

与酸碱平衡类似,在沉淀平衡体系中,加入与难溶电解质具有相同离子的易溶强电解质时,会使难溶电解质的溶解度降低,我们把这种作用称为同离子效应。如在 AgCl 饱和溶液中加入 KCl,由于同离子效应,AgCl 的沉淀—溶解平衡向生成 AgCl 沉淀的方向移动,使 AgCl 的溶解度降低。若加入含 Ag^+ 的溶液也会出现同样的结果。

【例 3-12】 在 298.15 K 时,比较 $PbSO_4$ 在纯水和在 0.01 mol/L Na_2SO_4 溶液中的溶解度。已知 298.15 K 时 $K_{sp}^{\ominus}(PbSO_4)=2.53\times10^{-8}$。

解 设 $PbSO_4$ 在纯水的溶解度为 s mol/L,$PbSO_4$ 的电离平衡为

$$PbSO_4(s)\Longrightarrow Pb^{2+}(aq)+SO_4^{2-}(aq)$$
$$c/(mol/L)\qquad\quad s\qquad\qquad s$$
$$K_{sp}^{\ominus}(PbSO_4)=c(Pb^{2+})c(SO_4^{2-})=s^2$$
$$s=\sqrt{K_{sp}^{\ominus}(PbSO_4)}=\sqrt{2.53\times10^{-8}}=1.59\times10^{-4}(mol/L)$$

设在 0.01 mol/L Na_2SO_4 溶液中,$PbSO_4$ 的溶解度为 s' mol/L,则

$$PbSO_4(s)\Longrightarrow Pb^{2+}(aq)+SO_4^{2-}(aq)$$
$$c/(mol/L)\qquad\quad s'\qquad\qquad s'+0.01$$
$$K_{sp}^{\ominus}(PbSO_4)=c(Pb^{2+})c(SO_4^{2-})=s'(s'+0.01)$$

在纯水中 $s=1.59\times10^{-4}$ mol/L,说明 $PbSO_4$ 溶解度很小,所以 0.01 mol/L$+$ $s'\approx0.01$ mol/L。则

$$K_{sp}^{\ominus}(PbSO_4)=s'\times0.01$$
$$s'=\frac{2.53\times10^{-8}}{0.01}=2.53\times10^{-6}(mol/L)$$

由以上计算可以看出,$PbSO_4$ 在 Na_2SO_4 溶液中的溶解度比在纯水中的溶解度小,这就是同离子效应的结果。

利用同离子效应可以使某种离子的沉淀更趋于完全,沉淀反应达平衡时残留在溶液中的某种离子的浓度会更小。因此,利用沉淀反应来分离或鉴定某些离子时,常根据同离子效应加入适当过量的沉淀剂,使沉淀反应趋于完全。一般地说,只要溶液中的某一离子浓度不超过 10^{-5} mol/L,就认为沉淀完全了。

【例 3-13】 等体积混合 0.002 mol/L 的 Na_2SO_4 溶液和 0.02 mol/L 的 $BaCl_2$

溶液,是否有白色的 $BaSO_4$ 沉淀生成? SO_4^{2-} 是否沉淀完全? 已知: $K_{sp}^{\ominus}(BaSO_4)=1.1\times10^{-10}$。

解　溶液等体积混合后,浓度减小一半,故:

$$c(SO_4^{2-})=\frac{1}{2}\times0.002\ mol/L=1\times10^{-3}\ mol/L$$

$$c(Ba^{2+})=\frac{1}{2}\times0.02\ mol/L=1\times10^{-2}\ mol/L$$

$$Q=c(Ba^{2+})c(SO_4^{2-})=1\times10^{-2}\times1\times10^{-3}=1\times10^{-5}$$

因为 $Q>K_{sp}^{\ominus}(BaSO_4)$,所以溶液中有 $BaSO_4$ 沉淀生成。

析出 $BaSO_4$ 沉淀后,溶液中还有过量的 Ba^{2+},达平衡状态时剩余的 Ba^{2+} 浓度为:

$$c(Ba^{2+})=0.01\ mol/L-0.001\ mol/L=0.009\ mol/L$$

此时溶液中剩余的 SO_4^{2-} 浓度为:

$$c(SO_4^{2-})=\frac{K_{sp}^{\ominus}(BaSO_4)}{c(Ba^{2+})}=\frac{1.1\times10^{-10}}{9\times10^{-3}}=1.2\times10^{-8}(mol/L)$$

在分析化学上,一般将经过沉淀后,溶液中残留的离子浓度小于 1×10^{-5} mol/L 即认为沉淀完全,故上例中可以认为 SO_4^{2-} 已沉淀完全。

【例 3-14】　某溶液中 Pb^{2+} 浓度为 1.0×10^{-3} mol/L,若要生成 $PbCl_2$ 沉淀,Cl^- 的浓度至少应该为多少? 已知: $K_{sp}^{\ominus}(PbCl_2)=1.7\times10^{-5}$。

解　根据溶度积规则,只有 $Q>K_{sp}^{\ominus}(PbCl_2)$,才能有 $PbCl_2$ 沉淀生成,即:

$$c(Pb^{2+})[c(Cl^-)]^2>K_{sp}^{\ominus}(PbCl_2)$$

$$c(Cl^-)>\sqrt{\frac{1.7\times10^{-5}}{1.0\times10^{-3}}}=0.13\ (mol/L)$$

故只要 Cl^- 离子浓度超过 0.13 mol/L,就会有 $PbCl_2$ 沉淀析出。

在实际应用中,为了使沉淀尽可能完全,都要加入过量的沉淀剂。但若沉淀剂过量太多,会由于盐效应和配合效应而使沉淀的溶解度增大,一般沉淀剂过量 $10\%\sim20\%$ 为宜。

2. 分步沉淀

通常溶液中不是含有一种而是含有多种离子,当加入沉淀剂时,可能几种离子都能与之生成沉淀。比如在含有 Cl^-、CrO_4^{2-} 的溶液中(浓度均为 0.01 mol/L)滴加 $AgNO_3$ 溶液,开始可以看到有白色的 $AgCl$ 沉淀生成,而后很明显地出现了红色沉淀——Ag_2CrO_4。像这种由于难溶电解质的溶解度不同,加入沉淀剂后溶液中发生先后沉淀的现象叫分步沉淀或分级沉淀。溶解度小的难溶电解质,需要较少的沉淀剂即能达到 $Q=K_{sp}^{\ominus}$,而先生成沉淀,反之则后沉淀。下面通过计算,对分步沉淀作定量说明。

【**例 3-15**】　将等体积浓度均为 0.002 mol/L 的 KCl 和 KI 混合,逐滴加入 $AgNO_3$ 溶液(设体积不变),那么 Cl^- 和 I^- 沉淀顺序如何? 能否用分步沉淀将两者分离? 已知: $K_{sp}^\ominus(AgCl)=1.8\times10^{-10}$,$K_{sp}^\ominus(AgI)=8.5\times10^{-17}$。

解　根据溶度积规则,离子积达到溶度积时所需 Ag^+ 浓度小的先析出沉淀。生成 $AgCl$、AgI 沉淀时所需 Ag^+ 的浓度分别为

$$c(Ag^+)=\frac{K_{sp}^\ominus(AgCl)}{c(Cl^-)}=\frac{1.8\times10^{-10}}{0.001}=1.8\times10^{-7}(mol/L)$$

$$c(Ag^+)=\frac{K_{sp}^\ominus(AgI)}{c(I^-)}=\frac{8.5\times10^{-17}}{0.001}=8.5\times10^{-14}(mol/L)$$

由于生成 AgI 沉淀所需 Ag^+ 浓度较生成 $AgCl$ 沉淀所需 Ag^+ 浓度小,所以滴加 $AgNO_3$ 后,先析出黄色的 AgI 沉淀。当溶液中 $c(Ag^+)\geqslant1.8\times10^{-7}$ mol/L 时,才有 $AgCl$ 白色沉淀生成,此时溶液中残留的 I^- 浓度为:

$$c(I^-)=\frac{K_{sp}^\ominus(AgI)}{c(Ag^+)}=\frac{8.5\times10^{-17}}{1.8\times10^{-7}}=4.7\times10^{-10}(mol/L)<1\times10^{-5}(mol/L)$$

可见,$AgCl$ 开始沉淀时,I^- 早已沉淀完全,利用分步沉淀可将二者分离。

必须注意,只有对同一类型的难溶电解质,且被沉淀离子浓度相同或相近时,逐滴加入沉淀剂,才可断定溶度积小的先沉淀,溶度积大的后沉淀。其难溶电解质类型不同,或虽类型相同但被沉淀离子浓度不同时,生成沉淀的先后顺序就不能只根据溶度积的大小做出判断,必须通过具体计算才能确定。

掌握了分步沉淀的规律,适当控制条件,就可达到分离离子的目的。对可生成金属氢氧化物沉淀的离子,可通过控制溶液的 pH 值使其分离。

【**例 3-16**】　含有 0.1 mol/L 的 Fe^{3+} 和 Mg^{2+} 的溶液,用 NaOH 使其分离,即 Fe^{3+} 发生沉淀,而 Mg^{2+} 留在溶液中,NaOH 用量必须控制在什么范围内较合适?

解　欲使 Fe^{3+} 沉淀所需 OH^- 的最低平衡浓度为:

$$[c(Fe^{3+})][c(OH^-)]^3=K_{sp}^\ominus[Fe(OH)_3]$$

$$c(OH^-)=\sqrt[3]{\frac{K_{sp}^\ominus[Fe(OH)_3]}{c(Fe^{3+})}}=\sqrt[3]{\frac{2.79\times10^{-39}}{0.1}}$$

$$=3.03\times10^{-13}(mol/L)$$

欲使 Mg^{2+} 沉淀所需 OH^- 的最低平衡浓度为:

$$[c(Mg^{2+})][c(OH^-)]^2=K_{sp}^\ominus[Mg(OH)_2]$$

$$c(OH^-)=\sqrt{\frac{K_{sp}^\ominus[Mg(OH)_2]}{c(Mg^{2+})}}=\sqrt{\frac{5.61\times10^{-12}}{0.1}}$$

$$=7.49 \times 10^{-6} (mol/L)$$

故 NaOH 用量应控制在 3.03×10^{-13} mol/L$< c(OH^-) < 7.49 \times 10^{-6}$ mol/L。

3. 沉淀的溶解

根据溶度积规则,在难溶电解质的溶液中,如果 $Q < K_{sp}$,就有可能使难溶电解质溶解,常用的方法有下列几种:

(1) 利用酸碱反应,使反应产物生成水、弱酸、弱碱或气体,平衡向溶解方向移动。例如:

$$CaCO_3(s) + 2H^+ \Longrightarrow Ca^{2+} + CO_2\uparrow + H_2O$$
$$Fe(OH)_3(s) + 3H^+ \Longrightarrow Fe^{3+} + 3H_2O$$
$$FeS(s) + 2H^+ \Longrightarrow Fe^{2+} + H_2S\uparrow$$

(2) 利用配合反应,加入配合剂,与溶液中某种金属离子形成配离子,以降低其离子浓度。例如:

$$AgBr(s) + 2S_2O_3^{2-} \Longrightarrow [Ag(S_2O_3)_2]^{3-} + Br^-$$

(3) 利用氧化还原反应,加入氧化剂或还原剂,与溶液中某一离子发生氧化还原反应,以降低其离子浓度。例如:

$$3CuS(s) + 8HNO_3(稀) \Longrightarrow 3Cu(NO_3)_2 + 3S(s) + 2NO\uparrow + 4H_2O$$

由于 HNO_3 将 S^{2-} 氧化为 S,S^{2-} 浓度下降,$Q < K_{sp}$,CuS 溶解。

4. 沉淀的转化

在实践中,有时需要将一种沉淀转化为另一种沉淀,例如,锅炉中的锅垢的主要成分为 $CaSO_4$。由于锅垢的导热能力很小(导热系数只有钢铁的 $1/50 \sim 1/30$),阻碍传热,浪费燃料,还可能引起锅炉或蒸汽管的爆裂,造成事故。但 $CaSO_4$ 不溶于酸,难以除去。若用 Na_2CO_3 溶液处理,则可使 $CaSO_4$ 转化为疏松而可溶于酸的 $CaCO_3$ 沉淀,便于锅垢的清除。即

$$CaSO_4(s) \Longrightarrow Ca^{2+}(aq) + SO_4^{2-}(aq)$$
$$+$$
$$Na_2CO_3(s) \longrightarrow CO_3^{2-}(aq) + 2Na^+(aq)$$
$$\Downarrow$$
$$CaCO_3(s)$$

由于 $CaSO_4$ 的溶度积($K_{sp} = 7.10 \times 10^{-5}$)大于 $CaCO_3$ 的溶度积($K_{sp} = 4.96 \times 10^{-9}$),在溶液中与 $CaSO_4$ 平衡的 Ca^{2+} 与加入的 CO_3^{2-} 结合生成溶度积更小的 $CaCO_3$ 沉淀,从而降低了溶液中 Ca^{2+} 浓度,破坏了 $CaSO_4$ 的溶解平衡,使 $CaSO_4$ 不断溶解或转化。

沉淀转化的程度可以用反应的平衡常数值来表示：

$$CaSO_4(s) + CO_3^{2-}(aq) \Longrightarrow CaCO_3(s) + SO_4^{2-}(aq)$$

$$K = \frac{c^{eq}(SO_4^{2-})}{c^{eq}(CO_3^{2-})} = \frac{c^{eq}(SO_4^{2-}) \cdot c^{eq}(Ca^{2+})}{c^{eq}(CO_3^{2-}) \cdot c^{eq}(Ca^{2+})}$$

$$= \frac{K_{sp}(CaSO_4)}{K_{sp}(CaCO_3)} = \frac{7.10 \times 10^{-5}}{4.96 \times 10^{-9}} = 1.43 \times 10^4$$

该平衡常数较大，表明沉淀转化的程度较大。

对于某些锅炉用水来说，虽经 Na_2CO_3 处理，已使 $CaSO_4$ 转化为易除去的 $CaCO_3$，但 $CaCO_3$ 在水中仍有一定的溶解度，当锅炉中水不断蒸发时，溶解的少量 $CaCO_3$ 又会不断地沉淀析出。如果要进一步降低已经 Na_2CO_3 处理的锅炉水中的 Ca^{2+} 浓度，还可以再用磷酸三钠 Na_3PO_4 补充处理，使生成硝酸钙 $Ca_3(PO_4)_2$ 沉淀而除去。即：

$$3CaCO_3(s) + 2PO_4^{3-}(aq) \Longrightarrow Ca_3(PO_4)_2(s) + 3CO_3^{2-}(aq)$$

$Ca_3(PO_4)_2$ 的溶解度为 1.14×10^{-7} mol/L，比 $CaCO_3$ 的溶解度 7.04×10^{-5} mol/L 更小，反应向着生成更难溶解或更难解离的物质的方向进行。

锅炉用水可以在进入锅炉前预先处理，有时也可以在炉内进一步处理。若为后者，对于高压锅炉不宜加入 Na_2CO_3，因为 CO_3^{2-} 在高温时能与 H_2O 发生下列反应：

$$CO_3^{2-}(aq) + H_2O(l) \Longrightarrow OH^-(aq) + HCO_3^-(aq)$$

$$HCO_3^-(aq) + H_2O(l) \Longrightarrow OH^-(aq) + H_2CO_3(aq)$$

OH^- 的局部高浓度能导致锅炉碱蚀致脆，这对高压锅炉是危险的。若加入磷酸盐，则不会发生以上情况，PO_4^{3-} 可与水中存在的 Ca^{2+} 形成疏松而易于除去的磷酸钙沉淀，且随着溶液中 pH 值不同，可能形成一系列的磷酸盐。

$$\underset{\text{pH 值增加}}{\underrightarrow{H_2PO_4^-(aq) \Longrightarrow HPO_4^{2-}(aq) \Longrightarrow PO_4^{3-}(aq)}}$$

这些磷酸盐的混合物实际上起着缓冲溶液的作用，有助于使锅炉水保持在一定的 pH 值范围内。

一般说来，由一种难溶的电解质转化为更难溶的电解质的过程是很易实现的；而反过来，由一种很难溶的电解质转化为不太难溶的电解质就比较困难。但应指出，沉淀的生成或转化除与溶解度或溶度积有关外，还与离子浓度有关。当涉及两种溶解度或溶度积相差不大的难溶物质的转化，尤其是有关离子的浓度有较大差别时，必须进行具体分析或计算，才能明确反应进行的方向。

习　题

一、是非题

1. 所有气体在室温下都可以液化。

2. 把一块冰放在 0 ℃的水中和放在 0 ℃的盐水中,现象相同。

3. 难挥发溶质的溶液,在不断的沸腾过程中,它的沸点恒定。

4. 相同质量(克数)的葡萄糖和甘油分别溶于 100 g 水中,所得溶液的沸点相同;相同物质的量的葡萄糖或甘油分别溶于 100 g 水中,所得溶液的沸点不同。

5. 若渗透现象停止了,意味着半透膜两端溶液的浓度也相等了。

6. 两种酸 HX 和 HY 的溶液具有同样的 pH 值,则这两种酸的浓度(单位:mol/L)相同。

7. 0.01 mol/L NaCN 溶液的 pH 值比相同浓度的 NaF 溶液的 pH 值要大,这表明 CN^- 的 $K_b^\ominus$ 值比 F^- 的 $K_b^\ominus$ 值要大。

8. 由 HAc—Ac^- 组成的缓冲溶液,若溶液中 $c(HAc) > c(Ac^-)$,则该缓冲溶液抵抗外来酸的能力大于抵抗外来碱的能力。

9. 两难溶电解质作比较时,溶度积小的,溶解度一定小。

10. 欲使溶液中某离子沉淀完全,加入的沉淀剂应该是越多越好。

11. 所谓沉淀完全,就是用沉淀剂将溶液中某一离子除净。

12. PbI_2 和 $CaCO_3$ 的溶度积均近似为 10^{-9},从而可知两者的饱和溶液中 Pb^{2+} 的浓度与 Ca^{2+} 的浓度近似相等。

13. $MgCO_3$ 的溶度积 $K_{sp}^\ominus = 6.82 \times 10^{-6}$,这意味着所有含有 $MgCO_3$ 的溶液中,$c(Mg^{2+}) = c(CO_3^{2-})$,而且 $c(Mg^{2+}) \cdot c(CO_3^{2-}) = 6.82 \times 10^{-6} \ mol^2/L^2$。

14. 沉淀的转化方向是由 $K_{sp}^\ominus$ 大的转化为 $K_{sp}^\ominus$ 小的。

15. 在 AgCl 溶液中,加入 NaCl 固体,体系中存在着同离子效应,同时也存在着盐效应。

16. 在有 PbI_2 固体共存的饱和水溶液中,加入 KNO_3 固体,PbI_2 的溶解度增大,这种现象叫配合效应。

17. 由于 $K_{sp}^\ominus(AgCl) \approx 10^{-10}$,$K_{sp}^\ominus(Ag_2CrO_4) \approx 10^{-12}$,因此在水中的溶解度是 $AgCl > Ag_2CrO_4$。

18. 在分步沉淀中,溶解度小的物质先沉淀。

二、选择题

1. 无水氯化钙可以作为:

A. 干燥剂　　　　　　　　　　　　　B. 冷冻剂

C. 抗凝剂

2. 静脉注射时,将药加入 0.9% 生理盐水中,得到溶液的渗透压:

A. 大于人体血液的渗透压　　　　　B. 小于人体血液的渗透压

C. 等于人体血液的渗透压

3. 溶液的浓度与溶解度之间的关系为:

A. 任何情况下都相等　　　　　　　B. 溶解度等于饱和溶液的浓度

C. 任何情况下溶解度小于溶液的浓度

4. 往 1 L 浓度为 0.10 mol/L 的 HAc 溶液中加入一些 NaAc 晶体并使之溶解,会发生的情况是:

A. HAc 的 K_a 值增大　　　　　　B. HAc 的 K_a 值减小

C. 溶液的 pH 值增大　　　　　　　D. 溶液的 pH 值减小

5. 设氨水的浓度为 c,若将其稀释 1 倍,则溶液中 $c(OH^-)$ 为:

A. $\dfrac{1}{2}c$　　　　　　　　　　B. $\dfrac{1}{2}\sqrt{K_b^\ominus \cdot c}$

C. $\sqrt{K_b^\ominus \cdot c/2}$　　　　　　D. $2c$

6. 使 $CaCO_3$ 具有最大溶解度的溶液是:

A. H_2O　　　　　　　　　　　　B. Na_2CO_3(固)

C. KNO_3　　　　　　　　　　　D. C_2H_5OH

7. 难溶电解质 AB_2 的平衡反应式为 $AB_2(s) \longrightarrow A^{2+}(aq) + 2B^-(aq)$,当达到平衡时,难溶物 AB_2 的溶解度 s 与溶度积 $K_{sp}^\ominus$ 的关系为:

A. $s = (2K_{sp}^\ominus)^2$　　　　　　B. $s = (K_{sp}^\ominus/4)^{1/3}$

C. $s = (K_{sp}^\ominus/2)^{1/2}$　　　　D. $s = (K_{sp}^\ominus/27)^{1/4}$

8. 在 Ag_2CO_3 的饱和溶液中加入 HNO_3 溶液,则:

A. 沉淀增加　　　　　　　　　　　B. 沉淀溶解

C. 无现象发生　　　　　　　　　　D. 无法判断

9. 设 AgCl 在水中、在 0.01 mol/L $CaCl_2$ 中、在 0.01 mol/L NaCl 中以及在 0.05 mol/L $AgNO_3$ 中的溶解度分别为 s_0、s_1、s_2 和 s_3,这些量之间的正确关系是:

A. $s_0 > s_1 > s_2 > s_3$　　　　　B. $s_0 > s_2 > s_1 > s_3$

C. $s_0 > s_1 = s_2 > s_3$　　　　　D. $s_0 > s_2 > s_3 > s_1$

10. CaF_2 的饱和溶液浓度为 2.0×10^{-4},溶度积常数为:

A. 2.6×10^{-9}　　　　　　　B. 8×10^{-10}

C. 3.2×10^{-11}　　　　　　D. 8×10^{-12}

11. $Mg(OH)_2$ 沉淀在下列哪种情况下其溶解度最大？

　　A. 在纯水中　　　　　　　　　　B. 在 0.1 mol/L HCl 中

　　C. 在 0.1 mol/L NH_3H_2O 中　　　D. 在 0.1 mol/L $MgCl_2$ 中

12. 在一混合离子的溶液中，$c(Cl^-) = c(Br^-) = c(I^-) = 0.0001$ mol/L，若滴加 1.0×10^{-5} mol/L $AgNO_3$ 溶液，则出现沉淀的顺序为：

　　A. $AgBr > AgCl > AgI$　　　　　B. $AgI > AgCl > AgBr$

　　C. $AgI > AgBr > AgCl$　　　　　D. $AgBr > AgCl > AgI$

13. 已知 $K_{sp}^{\ominus}(AgCl) = 1.8 \times 10^{-10}$，则 AgCl 在 0.01 mol/L NaCl 溶液中的溶解度（mol/L）为：

　　A. 1.8×10^{-10}　　　　　　B. 1.34×10^{-10}

　　C. 0.001　　　　　　　　　　　D. 1.8×10^{-8}

14. 某溶液中加入一种沉淀剂时，发现有沉淀生成，其原因是：

　　A. 离子积＞溶度积常数　　　　　B. 离子积＜溶度积常数

　　C. 离子积＝溶度积常数　　　　　D. 无法判断

三、填空题

1. 苯的正常沸点是 80.1 ℃，则在 80.1 ℃时苯的饱和蒸气压是_____Pa。

2. 稀溶液的依数性包括_____、_____、_____、_____。

四、简答题

1. 按酸碱质子理论如何定义酸和碱？什么叫作共轭酸碱对？

2. 按酸碱的电离理论如何定义酸和碱？

3. 为什么某酸越强，则其共轭碱越弱，或某酸越弱，其共轭碱越强？共轭酸碱对的 K_a 与 K_b 之间有何定量关系？

4. 为什么计算多元弱酸溶液中的氢离子浓度时，可近似地用一级解离平衡进行计算？

5. 为什么 Na_2CO_3 溶液是碱性的？（试用酸碱质子理论予以说明）

6. 往氨水中加少量下列物质时，NH_3 的解离度和溶液的 pH 值将发生怎样的变化？

　　A. $NH_4Cl(s)$　　　　　　　　　B. NaOH(s)

　　C. HCl(aq)　　　　　　　　　　D. $H_2O(l)$

7. 下列几组等体积混合物溶液中哪些是较好的缓冲溶液？哪些是较差的缓冲溶液？还有哪些根本不是缓冲溶液？

　　A. 10^{-5} mol/L HAc + 10^{-5} mol/L NaAc

　　B. 1.0 mol/L HCl + 1.0 mol/L NaCl

　　C. 0.5 mol/L HAc + 0.7 mol/L NaAc

　　D. 0.1 mol/L NH_3＋0.1 mol/L NH_4Cl

　　E. 0.2 mol/L HAc＋0.000 2 mol/L NaAc

　　8. 当往缓冲溶液中加入大量的酸或碱,或者用大量的水稀释时,溶液的 pH 值是否仍保持基本不变? 说明其原因。

　　9. 欲配制 pH 值为 3 的缓冲溶液,已知有下列物质的 K_a 数值:

$$HCOOH \qquad\qquad K_a=1.77\times10^{-4}$$

$$HAc \qquad\qquad\qquad K_a=1.76\times10^{-5}$$

$$NH_4^+ \qquad\qquad\quad K_a=5.65\times10^{-10}$$

则选择哪一种弱酸及其共轭碱较合适?

　　10. 写出下列各种物质的共轭酸:

　　A. CO_3^{2-} 　　　　　　　　　　　B. HS^-

　　C. H_2O 　　　　　　　　　　　　　D. HPO_4^{2-}

　　E. NH_3 　　　　　　　　　　　　　F. S^{2-}

　　11. 写出下列各种物质的共轭碱:

　　A. H_3PO_4 　　　　　　　　　　　B. HAc

　　C. HS^- 　　　　　　　　　　　　　D. HNO_2

　　E. HClO 　　　　　　　　　　　　　F. H_2CO_3

　　12. 沉淀—溶解平衡与弱电解质的电离平衡有何不同?

　　13. 说明下列各组化学名词的区别和联系。

　　(1) 溶解度和溶度积;(2) 离子积和溶度积。

　　14. 推导 CaF_2 和 $Fe_3(PO_4)_2$ 溶解度与溶度积的关系式。

　　15. 溶度积规则包含哪些内容? 这一规则有哪些具体应用? 将等量 NaCl 和 $AgNO_3$ 溶液混合,此时溶液中有无 Ag^+ 及 Cl^- 存在,为什么?

　　16. 试用溶度积规则解释下列事实:

　　(1) $CaCO_3$ 沉淀溶于稀 HCl;

　　(2) AgCl 沉淀中加入 I^-,能生成淡黄色的 AgI 沉淀;

　　(3) CuS 沉淀不溶于 HCl,却溶于 HNO_3;

　　(4) AgCl 沉淀不溶于水,而溶于氨水。

　　17. 沉淀生成的必要条件是什么? 总结产生沉淀的主要方法,各举一例说明。

　　18. 沉淀溶解的必要条件是什么? 总结使沉淀溶解的主要方法,各举一例说明。

　　19. 归纳影响难溶电解质溶解度的因素,并各举一例说明。

　　20. 何谓分步沉淀? 影响沉淀顺序的因素有哪些? 为什么?

21. 以实例说明沉淀转化的机理。要实现沉淀转化的基本条件是什么？

22. 在下列系统中，各加入约 1.00 g NH_4Cl 固体并使其溶解，定性分析对所指定的性质影响如何？并简单指出原因。

(1) 10.0 mL、0.10 mol/L HCl 溶液的 pH 值。

(2) 10.0 mL、0.10 mol/L NH_3 水溶液中 NH_3 的解离度。

(3) 10.0 mL 纯水的 pH 值。

五、计算题

1. 在某温度下，0.10 mol/L 氢氰酸（HCN）溶液的解离度为 0.010%，试求在该温度时 HCN 的解离常数。

2. 计算 0.050 mol/L 次氯酸（HClO）溶液中的 H^+ 的浓度和次氯酸的解离度。

3. 已知氨水溶液的浓度为 0.20 mol/L。

(1) 求该溶液中的 OH^- 的浓度、pH 值和氨的解离度。

(2) 在上述溶液中加入 NH_4Cl 晶体，使其溶解后 NH_4Cl 的浓度为 0.20 mol/L，求所得溶液的 OH^- 的浓度、pH 值和氨的解离度。

(3) 上述(1)、(2)两小题的计算结果的比较说明了什么？

4. 利用查表得到的酸性常数，将下列化合物的 0.10 mol/L 溶液按 pH 值增大的顺序进行排列：

(1) HAc　(2) NaAc　(3) H_2SO_4　(4) NH_3　(5) NH_4Cl　(6) NH_4Ac

5. 取 50.0 mL、浓度为 0.100 mol/L 某一元弱酸溶液，与 20.0 mL、浓度为 0.100 mol/L KOH 溶液混合，将混合溶液稀释至 100 mL，测得此溶液的 pH 值为 5.25。求该酸的解离常数。

6. 在烧杯中盛入 20.00 mL、浓度为 0.100 mol/L 氨的水溶液，逐步加入 0.100 mol/L HCl 溶液。试计算：

(1) 当加入 10.00 mL HCl 后，混合液的 pH 值；

(2) 当加入 20.00 mL HCl 后，混合液的 pH 值；

(3) 当加入 30.00 mL HCl 后，混合液的 pH 值。

7. 现有 1.0 L 由 HF 和 F^- 组成的缓冲溶液。

(1) 当该缓冲溶液中含有 0.10 mol HF 和 0.30 mol NaF 时，其 pH 值等于多少？

(2) 往(1)缓冲溶液中加入 0.40 g NaOH(s)，并使其完全溶解（设溶解后溶液的总体积仍为 1.0 L），那么该溶液的 pH 值等于多少？

(3) 当缓冲溶液的 pH=6.9 时，$c^{eq}(HF)$ 与 $c^{eq}(F^-)$ 的比值为多少？

8. 现有 125 mL、浓度为 1.0 mol/L NaAc 溶液，欲配制 250 mL、pH 值为

5.0 的缓冲溶液,需加入 6.0 mol/L HAc 溶液多少?

9. 已知在 100 mL 水中,室温时最多可溶解 1.36 g Li_2CO_3,求 Li_2CO_3 的溶度积 $K_{sp}^{\ominus}$。

10. 求 Ag_2S 在下列溶液中的溶解度:

(1) 纯水;

(2) 0.001 0 mol/L Na_2S;

(3) 0.10 mol/L H_2S。

11. (1) 在 0.01 L、浓度为 0.001 5 mol/L 的 $MnSO_4$ 溶液中,加入 0.005 L 浓度为 0.15 mol/L 氨水,能否生成 $Mn(OH)_2$ 沉淀?(假设加入固体后,体积不变)

(2) 若在上述 $MnSO_4$ 溶液中,先加入 0.495 g $(NH_4)_2SO_4$ 固体,然后加入 0.005 L 浓度 0.15 mol/L 的氨水,能否生成 $Mn(OH)_2$ 沉淀?(假设加入固体后,体积不变)

12. 在含有 Cl^-、Br^- 和 I^- 等离子的混合溶液中,各离子浓度均为 0.10 mol/L。若向混合溶液中逐滴加入 $AgNO_3$ 溶液,哪种离子先沉淀?当最后一种离子开始沉淀时,其余两种离子是否已沉淀完全?

13. 根据 PbI_2 的溶度积,计算(在 25 C 时):

(1) PbI_2 在水中的溶解度(单位为 mol/L);

(2) PbI_2 饱和溶液中的 Pb^{2+} 和 I^- 离子的浓度;

(3) PbI_2 在 0.010 mol/L KI 饱和溶液中 Pb^{2+} 离子的浓度;

(4) PbI_2 在 0.010 mol/L $Pb(NO_3)_2$ 溶液中的溶解度(单位为 mol/L)。

14. 已知 CaF_2 的溶度积为 3.40×10^{-11},求 CaF_2 在下列情况时的溶解度(以 mol/L 表示)。

(1) 在纯水中;

(2) 在 1.0×10^{-2} mol/L $CaCl_2$ 溶液中。

15. 工业废水的排放标准规定 Cd^{2+} 降到 0.1 mg/L 以下即可排放。若用加消石灰中和沉淀法除去 Cd^{2+},按理论计算,废水溶液中的 pH 值至少应为多大?

16. 某溶液中含有 0.10 mol/L Ba^{2+} 和 0.10 mol/L Ag^+,在滴加 Na_2SO_4 溶液时(忽略体积的变化),哪种离子首先沉淀出来?当第二种离子沉淀析出时,第一种被沉淀离子是否沉淀完全?两种离子有无可能用沉淀法分离?

17. 现有一瓶含有 Fe^{3+} 杂质的 0.10 mol/L $MgCl_2$ 溶液,欲使 Fe^{3+} 以 $Fe(OH)_3$ 沉淀形式除去,溶液的 pH 值应控制在什么范围?

18. 试计算下列沉淀转化反应的 $K^{\ominus}$ 值:

(1) $PbCrO_4(s)+S^{2-}\Longrightarrow PbS(s)+CrO_4^{2-}$

（2）$Ag_2CrO_4(s)+2Cl^- \rightleftharpoons 2AgCl(s)+CrO_4^{2-}$

19. 将 $Pb(NO_3)_2$ 溶液与 NaCl 溶液混合，设混合液中 $Pb(NO_3)_2$ 的浓度为 0.20 mol/L。$[K_{sp}^{\ominus}(PbCl_2)=1.7\times10^{-5}]$

（1）当混合溶液中 Cl^- 的浓度等于 5.0×10^{-4} mol/L 时，是否有沉淀生成？

（2）当混合溶液中 Cl^- 的浓度多大时，开始生成沉淀？

（3）当混合溶液中 Cl^- 的浓度为 6.0×10^{-2} mol/L 时，残留于溶液中 Pb^{2+} 的浓度为多少？

第四章　氧化还原反应与电化学基础

一个化学反应可以用不同的方式进行分类。其中一种重要的分类方法是把化学反应分为氧化还原反应和非氧化还原反应。

第一节　氧化还原反应的基本概念

一、氧化数（氧化值）

中学化学中判断反应是否是氧化还原反应的基本依据是反应前后有无元素的化合价变动。1970 年，IUPAC 建议将化合价改为氧化数，或者称为氧化值。

将分子或离子中的共用电子指定给电负性更大的元素原子，计算出该原子的总电子数，然后用该原子的质子数减去电子总数，其差值就是该原子的氧化数。一个原子的氧化数可用下面的氧化数规则求得：

（1）所有单质的氧化数为零（O_2 中的 O 的氧化数为 0，H_2 中的 H 的氧化数为 0）；

（2）氧在化合物中的氧化数一般为 -2（在过氧化物中为 -1，如 H_2O_2，O_2F_2，在 OF_2 中为 $+2$）；

（3）氢在化合物中的氧化数一般为 $+1$（在金属氢化物中为 -1，如 LiH）；

（4）氟在所有的化合物中的氧化数均为 -1（如 NaF，OF_2，BF_3）；

（5）分子或离子中所有元素氧化数的代数和等于分子或离子的电荷数（NH_4^+ 中 N 的氧化数为 -3，氢的氧化数为 $+1$，所有原子的氧化数之和为 $+1$，也就是 NH_4^+ 的电荷数）。

一个原子的氧化数是为了方便地计算反应过程中电子转移的情况而定义的，并不是分子或离子中电子分配的真实情况。例如，H_2O 中 O 的氧化数为 -2，H 的氧化数为 $+1$，并不是真的就是 O 得到了两个电子，形成了 O^{2-}，或 H 失去了一个电子，形成了 H^+。化合物中同种元素的多个原子氧化数不同时，取其平均值。由于氧化数是在指定条件下的计算结果，所以氧化数不一定是整数。例如，在连四硫酸根离子（$S_4O_6^{2-}$）中，O 的氧化数为 -2，S 的氧化数平均为 $5/2$。氧化数通常写在该元素符号的右上方，为区别离子的电荷数符号，将其正负号置于数值的前面。

二、氧化剂、还原剂与氧化、还原半反应

1. 氧化剂、还原剂

反应前后反应物原子的氧化数有变化的反应称为氧化还原反应。凡是物质氧化数升高的过程称为氧化,氧化数降低的过程称为还原。其中氧化数降低的物质叫作氧化剂;氧化数升高的物质叫作还原剂。

$$2H_2(g) + O_2(g) \longrightarrow 2H_2O(l)$$

（还原剂）（氧化剂）

当物质中某元素的氧化数为最高值时,该元素和其化合物只能作为氧化剂;反之,元素的氧化数为最低值时,该元素和其化合物就只能作为还原剂;当元素的氧化数处于中间态时,则该元素和其化合物既可以作为还原剂也可以作为氧化剂,具体看与它反应物质的氧化性、还原性强弱而定。

2. 自身氧化还原反应与歧化反应

在氧化还原反应中,如果氧化数的升高和降低都发生在同一种化合物中,即氧化剂和还原剂是同一种物质,此类氧化还原反应称为自身氧化还原反应。若发生氧化数变化的是同种元素,则此类氧化还原反应称为歧化反应。

自身氧化还原反应:$2KClO_3 =\!=\!= 2KCl + 3O_2$

歧化反应:$Cl_2 + H_2O =\!=\!= HCl + HClO$

3. 氧化、还原半反应

为了便于分析氧化还原与电子得失的关系,经常把氧化还原反应看成两个半反应组合而成,即失电子的氧化半反应和得电子的还原半反应。

氧化还原反应:$Sn^{4+} + 2Fe^{2+} =\!=\!= Sn^{2+} + 2Fe^{3+}$

氧化半反应:$Fe^{2+} - e^- =\!=\!= Fe^{3+}$

还原半反应:$Sn^{4+} + 2e^- =\!=\!= Sn^{2+}$

半反应书写的统一格式为:氧化型(氧化数高的)总是写在左边,还原型(氧化数低的)总是写在右边。

$$氧化型 + ne^- = 还原型$$

4. 氧化还原电对

在半反应中,通常把氧化数高的状态称为氧化态,如 Cu^{2+}、Zn^{2+};氧化数低的状态称为还原态,如 Cu、Zn。氧化数高的物质称为氧化型物质,如 Zn^{2+}、Cu^{2+};氧化数低的物质称为还原型物质,如 Cu、Zn。

由同种元素的氧化型与其对应的还原型物质所构成的整体称为氧化还原电对,简称为电对,常写为"氧化型/还原型"。如:Zn^{2+}/Zn;Cu^{2+}/Cu。

任何一个氧化还原都是由两个半反应组成的,每个半反应都是由同种元素不同氧化数的两种物质构成的。

三、氧化还原反应方程式的配平

大多数的氧化还原反应,电子的得失很复杂,需要用系统的方法来进行配平。常用的配平方法有氧化数法和离子—电子法。

1. 氧化数法

氧化数法是根据如下两个原则进行的:

(1) 反应中元素原子氧化数升高的总数等于元素原子氧化数降低的总数;

(2) 反应前后各元素的原子数目相等。

【例 4-1】　配平 HNO_3(稀)和 Cu 的反应:

(1) 写出未配平的反应方程式:

$$Cu + HNO_3 \longrightarrow Cu(NO_3)_2 + NO + H_2O$$

(2) 找出元素原子氧化数的变化值:

$$\overset{0}{Cu} + \overset{+5}{HNO_3} \longrightarrow \overset{+2}{Cu}(NO_3)_2 + \overset{+2}{NO} + H_2O$$

（氧化数升高 +2，降低 -3）

(3) 各元素原子氧化数的变化值乘以相应系数,使氧化数升高和降低之数相等:

$$\overset{0}{Cu} + \overset{+5}{HNO_3} \longrightarrow \overset{+2}{Cu}(NO_3)_2 + \overset{+2}{NO} + H_2O$$

（(+2)×3，(-3)×2）

即：

$$3Cu + 2HNO_3 \longrightarrow 3Cu(NO_3)_2 + 2NO + H_2O$$

(4) 最后配平氧化数未发生改变的元素原子数目:

$$3Cu + 8HNO_3 \longrightarrow 3Cu(NO_3)_2 + 2NO + 4H_2O$$

氧化数配平的优点是简单、快速,既适用于水溶液中的氧化还原反应,也适用于非水体系的氧化还原反应,缺点是必须知道反应中各元素原子氧化数的变化,对于酸碱溶液中复杂氧化还原反应的配平不太方便。

2. 离子—电子法

离子—电子法是根据以下三个原则进行的:

(1) 反应过程中氧化剂夺得的电子数等于还原剂失去的电子数;

(2) 反应前后电荷数相等;

(3) 反应前后各元素的原子总数相等。

【例 4-2】　配平酸性条件下 $KMnO_4$ 和 H_2S 的反应。

离子—电子法的配平步骤如下:

(1) 写出未配平的离子反应方程式:

$$MnO_4^- + H_2S \longrightarrow Mn^{2+} + S$$

（2）将未配平的离子反应分解成两个半反应式：

$$MnO_4^- \longrightarrow Mn^{2+}$$

$$H_2S \longrightarrow S$$

（3）配平两个半反应，使反应方程式两边相同元素的原子数和电荷数均相等：

$$MnO_4^- + 8H^+ + 5e^- \longrightarrow Mn^{2+} + 4H_2O$$

$$H_2S - 2e^- \longrightarrow S + 2H^+$$

（4）以适当的系数乘以两个半反应方程式，使两个半反应电子的得失相等，然后将两个半反应相加，即得到配平后的氧化还原反应方程式：

$$
\begin{array}{r|l}
2\times & MnO_4^- + 8H^+ + 5e^- \longrightarrow Mn^{2+} + 4H_2O \\
+)\,5\times & H_2S - 2e^- \longrightarrow S + 2H^+ \\
\hline
\end{array}
$$

$$2MnO_4^- + 16H^+ + 5H_2S \longrightarrow 2Mn^{2+} + 5S + 8H_2O + 10H^+$$

注意，在酸性溶液中，只能用 H_2O 和 H^+ 来配平半反应；在碱性溶液中，只能用 H_2O 和 OH^- 来配平半反应，见表 4-1。

表 4-1

介质种类	反应物中	
	多一个氧原子	少一个氧原子
酸性介质	$+2H^+ \xrightarrow{\text{结合}[O]} H_2O$	$+H_2O \xrightarrow{\text{提供}[O]} 2H^+$
碱性介质	$+H_2O \xrightarrow{\text{结合}[O]} 2OH^-$	$2OH^- \xrightarrow{\text{提供}[O]} H_2O$
中性介质	$+H_2O \xrightarrow{\text{结合}[O]} 2OH^-$	$+H_2O \xrightarrow{\text{提供}[O]} 2H^+$

离子—电子法配平的优点是不必知道元素的氧化数，这给许多有介质参与的复杂反应，特别是有机化合物参加的氧化还原反应的配平带来了方便，而且还能反映出水溶液中氧化还原反应的实质。该法的缺点是不能配平在气相或固相中进行的反应。

【例 4-3】　Cl_2 在碱性溶液中发生的歧化反应也可以用离子—电子法配平。

配平步骤：

（1）写出未配平的离子反应方程式：

$$Cl_2(g) \longrightarrow ClO_3^-(aq) + Cl^-(aq)$$

（2）将未配平的离子反应分解成两个半反应式：

$$Cl_2 \longrightarrow ClO_3^-$$
$$Cl_2 \longrightarrow Cl^-$$

（3）配平两个半反应，使反应方程式两边相同元素的原子数和电荷数均相等：

$$Cl_2 + 12OH^- \longrightarrow 2ClO_3^- + 6H_2O + 10e^-$$
$$Cl_2 + 2e^- \longrightarrow 2Cl^-$$

（4）将两个半反应相加：

$$
\begin{array}{r|l}
 & Cl_2 + 12OH^- \longrightarrow 2ClO_3^- + 6H_2O + 10e^- \\
+)5\times & Cl_2 + 2e^- \longrightarrow 2Cl^- \\
\hline
\end{array}
$$
$$6Cl_2 + 12OH^- \longrightarrow 2ClO_3^- + 10Cl^- + 6H_2O$$

每个系数用它们的最大公约数 2 去除，得到了配平的反应：

$$3Cl_2 + 6OH^- \longrightarrow ClO_3^- + 5Cl^- + 3H_2O$$

第二节　原电池及电动势

一、原电池

1. 原电池

将 Zn 粉加到蓝色的 $CuSO_4$ 溶液中，溶液的蓝色逐渐消失。体系发生了典型的氧化还原反应：

$$Cu^{2+} + Zn \longrightarrow Zn^{2+} + Cu$$

反应是在 Cu^{2+} 和 Zn 之间进行电子的转移，反应过程中有能量（热量）放出。该反应还可以用图 4-1 所示装置完成。

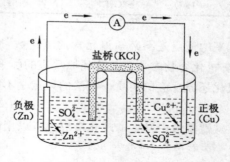

图 4-1　铜锌原电池

在这个装置中，Cu^{2+} 和 Zn 并未直接接触，而是通过导线和盐桥相连。反应时,锌片上的 Zn 失去电子变成 Zn^{2+} 溶解进入溶液,电子沿着外电路到达铜片并和溶液中的 Cu^{2+} 接触,Cu^{2+} 得到电子变成 Cu 沉积在铜片上。

这种通过氧化还原反应把化学能直接转变为电能的装置叫作原电池。

直流电源有正极和负极之分。在原电池中,电子流出的电极为负极,所以 Zn 极为负极,负极发生氧化反应;电子流入的电极为正极,所以 Cu 极为正极,正极发生还原反应。

正极的反应为

$$Cu^{2+} + 2e^- \longrightarrow Cu$$

负极的反应为

$$Zn \longrightarrow Zn^{2+} + 2e^-$$

两个反应相加可得到总反应

$$Cu^{2+} + Zn \longrightarrow Cu + Zn^{2+}$$

由图 4-1 可见,原电池由两个电极、盐桥和外接电路组成。电极包括传导电子的金属及组成电极的溶液。电极中发生的氧化半反应或还原半反应,为电极反应,两个电极反应之和就是电池反应。

发生在各个电极上的反应被称作半反应。半反应只能同时进行,而不能单独进行。

盐桥是把琼脂和 KCl 饱和溶液混合,加热溶解装入 U 形管中,冷却后,琼脂凝胶将 KCl 固定在其中。离子可在 U 形管内自由运动。盐桥沟通了两个电极,起到内电路的作用,保持电路畅通和电荷平衡。因为随着氧化还原反应的进行,在锌电极中,Zn 氧化为 Zn^{2+},溶液中的正离子过剩,而在铜电极中,Cu^{2+} 还原为 Cu,溶液中的负离子过剩,这会阻碍氧化还原反应继续进行。用盐桥连接两个电极后,盐桥中的 Cl^- 移向锌电极,K^+ 则移向铜电极,使两个电极都能保持电中性,从而使电池反应顺利进行。

2. 电池符号(电池图式)

由于原电池是由两个氧化还原电对组成的,因此理论上任何氧化还原反应均可设计成原电池。为了简便起见,原电池的装置可以用符号表示。如铜锌原电池可表示为:

$$(-)Zn \mid ZnSO_4(c_1) \parallel CuSO_4(c_2) \mid Cu(+)$$

书写电池符号的注意事项:

(1) 把负极(一)写在左边,正极(十)写在右边。

(2) 用单垂线"丨"表示两相界面,双垂线"‖"表示盐桥,如果溶液中含有两种离子参与电极反应,不存在相界面,则用","分开。

(3) 用化学式表示电池物质的组成,气体要注明其分压,溶液要标明其浓度。

（4）如果电极反应中的物质本身不能作为导电电极，则必须用一个能导电又不参与电极反应的惰性电极（如铂电极）作为导电电极。用符号表示电极时除了标明参加反应的物质外，还应该标明惰性电极以及参加反应的纯物质（如气体、液体和固体）。

【例 4-4】　反应

$$Cr_2O_7^{2-}(1.0\ mol/L)+6Cl^-(10\ mol/L)+14H^+(10\ mol/L)\longrightarrow$$
$$2Cr^{3+}(1.0\ mol/L)+3Cl_2(100\ kPa)+7H_2O(l)$$

构成的原电池可表示如下：

$$(-)Pt|\ Cl_2(p^{\ominus})|Cl^-(10\ mol/L)\parallel Cr_2O_7^{2-}(1.0\ mol/L),$$
$$Cr^{3+}(1.0\ mol/L),\ H^+(10\ mol/L)|Pt(+)$$

3. 电极的类型

根据电极的组成不同，电极可以分为以下五种类型：

（1）金属—金属离子电极：是由金属和金属离子的盐溶液所构成的电极，如 $Cu^{2+}/Cu,Zn^{2+}/Zn$。

电极反应：$Cu^{2+}+2e^-\longrightarrow Cu$

电极符号：$Cu(s)|Cu^{2+}(c)$

（2）气体—离子电极：用一个惰性电极作为导体，浸入某种气体和由该种气体所形成的离子溶液中构成，如：$H^+/H_2,Cl_2/Cl^-$。

电极反应：$2H^++2e^-\longrightarrow H_2$

电极符号：$Pt|H_2(p)|H^+(c)$

（3）金属—难溶盐—阴离子电极：是将金属表面涂以该金属难溶盐后，浸入含有该难溶盐阴离子的溶液中构成的电极，如：甘汞电极、氯化银电极。

电极反应：$AgCl+e^-\longrightarrow Ag+Cl^-$

电极符号：$Ag(s)|AgCl(s)|Cl^-(c)$

（4）金属—难溶氧化物电极：是由金属和其氧化物一起浸入酸溶液中所构成的电极，如：锑—氧化锑电极。

电极反应：$Sb_2O_3+6H^++6e^-\longrightarrow 2Sb+3H_2O$

电极符号：$Sb(s)|Sb_2O_3(s)|H^+(c)$

（5）均相氧化还原电极：是将惰性电极浸入由同一元素不同氧化值的两种离子（或者是分子）的溶液中所构成的电极，如：Fe^{3+}/Fe^{2+} 电极。

电极反应：$Fe^{3+}+e^-\longrightarrow Fe^{2+}$

电极符号：$Pt|Fe^{3+}(c_1),Fe^{2+}(c_2)$

二、原电池的电动势

原电池是把化学能转化成电能的装置,其做功能力的大小可用原电池中两个电极形成的电位差来表示,即

$$E = E_{正} - E_{负}$$

在接近零电流条件下,原电池两极之间的电势差就是原电池的电动势,常用 E 表示,单位是 V。电动势的大小与温度、参与构成原电池物质本身的性质以及它们的浓度有关。标准条件下的电动势叫作原电池的标准电动势,用 $E^{\ominus}$ 表示。

$$E^{\ominus} = E^{\ominus}_{正} - E^{\ominus}_{负}$$

电动势的大小,反映了氧化还原反应中氧化剂的氧化能力和还原剂的还原能力的相对大小。

原电池

$$(-)Zn\,|\,ZnSO_4(c_1)\,\|\,CuSO_4(c_2)\,|\,Cu(+)$$

若反应写作

$$Cu^{2+} + Zn \longrightarrow Cu + Zn^{2+}$$

反应由左向右自发进行,测量得到的电动势为正值

$$E^{\ominus} = 1.103\ 7\ V$$

理论上可以将所有的氧化还原反应组成电对构成原电池,然后测量它们的电动势,可以比较出反应物氧化性或还原性的强弱。如:

$$2Ag^+ + Zn \longrightarrow 2Ag + Zn^{2+} \qquad E^{\ominus} = 1.560\ 8\ V$$

$$Cu + 2Ag^+ \longrightarrow Cu^{2+} + 2Ag \qquad E^{\ominus} = 0.457\ 1\ V$$

通过比较可以看出,Zn 的还原性要强于 Cu 的还原性。

三、电极电势

1. 电极电势的产生

当把金属浸入其盐溶液时,会出现两种倾向:一种是金属表面的原子以离子形式进入溶液中(金属越活泼或者溶液中金属离子的浓度越小,这种倾向越大);另一种是溶液中的金属离子沉积在金属表面上(金属不活泼或者溶液中金属离子浓度越大,这种倾向就越大)。某种条件下达到暂时的平衡:

$$M(s) \longrightarrow M^{n+} + ne^-$$

最后是金属表面带电,而靠近金属附近的溶液带相反电荷,这种产生在金属和它的盐溶液之间的电势就叫作金属的电极电势(图 4-2)。

发生在每个电极上的半反应的电极电势称为该电极的电极电势。不同的电极其电极电势不同,但迄今为止还是无法直接测出单个电极电势的绝对值。因为用电位差计直接测出的是电池两极的电势差,而不是单个电极的电势。

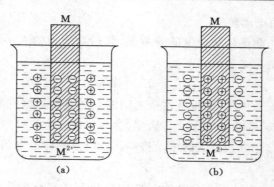

图 4-2 金属的电极电势

2. 标准电极电势

为了比较不同电极的电极电势,人们通常选择一个标准电极,将其电极电势人为规定为零,然后与任意的电极组成原电池,测定电动势,这样就可以确定任一电极的电极电势的相对值。

按照 IUPAC 规定,采用标准氢电极作为衡量其他电极电势的标准,并将其电极电势定义为零:

$$Pt|H_2(100\ kPa)|H^+(1\ mol/L)$$
$$E^{\ominus}(H^+/H_2)=0.000\ 0\ V$$

标准氢电极的构成如图 4-3 所示。

选择化学稳定性好、易导电且对氢气具有良好亲和力的铂片作为惰性电极。Pt 能很好地吸附氢气,用化学的方法在清洁的 Pt 片表面镀上一层新鲜、疏松的铂层。由于新鲜镀上的铂层相对疏松,所以呈现出黑色,称为铂黑。铂黑具有比普通铂层更大的比表面积,所以更容易吸附氢气。由进气管通入压力为 100 kPa 的氢气,包裹铂黑电极,并与铂黑表面达成吸附平衡,这就相当于在铂黑电极表面包裹了一层压力为 100 kPa 的氢气,形成了一个氢气做成的电极板,"浸泡"在浓度为 1.00 mol/L 的氢离子溶液中,就形成了一个标准氢电极。

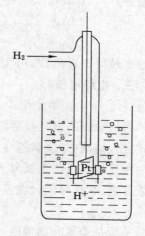

图 4-3 氢电极示意图

测定其他电极的电极电势时,可将待测电极与标准电极组成原电池,测定此原电池的电动势,就可以确定该电极的电势。若待测电极也处于标准态,则测得的电极电势就为该电极的标准电极电势,用 $E^{\ominus}$(氧化态/还原态)表示。如:

电池反应　　$Zn^{2+}+H_2=Zn+2H^+$　　$E^{\ominus}=-0.761\ 8\ V$　　　　①

正极　　　　$Zn^{2+}+2e^-=Zn$　　　　$E^{\ominus}(Zn^{2+}/Zn)=?$　　②

负极　　　　$2H^++2e^-=H_2$　　　　$E^{\ominus}(H^+/H_2)=0.000\ 0\ V$　　③

①=②-③,所以

$$E^{\ominus}=E^{\ominus}(Zn^{2+}/Zn)-E^{\ominus}(H^+/H_2)$$
$$=E^{\ominus}(Zn^{2+}/Zn)-0=-0.761\ 8\ V$$
$$E^{\ominus}(Zn^{2+}/Zn)=-0.761\ 8\ V$$

若将所有的电极都和标准氢电极组成一个原电池,则可通过测量得到所有电极的标准电极电势。请注意在②中电极电势所对应的反应方程式中,氧化态写在方程的左边,还原态写在方程的右边,也就是说该反应是一个还原反应,所以这种电极电势称为还原电极电势。

任何半反应的标准电极电势可表示为

$$Ox+ne^-=Red\quad E^{\ominus}(Ox/Red)$$

电极的电势可以是正值,也可以是负值。电极电势为正值时,说明被测电极是作为正极,电位比标准氢电极高;电极电势为负值时,说明被测电极是作为负极,电位比标准氢电极低。

关于标准电极电势和电极反应,还需要说明以下几点:

(1)本书中采用的标准电极电势为还原电势,以标准氢电极电势为零。$E^{\ominus}$ 值越小的电对,其还原型物质越易失去电子,是越强的还原剂,其对应的氧化型物质越难得到电子,是越弱的氧化剂。反之,$E^{\ominus}$ 值越大的电对,其氧化型物质越易得到电子,是越强的氧化剂,其对应的还原型物质越难失去电子,是越弱的还原剂。

(2)同一电极反应的表达式不同,对电极电势的数值并无影响(标准电极电势是强度性质,其数值和电极反应的计量数无关)。

$$2H^++2e^-\longrightarrow H_2\quad E^{\ominus}=0.000\ V$$
$$H^++e^-\longrightarrow 1/2H_2\quad E^{\ominus}=0.000\ V$$

(3)氧化型或者还原型物质离子浓度的改变对电极电势影响不大。

(4)介质的酸碱性对含氧酸盐的氧化性影响很大,一般在酸性介质中表现出较强氧化性。

四、电动势与摩尔吉布斯函数变的关系

在等温、等压可逆条件下:

$$\Delta G=-nFE$$

式中　ΔG——摩尔吉布斯函数变;

　　　　n——反应中电子得失数;

　　　　F——法拉第常数,96 485 C/mol;

　　　　E——电动势。

在标准条件下

$$\Delta G^{\ominus} = -nFE^{\ominus}$$

因此,如果知道了一个氧化还原反应的吉布斯函数变,就可以计算出由该反应组成的原电池电动势。

【例 4-5】　计算由标准氢电极和标准镉电极组成的原电池反应的吉布斯函数变。

解　查表可得:

$$E^{\ominus}(Cd^{2+}/Cd) = -0.403\ 0\ V, \quad E^{\ominus}(H^+/H) = 0.000\ 0\ V$$

电极电势较小的标准镉电极作为原电池的负极,电极电势较大的标准氢电极作为原电池的正极,原电池的图式及相应的电池反应可表示为:

$$(-)Cd|Cd^+(1\ mol/L) \parallel H^+(1\ mol/L)|H_2(101.325\ kPa)|Pt\ (+)$$

$$Cd(s) + 2H^+(aq) \longrightarrow Cd^{2+}(aq) + H_2(g)$$

根据标准电极电势可计算出该原电池的标准电动势为:

$$E^{\ominus} = E^{\ominus}(正极) - E^{\ominus}(负极)$$
$$= 0 - (-0.403\ 0) = 0.403\ 0\ V$$

电池反应中的 $n=2$,故:

$$\Delta G^{\ominus} = -nFE^{\ominus} = -2 \times 96\ 485 \times 0.403\ 0$$
$$= -77\ 770\ J/mol = -77.77\ kJ/mol$$

五、能斯特方程

德国科学家能斯特(H. W. Nernst)推导出电极电势与温度、溶液中物质的浓度、酸度的定量关系,称为能斯特方程式。

对于溶液反应:

$$aA + bB \Longrightarrow gG + dD$$

$$\Delta G = \Delta G^{\ominus} + RT\ln \frac{\{c(G)/c^{\ominus}\}^g \cdot \{c(D)/c^{\ominus}\}^d}{\{c(A)/c^{\ominus}\}^a \cdot \{c(B)/c^{\ominus}\}^b}$$

将 $\Delta G = -nFE$ 和 $\Delta G^{\ominus} = -nFE^{\ominus}$ 代入上式,同时将 $R = 8.314\ J/(mol \cdot K)$、$F = 96\ 485\ C/mol$、$T = 298.15\ K$ 代入上式,整理得:

$$E = E^{\ominus} - \frac{0.059\ 17}{n}\lg \frac{\{c(G)/c^{\ominus}\}^g \cdot \{c(D)/c^{\ominus}\}^d}{\{c(A)/c^{\ominus}\}^a \cdot \{c(B)/c^{\ominus}\}^b}$$

这就是电池电动势的能斯特方程。该方程反映了在非标准条件下,原电池的电动势和标准电动势之间的关系。

【例 4-6】 已测得某铜锌原电池的电动势为 1.06 V,并已知 $c(Cu^{2+})=$ 0.020 mol/L,那么该原电池中 $c(Zn^{2+})$ 为多少?

解 该原电池反应为:

$$Cu^{2+}(aq)+Zn(s)\longrightarrow Cu(s)+Zn^{2+}(aq)$$

查表可得:$E^{\ominus}(Zn^{2+}/Zn)=-0.761\ 8\ V,E^{\ominus}(Cu^{2+}/Cu)=0.341\ 9\ V$

$$\begin{aligned}
E^{\ominus} &= E^{\ominus}(正极)-E^{\ominus}(负极)\\
&= E^{\ominus}(Cu^{2+}/Cu)-E^{\ominus}(Zn^{2+}/Zn)\\
&= 0.341\ 9-(-0.761\ 8)\\
&= 1.103\ 7\ V
\end{aligned}$$

该原电池反应的能斯特方程为:

$$E=E^{\ominus}-\frac{0.059\ 17}{n}\lg\frac{c(Zn^{2+})}{c(Cu^{2+})}$$

代入数据,得:

$$1.06=1.103\ 7-\frac{0.059\ 17}{2}\lg\frac{c(Zn^{2+})}{0.020}$$

解得: $\qquad c(Zn^{2+})=0.045\ mol/L$

能斯特方程不仅适用于电动势的计算,同样也适用于电极电势的计算。

电极电势通式:

$$aOx+ne^-=bRed$$

在 $T=298.15$ K 时,则有电极电势能斯特方程为:

$$E=E^{\ominus}+\frac{0.059\ 17}{n}\lg\frac{c(Ox)^a}{c(Red)^b}$$

或者:

$$E=E^{\ominus}-\frac{0.059\ 17}{n}\lg\frac{c(Red)^b}{c(Ox)^a}$$

【例 4-7】 计算在 $T=298.15$ K,$c(MnO_4^-)=c(Mn^{2+})=1.000$ mol/L,$c(H^+)=1.000\times10^{-5}$ mol/L 的弱酸性介质中高锰酸钾的电极电势。

解 在酸性介质中,MnO_4^- 的电极反应和标准电极电势为:

$$MnO_4^-+8H^++5e^-\longrightarrow Mn^{2+}+4H_2O \quad E^{\ominus}(MnO_4^-/Mn^{2+})=1.507\ V$$

$$\begin{aligned}
E(MnO_4^-/Mn^{2+}) &= E^{\ominus}(MnO_4^-/Mn^{2+})-\frac{0.059\ 17}{5}\lg\frac{c(Mn^{2+})}{c(MnO_4^-)\cdot\{c(H^+)\}^8}\\
&= 1.507+\frac{0.059\ 17}{5}\lg(1.000\times10^{-5})^8\\
&= 1.034\ V
\end{aligned}$$

第三节　参比电极和浓差电池

一、参比电极

标准氢电极的电极电势很稳定,特别适宜作为测定其他电极电势的相对标准。但是标准氢电极需用高纯氢气,铂黑电极的制作比较麻烦,而且容易因氢气中的微量 S、As 等杂质而中毒失去活性,给使用带来不便。因此,实际上常用易于制备、使用方便而且电极电势稳定的其他电极作为测量电极电势的参考。这类电极称为参比电极。

1. 甘汞电极

如图 4-4 所示,甘汞电极是由内外两个玻璃管组成的。外玻璃管充满 KCl 溶液(通常为饱和溶液),内玻璃管构成了内部电极。内部电极上层是金属汞(由导线铂丝和外电路相连),下层是甘汞(Hg_2Cl_2)及汞的糊状物。内部电极和 KCl 溶液之间用棉花或烧结玻璃塞分隔。电极下端与待测溶液接触部分用熔结陶瓷芯或玻璃砂芯等多孔物质封住。

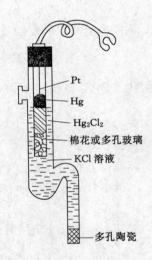

图 4-4　甘汞电极示意图

电极反应为:

$$Hg_2Cl_2(g) \longrightarrow Hg_2^{2+}(aq) + 2Cl^-(aq)$$
$$Hg_2^{2+}(aq) + 2e^- \longrightarrow 2Hg(l)$$

KCl 的浓度为 1.00 mol/L 时的甘汞电极称为标准甘汞电极($E^\ominus = 0.2828$ V),溶液饱和时的甘汞电极称为饱和甘汞电极($E^\ominus = 0.2438$ V)。

2. 银—氯化银电极

银—氯化银电极(见图 4-5)和甘汞电极类似,也是由金属和其难溶盐组成。由于银是固体,因此在结构上比甘汞电极更简单一些。银丝上镀一层 AgCl,浸在一定浓度的 KCl 溶液中,即构成了 Ag—AgCl 电极。

氯化银电极的电极反应为:

$$AgCl(s) \longrightarrow Ag^+(aq) + Cl^-(aq)$$
$$Ag^+(aq) + e^- \longrightarrow Ag(s) + Cl^-(aq)$$

标准氯化银电极的电极电势为 $E^\ominus = 0.2223$ V,饱和氯化银电极的电极电势为 $E^\ominus = 0.2000$ V。

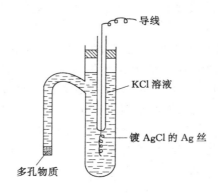

图 4-5　银—氯化银电极示意图

3. 玻璃电极

常用 pH 计的 H^+ 浓度指示电极是玻璃电极，如图 4-6 所示。玻璃电极的主要部分是头部的球泡，由对 H^+ 特殊敏感薄膜组成，球泡内部装有 pH 值一定的缓冲溶液，其中插入一个 Ag—AgCl 电极，整个构成玻璃电极。玻璃膜两侧溶液的 pH 值不同时，就产生一定的膜电势。

适当调整玻璃薄膜的组成或者用其他敏感材料，还可以制成 Na^+、K^+、NH_4^+、Ag^+ 等其他离子指示电极，也叫离子选择性电极。

一个典型的实用酸度计如图 4-7 所示。

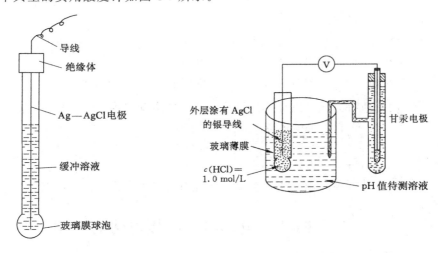

图 4-6　玻璃电极示意图　　　　　　图 4-7　酸度计示意图

在实际工作中,用 pH 值已知的缓冲溶液作为基准对酸度计进行标度。

二、浓差电池

一般说来,构成原电池的两个电极是由两种不同的氧化还原电对组成的。不同电对的标准电极电势有差别,从而使原电池产生电动势。但在非标准条件下,一个电对的电极电势取决于溶液中氧化剂和还原剂的浓度,因而即使是同一个电对,当浓度不同时,也可以产生不同的电极电势。一个电对因浓度不同所形成的电极称之为浓差电极。用浓差电极构成的电池就叫作浓差电池。

图 4-8 中所示的是由 Ni^{2+} 浓度分别为 1.00×10^{-3} mol/L 和 1.00 mol/L 的两种溶液组成的浓差电池。

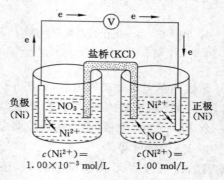

图 4-8　浓差电池示意图

电池反应为:

负极　　$Ni(s) \longrightarrow Ni^{2+}(稀溶液) + 2e^-$

正极　　$Ni^{2+}(浓溶液) + 2e^- \longrightarrow Ni(s)$　　　$E^{\ominus}(Ni^{2+}/Ni) = -0.28$ V

总反应　$Ni^{2+}(浓溶液) \longrightarrow Ni^{2+}(稀溶液)$　　$E = +0.088\,8$ V

用能斯特方程可以计算出该浓差电极的电动势为:

$$E = E^{\ominus} - \frac{0.059\,17}{n} \lg \frac{c(Ni^{2+})(稀)}{c(Ni^{2+})(浓)} = -\frac{0.059\,17}{2} \lg \frac{1.00 \times 10^{-3}}{1.00}$$

$$= +0.088\,8 \text{ V}$$

酸度计就是利用了浓差电极的原理对溶液中氢离子浓度进行测量的。

第四节　　电动势与电极电势的应用

一、判断氧化剂和还原剂的相对强弱

E 值的高低可以用来判断氧化剂和还原剂的相对强弱。E 值越大,电对的氧化态是越强的氧化剂;E 值越小,电对的还原态是越强的还原剂。氧化态和还原态具有强弱互补的性质。

例如,可以利用下列三个电对的标准电极电势来判断各种物质氧化还原能力的相对大小。

电对	电极反应	电极电势
I_2/I^-	$I_2(s) + 2e^- \rightleftharpoons 2I^-(aq)$	0.5355 V
Fe^{3+}/Fe^{2+}	$Fe^{3+}(aq) + e^- \rightleftharpoons Fe^{2+}(aq)$	0.771 V
Br_2/Br^-	$Br_2(l) + 2e^- \rightleftharpoons 2Br^-(aq)$	1.066 V

在标准条件下,Br_2 可以氧化 I^-,也可氧化 Fe^{2+};Fe^{3+} 可以氧化 I^-;但 I_2 不能氧化 Br^-。

若反应在非标准条件下进行,或者还有 H^+ 或 OH^- 参加电极反应时,应考虑离子浓度或溶液酸碱性对电极电势的影响,这时应该用能斯特方程计算出电极的电极电势,然后再进行比较。

二、氧化还原反应方向的判断

在恒温、恒压下,一个化学反应能否自发进行,可用反应的吉布斯函数变来判断:

$$\begin{cases} 若 \Delta G < 0,反应正向自发进行; \\ 若 \Delta G > 0,反应逆向自发进行; \\ 若 \Delta G = 0,反应处于平衡状态 \end{cases}$$

对氧化还原反应而言:

$$\Delta G = -nFE$$
$$\Delta G^\ominus = -nFE^\ominus$$

式中 n 和 F 均为正值,所以可以直接用电动势来判断氧化还原反应进行的方向:

标准条件

$$\begin{cases} 若 E^\ominus > 0,反应正向自发进行 \\ 若 E^\ominus < 0,反应逆向自发进行 \\ 若 E^\ominus = 0,反应处于平衡状态 \end{cases}$$

非标准条件

$$\begin{cases} 若 E > 0,反应正向自发进行 \\ 若 E < 0,反应逆向自发进行 \\ 若 E = 0,反应处于平衡状态 \end{cases}$$

对于简单电极反应,由于离子浓度对电极电势的影响不大,如果两电对的标准电极电势相差较大(大于 0.2 V)则即使离子浓度发生变化也不会使 E 的正负号发生变化,因此对于非标准状态条件下的反应仍可以用 $E^\ominus$ 来进行判断。当然,如果标准电极电势相差较小,并且溶液中还有酸碱参与反应,则需要先用能斯特方程求出非标准条件下的电极电势 E,然后进行判断。

【例 4-8】　判断下列氧化还原反应进行的方向：

　　① $Sn+Pb^{2+}(1.000\ mol/L)\Longleftrightarrow Sn^{2+}(1.000\ mol/L)+Pb$

　　② $Sn+Pb^{2+}(0.100\ mol/L)\Longleftrightarrow Sn^{2+}(1.000\ mol/L)+Pb$

解　查表可得：$E^{\ominus}(Sn^{2+}/Sn)=-0.137\ 5\ V$，$E^{\ominus}(Pb^{2+}/Pb)=-0.126\ 2\ V$。

（1）$E^{\ominus}(Pb^{2+}/Pb)=-0.126\ 2\ V>E^{\ominus}(Sn^{2+}/Sn)=-0.137\ 5\ V$，因此 Pb^{2+} 的氧化性强于 Sn^{2+} 的氧化性，反应按下列方式进行：

　　　　$Sn+Pb^{2+}(1.000\ mol/L)\longrightarrow Sn^{2+}(1.000\ mol/L)+Pb$

（2）当 $c(Sn^{2+})=1.000\ mol/L$，$c(Pb^{2+})=0.100\ mol/L$，体系处于非标准状态，此时应该用能斯特方程计算电对的电极电势，然后再进行比较。

$$E(Pb^{2+}/Pb)=E^{\ominus}(Pb^{2+}/Pb)+\frac{0.059\ 17}{2}lg\ c(Pb^{2+})$$

$$=-0.126\ 2+\frac{0.059\ 17}{2}lg\ (0.100)$$

$$=-0.155\ 8\ (V)$$

此时，$E(Sn^{2+}/Sn)=E^{\ominus}(Sn^{2+}/Sn)>E(Pb^{2+}/Pb)$，所以 Sn^{2+} 的氧化性强于的 Pb^{2+} 氧化性，反应按下列方式进行：

　　　　$Sn^{2+}(1.000\ mol/L)+Pb\longrightarrow Sn+Pb^{2+}(0.100\ mol/L)$

三、氧化还原反应的平衡常数

对于任何一个氧化还原反应，有

$$\Delta G^{\ominus}=-nFE^{\ominus}\ 和\ \Delta G^{\ominus}=-RT\ln K^{\ominus}$$

将 $R=8.314\ J/(mol\cdot K)$、$F=96\ 485\ C/mol$、$T=298.15\ K$ 代入上式，整理得：

$$E^{\ominus}=\frac{0.059\ 17}{n}lg\ K^{\ominus}\ 或\ lg\ K^{\ominus}=\frac{nE^{\ominus}}{0.059\ 17}$$

由此可以看出，只要知道原电池的标准电动势，就可计算出 298.15 K 时氧化还原反应的平衡常数。

【例 4-9】　计算下列反应在 298.15 K 时的标准平衡常数 $K^{\ominus}$：

　　　　$Cu(s)+2Ag^{+}(aq)\Longleftrightarrow Cu^{2+}(aq)+2Ag(s)$

解　先设想按上述反应组成一个标准条件下的原电池：

负极　$Cu(s)\longrightarrow Cu^{2+}(aq)+2e^{-}$　　　　$E^{\ominus}(Cu^{2+}/Cu)=0.341\ 9\ V$

正极　$2Ag^{+}(aq)+2e^{-}\longrightarrow 2Ag(s)$　　　　$E^{\ominus}(Ag^{+}/Ag)=0.799\ 6\ V$

原电池的电动势为：

$$E^{\ominus}=E^{\ominus}（正极）-E^{\ominus}（负极）$$

$$=E^{\ominus}(Ag^{+}/Ag)-E^{\ominus}(Cu^{2+}/Cu)$$

$$=0.799\ 6-0.341\ 9=0.457\ 7\ V$$

那么：

$$\lg K^{\ominus} = \frac{nE^{\ominus}}{0.059\ 17} = \frac{2 \times 0.455\ 7}{0.059\ 17} = 15.47$$

$$K^{\ominus} = 3.0 \times 10^{15}$$

从以上结果可以看出，该反应进行的程度是相当彻底的。一般说来，当 $n=$ 1 时，$E^{\ominus} > 0.3$ V 的氧化还原反应，$K^{\ominus} > 10^5$；当 $n=2$ 时，$E^{\ominus} > 0.2$ V 的氧化还原反应，$K^{\ominus} > 10^6$，此时就可认为反应进行得相当彻底。

四、总结

在热力学、电化学中的几个函数（$E^{\ominus}$、$\Delta_r G_m^{\ominus}$ 和 $K^{\ominus}$）之间的关系如图 4-9 所示。

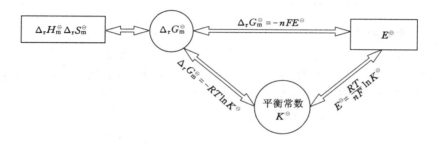

图 4-9　$E^{\ominus}$、$\Delta_r G_m^{\ominus}$ 和 $K^{\ominus}$ 之间的关系

第五节　电　　解

一、电解池与原电池

电解池和原电池通称为化学电池。它们都由两个电极和电解质溶液组成，但原理不同，原电池是将化学能转变为电能，而电解池则将电能转变为化学能。另外在使用原电池时，习惯上常用正负极称两个电极，而在电解过程中，对于电解池的电极，人们常习惯于将它们称为阴极（cathode）和阳极（anode）。电化学中规定，不论是电解池还是原电池，凡发生氧化反应的电极为阳极，发生还原反应的电极为阴极；又依电势的高低，电势高的为正极，电势低的为负极。所以，在原电池中，电势低的负极发生氧化反应为阳极，电势高的正极发生还原反应为阴极，即负极为阳极，正极为阴极。原电池和电解池的比较见表 4-2。

表 4-2　　　　　　　　　　　　**原电池和电解池的比较**

	原电池	电解池
工作原理	在电极上发生氧化还原反应,将化学能转化为电能	施加电流在电极上发生氧化还原反应,将电能转化为化学能
反应自发性	电池反应的吉布斯函数变为负值,反应是自发的	电池反应的吉布斯函数变为正值,反应是非自发的
氧化反应	向外电路提供电子的电极为负极,负极发生氧化反应	与外电源正极相连的电极为阳极,阳极发生氧化反应
还原反应	由外电路传入电子的电极为正极,正极发生还原反应	与外电源负极连的电极为阴极,阴极发生还原反应

二、电解的应用

由于电解能提供极强的氧化能力和还原能力,并能通过改变电化学因素(如电流密度、电极电势、电催化活性)选择性地控制、调节反应的方向、限度、速率,因而广泛应用于机械加工、金属提取与精炼、材料表面处理(如阳极氧化、电镀、电化学抛光)、电解加工等领域。

1. 电解生产

图 4-10 是处于熔融状态的 NaCl 在电解时的电极反应情况。注意电源正负极的方向正好和原电池正负极的方向相反,并且外加电压必须大于原电池在相同条件下的电动势。

阳极反应为:

$$2Cl^- \longrightarrow Cl_2(g) + 2e^-$$

阴极反应为:

$$2Na^+ + 2e^- \longrightarrow 2Na(l)$$

图 4-10　电解池反应示意图

总反应为:

$$2NaCl(l) \longrightarrow 2Na(l) + Cl_2(g)$$

上述电解反应是冶炼活泼金属的一个重要方法。

以食盐为原料,用电解法生产烧碱(氢氧化钠)、氯气、氢气和由此生产一系列氯产品(例如盐酸、高氯酸钾、次氯酸钙、光气、二氧化氯等)的无机化学工业称为氯碱工业。氯与烧碱都是重要的基础化工原料,广泛应用于化工、冶金、造纸、纺织、石油等工业,以及作为漂白、杀菌、饮水消毒之用,在国民经济和国防建设中占有重要地位。氯碱工业是电化学工业中最大的两大工业之一,另一个是铝电解工业。

电解 NaCl 水溶液

阳极　　　$2Cl^-(aq) \longrightarrow Cl_2(g) + 2e^-$

阴极　　　$2H_2O(l) + 2e^- \longrightarrow H_2(g) + 2OH^-(aq)$

总反应　$2H_2O(l) + 2Cl^-(aq) \longrightarrow H_2(g) + Cl_2(g) + 2OH^-(aq)$

通过电解 NaCl 的水溶液,得到了三种重要的工业产品,氯气、氢气和氢氧化钠,所以该电解反应在工业上有重要意义。

2. 金属的精炼

金属的精炼是利用不同元素的阳极溶解或阴极析出难易程度来提取纯金属的技术。电解时用高温还原得到的精金属铸成正极,用含有该金属的盐溶液做电解液,控制一定电势使电解电势比精炼金属正的杂质存留在阳极或沉积在阳极泥中,再用其他方法分离回收。而溶解电势比精炼金属负的杂质则溶入溶液,不在阴极上析出,从而在阴极上可得到精炼的高纯金属。利用电解精炼的金属有铜、金、银、铂、镍、铁、铅、锑、锡、铋等。

3. 电镀

电镀就是利用电解原理在某些金属表面镀上一薄层其他金属或合金的过程,是利用电解作用使金属或其他材料制作的表面附着一层金属膜的工艺。电镀时,镀层金属或其他不溶性材料做阳极,待镀金属制品做阴极,镀层金属的阳离子被还原成镀层。

电镀的目的是在基材上镀上金属镀层,改变基材表面性质或尺寸。电镀能增强金属的抗腐蚀性(镀层金属多采用耐腐蚀的金属),增加硬度,防止磨耗,提高导电性、润滑性、耐热性和表面美观。

近年来又发展出复合电镀,在其电解液中加入添加剂来增强镀层的耐磨性能。

4. 电抛光

电抛光是金属表面微观凸点在特定电解液中和适当电流密度下,利用阳极溶解的原理进行抛光的一种电解加工。电抛光是金属或半导体表面精加工方法之一,用来提高金属表面光洁度,特别适用于形状复杂的表面和内表面加工,粗糙度可以在原有的基础上提高 1~2 级。电抛光时,以工件做阳极,由于阳极表面比较粗糙,通电后表面凸起部分的溶解速率大于凹面部分的溶解速率,从而使工件表面达到平滑光亮的目的。抛光时常用铅、石墨、耐酸铜、铂等做阴极,抛光的工件不同所选的抛光电解液也不同。生产上常用 $KClO_3$ 和 $NaClO_3$ 做抛光电解液,其抛光效果比较好。

5. 阳极氧化

阳极氧化是将金属或合金的制件作为阳极,采用电解的方法使其表面形成氧化物薄膜。金属氧化物薄膜可改变制件表面状态和性能,如表面着色、提高耐腐蚀性、增强耐磨性及硬度、保护金属表面等。氧化膜薄层中具有大量的微孔,可吸附各种润滑剂,适合制造发动机气缸或其他耐磨零件;膜微孔吸附能力强可着色成各种美观艳丽的色彩。有色金属或其合金都可进行阳极氧化处理,这种方法广泛用于机械零件、飞机、汽车部件、精密仪器及无线电器材、日用品和建筑装饰等方面。

第六节 化 学 电 源

从原理上讲,任意两个能自发发生氧化还原反应的电极,都可以组成一个化学电源。但实际应用上,除了能自发进行氧化还原反应外,还要考虑电源的效率、循环性、安全性、环保性等因素,因此真正能达到实用的电源并不多。

一、原电池

1. 锰锌干电池

锰锌干电池是人们日常生活中使用最广泛的一次性电池。其形状为圆柱形,中央的碳棒是正极,周围有二氧化锰,锌皮是负极。其最大电压为 1.55 V。其负极反应为:

$$Zn \longrightarrow Zn^{2+} + 2e^-$$

正极反应:

$$2MnO_2(s) + H_2O(l) + 2e^- \Longrightarrow Mn_2O_3(s) + 2OH^-(aq)$$

生成的 OH^- 被 NH_4^+ 中和:

$$NH_4^+(aq) + OH^-(aq) \Longrightarrow NH_3(g) + H_2O(l)$$

产生的氨气与 Zn^{2+} 形成配合物:

$$Zn^{2+}(aq) + 2NH_3(g) + 2Cl^-(aq) \Longrightarrow [Zn(NH_3)^2]Cl_2(s)$$

在使用过程中,由于 NH_3 在电极上的富集会引起电压的下降,同时因为是酸性介质,金属 Zn 也会缓慢溶解,而减少其寿命。目前,常使用 NaOH 或 KOH 代替 NH_4Cl 电解质,称碱性电池。其正极反应同上,而负极反应为:

$$Zn(s) + 2OH^-(aq) \Longrightarrow Zn(OH)_2(s) + 2e^-$$

碱性电池在结构上采用与普通电池相反的电极结构,增大了正负极间的相对面积,而且用高导电性的氢氧化钾溶液替代氯化铵、氯化锌溶液,负极锌也由片状改变成粒状,增大了负极的反应面积,加之采用了高性能电解锰粉,所以电性能也得到很大提高,同等型号的碱性电池是普通电池容量和放电时间的 3～7 倍。碱性电池更适合用于大电流连续放电和要求高的工作电压的用电场合,特别适用于照相机、闪光灯、剃须刀、电动玩具、大型功率遥控器等。碱性锰锌电池是日常生活中常用的干电池,是目前市场占有率最高的一次电池,具有自放电小、内阻小、电容量高、放电电压稳定、价格便宜等优点,已经基本取代了盐类电池和具有污染性的锌汞电池。

2. 锂一次电池

锂一次电池的种类很多,除都采用金属锂作负极外,其他电极材料及电解质等都不相同。典型的锂一次电池有锂碘电池和锂二氧化锰电池。

锂碘电池具有电池电势高(约 3 V)、电容量较大和使用时间长等特点,常用于心脏起搏器。

锂二氧化锰电池简称锂锰电池,具有电池电势高、比能量大、放电电压稳定等特点,是目前产量最高、用途最广泛的一次电池,已广泛应用于助听器、计算器、电子表、照相机等电子产品中。

3. 锌汞电池

这种电池经常被做成纽扣形状,因此又称为纽扣电池,广泛应用于相机、计算器、助听器及石英钟等(见图 4-11)。

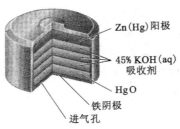

图 4-11　锌汞纽扣电池示意图

锌汞电池可以提供稳定的 1.34 V 的电压,这也是为什么此类电池在通信器材和科学仪器上有重要的应用价值。该电池的缺点是汞对环境造成了污染。

4. 银锌电池

1800 年意大利科学家伏特发明的著名的"伏特电池",就是以金属银为电极的电池。

银锌电池的电池电压为 1.8 V。由于电池里的电解质量很少,电极间的距离可以靠得很近,通常做成体积很小的纽扣状电池,因此电池的比能量大,能大电流放电,而且耐震,可用做宇宙航行、人造卫星、火箭等的电源,也通常用于手表助听器、计算器等。缺点是价格昂贵,使用寿命短。

二、蓄电池

1859 年布兰特研制出第一个铅酸蓄电池,开始了人们对二次电池的使用,到目前该电池仍然是使用最广泛的二次电池。

1. 铅酸蓄电池

铅酸蓄电池由正极板群、负极板群、电解液和容器等组成。正极板是棕褐色的二氧化铅（PbO_2），负极板是灰色的线状铅（Pb），以浓度为 35% 的硫酸（重量）水溶液为电解质。在此强酸介质中，HSO_4^- 为其主要存在形态。

正极：$PbO_2(s) + 3H^+(aq) + HSO_4^-(aq) + 2e^- \Longrightarrow PbSO_4(s) + 2H_2O(l)$

负极：$Pb(s) + HSO_4^-(aq) \Longrightarrow PbSO_4(s) + H^+(aq) + 2e^-$

总反应：$PbO_2(s) + Pb(s) + 2H^+(aq) + 2HSO_4^-(aq) \Longrightarrow 2PbSO_4(s) + 2H_2O(l)$

随着蓄电池的放电，正负极都沉积出 $PbSO_4$，同时电解液中的硫酸溶液逐渐减少，浓度变稀，这时外接电源进行充电。铅酸蓄电池充电是放电的逆过程。

铅酸蓄电池的工作电压平衡，使用温度及使用电流范围宽，能充放电数百个循环，储存性能好，造价较低，因而广泛应用于汽车、摩托车发动机上，也用于坑道、矿山和潜艇的动力电源以及变电站的备用电源。

2. 镍镉电池

镍镉电池最早应用于手机、笔记本电脑等设备，它具有良好的大电流放电特性，耐过度充放电能力强，维护简单。

电池电势为 1.4 V。镍镉电池最致命的缺点为：在充放电过程中如果处理不当，会出现严重的"记忆效应"，使得电池寿命大大缩短，而且镉是有毒的物质，不利于生态环境的保护。这使得镍铬电池已基本被淘汰出数码设备电池的应用范围。

3. 镍氢电池

镍氢电池是 20 世纪 80 年代随着储氢合金的研究而发展起来的一种新型二次电池。工作原理是在充放电时，氢在正负极之间传递，电解液不发生变化。

随着消费者和产业的环保意识增强，镍氢电池已经成为碱性电池的良好替代品。作为近年来迅速发展起来的一种高性能充电电池，凭借能量密度高、可快速充电、循环寿命长以及无污染等优点，在笔记本电脑、便携式摄像机、数码相机及电动自行车等领域得到广泛应用。目前已基本取代了传统的有污染的镍镉充电电池。不过镍氢电池是一种有记忆的电池，使用时应将电全部用完后再充电。

4. 锂二次离子电池

1990 年日本索尼公司成功研制了锂二次离子电池，随后得到迅猛发展，已经在二次电池领域中占据领先地位。

锂二次离子电池是一种充电电池，电池中的电解液可以是凝胶体、聚合物（锂离子或锂聚合物电池）或凝胶体与聚合物的混合物，常采用锂盐，如高氯酸锂（$LiClO_4$）、六氟磷酸锂（$LiPF_6$）、四氟硼酸锂（$LiBF_4$）等。正极或负极必须具有类似海绵的物理结构，以释放或接收锂离子。它主要依靠锂离子在正极和负极之间移动来工作。在充放电过程中，Li⁺在两个电极之间往返嵌入和脱嵌：充电池时，Li⁺从正极脱嵌，经过电解质嵌入负极，负极处于富锂状态，放电时则相反。由于锂二次离子在正负极这种来回的运动酷似摇椅的运动，因此有人形象地把锂离子电池叫作"摇椅式电池"。可选的正极材料很多，目前多采用锂铁磷酸盐，负极材料多采用石墨。锂二次离子电池的充放电过程如图 4-12 所示。

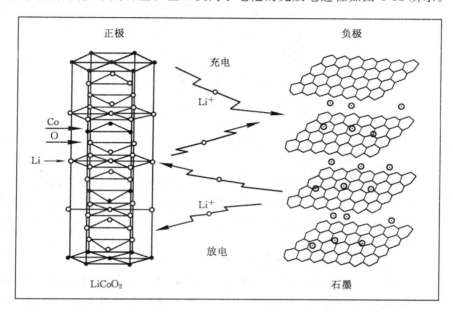

图 4-12　锂二次离子电池的充放电过程示意图

　　锂二次离子电池能量密度大，平均输出电压高，工作温度范围宽（20～69℃），自放电小，没有记忆效应，循环性能优越，使用寿命长，可快速充放电，效率高达 100%。因不含有毒有害物质，被称为绿色电池。

　　5. 燃料电池

　　燃料电池是一种将存在于燃料与氧化剂中的化学能直接转化为电能的发电装置。与常规电池的不同之处在于燃料和氧化剂不是储存在电池内部，而是来自外部供给，即只要不断向其提供燃料和氧化剂，就可以连续不断地发电。因此，它是一种能量转换装置，而常规电池本质上是能量储存装置。

　　燃料电池单电池的基本结构为电解质、阳极和阴极。阳极为电池的负极，在燃料电池工作时，阳极发生氧化反应，失去的电子由外电路传输到阴极，阴极为电池的正极，发生还原反应，得到电子而产生可供传导的离子；电解质起隔离燃料的氧化剂以及传导离子的作用。以氢氧燃料电池为例，其原理如图 4-13 所示。

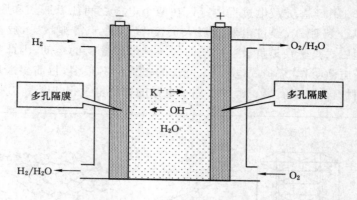

图 4-13　氢氧燃料电池构造图

燃料电池有多种类型,按使用的电解质不同,主要分为以下几类:

(1) 碱性氢氧燃料电池(AFC)

碱性氢氧燃料电池技术高度成熟。AFC 最重要的应用是作为载人航天飞行器中的电源,电池反应生成的水,经过净化还可供宇航员饮用,同时供氧系统也可以与生命保障系统互为备份。美国成功地将 Bacon 型 AFC 用于 Apollo 登月飞行,石棉型 AFC 用于航天飞机。

(2) 磷酸型燃料电池(PADC)

磷酸型燃料电池是以天然气重整气作为燃料,以空气作为氧化剂,以 Pt/C 为电催化剂,以浸有浓磷酸的 SiO_2 微孔膜作为电解质的燃料电池。与 AFC 相比,其突出优点是贵金属催化剂用量大大减少,对还原剂的纯度要求有较大降低,一氧化碳含量可达 5%。目前国际上功率较大的实用燃料电池电站均用这种燃料电池。

(3) 熔融碳酸盐燃料电池(MCFC)

熔融碳酸盐燃料电池的工作温度为 650~700 ℃,以浸有 K_2CO_3 和 $LiCO_3$ 的 $LiAlO_2$ 隔膜为电解质,电极催化剂采用氧化镍,以煤气或天然气为燃料。

(4) 质子交换膜燃料电池(PEMFC)

质子交换膜燃料电池的特点是工作温度低,启动速度快。它的核心是电极膜电极三合一组件的制备技术。

(5) 固体氧化物燃料电池(SOFC)

固体氧化物燃料电池的电解质、阳极和阴极均为陶瓷材料,是一种全固态结构燃料电池。SOFC 不使用贵金属催化剂,运行温度高(600~1 000 ℃),耐用燃料适用范围广,余热温度高,适合热电联产,是一种高效的清洁能源系统。陶瓷电解质是 SOFC 的核心材料,决定了电池的运行温度。目前,常用的 SOFC 电解质材料为 YSZ(Y_2O_3 稳定的 ZrO_2），阳极材料一般为 NiYSZ 金属陶瓷，阴极材料为 LSM($La_xSr_{1-x}MnO_3$）等钙钛矿结构复合氧化物材料。

固体氧化物燃料电池是目前正在普遍研究的燃料电池之一。它采用固体氧化物（陶瓷）电解质，在中高温（600～900 ℃）下运行，其废热可以用来推动燃气轮机或蒸汽轮机进一步发电，因此 SOFC 发电效率可超过 60%，是发电效率最高的燃料电池。若再实现热电联产，其能量利用效率可达 80%。在能源和环境矛盾日益尖锐的今天，SOFC 已经成为各国竞相开发的新一代能量转换技术。

不同种类燃料电池的比较见表 4-3。

表 4-3　　　　　　　　　　不同种类燃料电池的比较

类　型		碱性氢氧燃料电池（SFC）	磷酸型燃料电池（PAFC）	熔融碳酸盐燃料电池（MCFC）	质子交换膜燃料电池（PEMFC）	固体氧化物燃料电池（SOFC）
燃　料		纯氢	氢气	煤气、天然气、甲醇等	纯氢	煤气、天然气、甲醇、碳氢化合物等
电解质		KOH	磷酸	熔融碳酸盐	聚合物膜	YSZ、SSZ 等
电解质状态		液态	液态	液态	固态	固态
电极	阳极	Pc/Ni	多孔石墨（Pc 催化剂）	镍	Pc/C	Ni—YSZ 金属陶瓷
	阴极	Pc/Ag	含 Pc 催化剂＋多孔介质石墨	镍	Pc/C	LSM、LSCF 等
工作温度/℃		50～100	约 200	约 650	约 80	600～1 000
系统工作效率/%		35～40	40～45	50～65	30～40	60～80

燃料电池的优势：

（1）燃料电池具有高的能量转化效率

传统的火力发电技术是将燃料中的化学能转化为热能，热能再通过汽轮机转化为机械能进行发电；燃料电池技术则是将燃料中的化学能通过电化学反应直接转化为电能，不受卡诺循环效率的限制，能量转化效率高。例如 SOFC 的发电效率可以达到 65%，与汽轮机进行联合发电则可达到 75% 以上。

（2）燃料电池对环境友好

传统火力发电过程中会排放大量的二氧化碳、氮氧化物及硫化物等污染物，对环境影响极大；而燃料电池的主要污染物排放量远低于火力发电，尤其是氢氧燃料电池，可以实现发电过程零污染。此外，燃料电池发电系统中机械部件少，产生的噪声相对低。

（3）可靠性高

与燃气涡轮机和内燃机相比,燃料电池没有机械传动部件,因而系统更加安全可靠,不会因传动部件失灵而引发恶性事故。

第七节 金属腐蚀和防腐

一、化学腐蚀

金属由于腐蚀而造成的损失是严重的,不仅会给国民经济造成很大的危害,而且由于金属结构的破损,会引起产品质量降低、环境污染、停电停水及爆炸等后果,更不是能用损失的金属量所能计算的。因此,工程技术人员应当了解腐蚀的基本原理,在施工和设计中尽量减少或避免腐蚀因素,或采取有效的防护措施,这对于增产节约、安全生产有着十分重要的意义。

金属和环境介质直接发生化学反应而引起的腐蚀现象称为化学腐蚀。例如,金属和干燥气体（O_2、H_2S、SO_2 和 Cl_2 等）接触时,在金属表面形成相应的化合物（如氧化物、硫化物和氯化物等）。温度对化学腐蚀的影响很大。例如,钢材在常温和干燥的空气中并不容易腐蚀,但在高温下就容易被氧化,生成一层由 FeO、Fe_2O_3 和 Fe_3O_4 组成的氧化膜,同时还会发生脱碳现象（见图 4-14）。这主要是钢铁中的渗碳体（Fe_3C）与气体介质作用所产生的结果。例如：

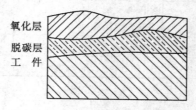

氧化层
脱碳层
工件

图 4-14 工件表面的氧化脱碳

$$Fe_3C + O_2 \longrightarrow 3Fe + CO_2$$
$$Fe_3C + CO_2 \longrightarrow 3Fe + 2CO$$
$$Fe_3C + H_2O \longrightarrow 3Fe + CO + H_2$$

反应生成的气体产物离开金属表面,而碳便从邻近的、尚未反应的金属内部逐渐扩散到这一反应区域,于是金属层中的碳逐渐减少,形成了脱碳层。钢铁表面由于脱碳层使硬度减小、疲劳极限降低。

二、电化学腐蚀

电化学腐蚀是金属在导电的电解质溶液中发生电化学反应而发生的腐蚀现

象。在腐蚀过程中有腐蚀电流产生,例如金属在海水、土壤和潮湿大气中发生的腐蚀。金属的电化学腐蚀的机理与原电池原理相同,但通常把腐蚀中的电池与一般的原电池相区别,称为腐蚀电池;同时习惯上把腐蚀电池的负极(失电子的电极)称为阳极,把正极(得电子的电极)称为阴极。实际上无论是在原电池还是电解池中,发生氧化的电极总是称作阳极,发生还原的电极总是称作阴极。

1. 析氢腐蚀

析氢腐蚀是指腐蚀过程中阴极上有氢气析出的腐蚀。当铁件暴露于潮湿的大气中时,由于表面的吸附作用,钢铁表面会形成一层极薄的水膜。这层水化膜被空气中的酸性气体 CO_2、SO_2 等所饱和而呈酸性。

阴极　　　　　　　　　　$2H^+ + 2e^- \longrightarrow H_2 \uparrow$

析氢腐蚀也常发生在酸洗或用酸浸蚀某种较活泼金属的加工过程中。

2. 吸氧腐蚀

吸氧腐蚀是指腐蚀过程中溶解于水化膜中的氧气在阴极上得到电子被还原成 OH^- 的腐蚀,通常发生在中性、碱性或弱酸性的介质中。由于 O_2 比 H^+ 更容易得到电子被还原,因此吸氧腐蚀比析氢腐蚀更常见。

腐蚀过程的电极反应为:

阴极反应　　　　　　　$O_2 + 2H_2O + 4e^- \longrightarrow 4OH^-$

锅炉、铁制水管等系统常含有大量的溶解氧,故常发生严重的吸氧腐蚀。

3. 差异充气腐蚀

差异充气腐蚀又称浓差腐蚀,是金属吸氧腐蚀的一种,它是由于在金属表面氧气分布不均匀而引起的。例如,半浸在海水中的金属,在靠近水面处(图 4-15 中 a 部分)氧的扩散途径短,氧的浓度高;而在水的内部(图 4-15 中 b 部分),氧的扩散途径长,氧的浓度低,因而形成了浓差电极。氧气浓度大的部位为阴极,氧气浓度小的部位为阳极而遭到腐蚀。被腐蚀的金属附近氧气的浓度会更低,因而会导致金属的腐蚀继续并加重。

以下腐蚀都属于金属的差异充气腐蚀:金属裂缝深处的腐蚀;浸入水中的支架;埋入地里的铁柱等。行驶在水中的轮船也容易受到这类腐蚀作用。浓差腐蚀还可以发生在不同密度的土层中。黏土的缝隙小,氧气不易渗透,因而其浓度低;砂土的缝隙大,氧气容易渗透,因而其浓度高。地下管道、石油井架等地下金属物体容易受到这样的腐蚀作用。

三、金属防腐

1. 改善金属的本质

根据不同的用途选择不同的材料组成耐蚀合金,或在金属中添加合金元素,提高其耐蚀性,可以防止或减缓金属的腐蚀。例如,含 $18\%Cr$ 的不锈钢能耐硝

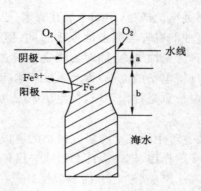

图 4-15　差异充气腐蚀

酸的腐蚀。

2. 覆盖保护层

在金属表面覆盖各种保护层，把被保护金属与腐蚀件介质分开，是防止金属腐蚀的有效方法。工业上普遍应用的保护层有非金属保护层和金属保护层两大类。它们是用化学方法、物理方法和电化学方法实现的。

（1）金属的磷化处理

钢铁制品去油、除锈后，放入特定组成的磷酸盐溶液中浸泡，即可在金属表面形成一层不溶于水的磷酸盐薄膜，这种过程叫作磷化处理。磷化处理通常是在马日夫盐[磷酸锰铁盐，$nFe(H_2PO_4)_2 \cdot mMn(H_2PO_4)_2$]和磷酸锌溶液中进行的。保护膜是钢铁在处理过程中与 Mn、Zn 一起生成不溶于水的结晶体 $M_3(PO_4)_2 \cdot MHPO_4$。

（2）金属的氧化处理

将钢铁制品加到 NaOH 和 $NaNO_2$ 的混合溶液中加热处理，其表面即可形成一层紧密的蓝色氧化膜（主要成分为 Fe_3O_4），从而可以阻止金属被氧化。这个处理过程称为发蓝处理，或简称发蓝。形成的这种氧化膜具有较大的弹性和润滑性，不影响零件的精度，故精密仪器和光学仪器的部件常做发蓝处理。

（3）增加金属保护层

金属保护层是指利用电镀、热喷镀或其他方法在基体金属表面形成的一种金属镀层。镀层的主要作用就是阻断氧化剂和金属的接触。镀层根据其性质可分为阳极性和阴极性两类。阳极性镀层的镀层金属比基体金属活泼，如镀锌铁（俗称白铁）表面的锌镀层。锌在潮湿或含有 CO_2 和 O_2 的空气中，表面可以生成以碱式碳酸锌为主的较致密的保护膜以达到防腐作用。阴极性镀层的镀层金属没有基体金属活泼，如镀锡铁（俗称马口铁）的锡镀层，其本身具有较好的防腐性。

（4）增加非金属保护层

用非金属物质如油漆、塑料、搪瓷、矿物性油脂等涂覆在金属表面上形成保护的保护层就是非金属涂层。船身、车厢、水桶等常涂油漆；汽车外壳常喷漆；枪炮、机器常涂矿物性油脂等。用塑料（如聚乙烯、聚氯乙烯、聚氨酯等）喷涂金属表面，比喷漆效果更佳。塑料这种覆盖层致密光洁，色泽鲜艳，兼具防蚀与装饰的双重功能。

搪瓷是 SiO_2 含量较高的玻璃瓷釉，有极好的耐蚀性能，因此作为耐蚀非金属涂层，广泛用于石油化工、医药、仪器等工业部门和日用生活中。

3. 缓蚀剂法

在腐蚀介质中加入少量能减小腐蚀速率的物质以防止或延缓腐蚀的方法叫作缓蚀剂法。所加的物质叫作缓蚀剂。通常将缓蚀剂分为无机缓蚀剂和有机缓蚀剂两类。

（1）无机缓蚀剂

在中性或碱性介质中主要采用无机缓蚀剂，如铬酸盐、重铬酸盐、磷酸盐、碳酸氢盐等。它们主要是在金属的表面形成氧化膜或沉淀物。

防止金属腐蚀的方法很多，如组成合金，采用涂、渗、镀等使形成金属覆盖层与介质隔绝的方法以防止腐蚀。除此以外，还可以采用以下几种方法：

① 阴极保护法。在金属铁上连接一种更活泼即电势比铁更负的金属，如锌等，使铁成为阴极以达到被保护的目的，即牺牲阳极保护法。此法常用于保护海轮外壳、锅炉或海底设备。或将铁与外加电源的负极相连，使铁成为阴极而不遭受腐蚀，此法常用于防止土壤中金属设备的腐蚀。

② 阳极保护法。将铁与电源的正极相连，或在溶液中加入阳极缓蚀剂，或用氧化剂使金属铁的表面上产生 $Fe(OH)_3$ 钝化膜或 Fe_2O_3 薄膜，例如：铬酸钠在中性水溶液中可使铁氧化成氧化铁，并与铬酸钠的还原产物 Cr_2O_3 形成复合氧化物保护膜。

③ 适当升高溶液的 pH 值，约在 9.0～13.0 范围内。在铁表面也可形成 $Fe(OH)_3$ 钝化膜，以减轻铁的腐蚀。因此为防止钢铁在工业用水中的腐蚀，常常加入少量碱，使 pH 值达到 10～13。

（2）有机缓蚀剂

在酸性介质中，无机缓蚀剂的效率较低，因而常采用有机缓蚀剂，它们一般是含有 N、S、O 的有机化合物，如乌洛托品（六次甲基四胺）、IIB-5（乌洛托品与苯胺的缩合物）、诺丁（其主要成分为邻二苯甲基硫脲）等。

有机缓蚀剂的防腐机理是缓蚀剂可以吸附在金属表面形成保护膜。吸附可分为物理吸附和化学吸附两类。

物理吸附主要依靠静电引力。含有 N、S 等元素的有机缓蚀剂在酸性水溶液中能与 H^+ 或其他正离子结合。

$$RNH_2 + H^+ \rightleftharpoons RNH_3^+$$

$$\underset{R}{\overset{R'}{\diagdown}}S{=}O + H^+ \rightleftharpoons \underset{R}{\overset{R'}{\diagdown}}S^+{-}OH$$

这些离子能以单分子层吸附在金属表面,使酸性介质中的 H^+ 难以接近金属表面,从而阻碍了金属的腐蚀。

化学吸附是由缓蚀剂分子中极性基团中心原子 N、S 的未公用电子对与金属原子形成配价键而引起的。例如,烷基胺 RNH_2 在铁表面上的吸附是烷基胺中的 N 与铁原子以配价键相结合的结果。

4. 电化学防腐法

电化学防腐法是根据电化学原理在金属设备上采取措施,使之成为腐蚀电池上的阴极,从而防止或减轻金属腐蚀的方法,又称阴极保护法。

(1) 牺牲阳极保护法

这种方法是将较活泼的金属或其合金连接在被保护的金属上形成腐蚀电池,较活泼金属做阳极被腐蚀,被保护金属做阴极得到保护(见图 4-16)。一般常用的牺牲阳极材料有铝合金、镁合金、锌合金和锌铝镉合金等。

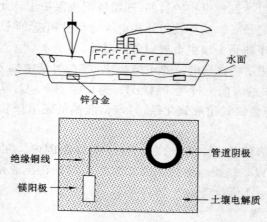

图 4-16　牺牲阳极保护法示意图

牺牲阳极保护法常用于保护海轮外壳、海底设备、锅炉和地下管道等。

镀锌铁较镀锡铁的优点在于,镀锌铁即使镀层受到破坏,锌能够起牺牲阳极的作用而继续保护基体铁,而镀锡铁镀层一旦受到破坏,则基体铁变成了牺牲阳极,腐蚀反而会加剧。

（2）外加电流法

这种方法是在外加直流电的作用下,用废钢或石墨等作为阳极,将被保护金属作为电解池的阴极而对金属进行保护的（见图 4-17）。

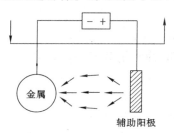

图 4-17 外加电流保护法

当然,金属的防腐不仅只限于一种方法,很多时候是几种方法同时组合使用。具体选择什么方法要考虑到各种因素,尤其要考虑到成本问题。

金属的腐蚀虽然对生产带来很大危害,但也可以利用腐蚀的原理为生产服务,发展为腐蚀加工技术。例如,在电子工业上广泛采用的印刷电路的制作方法及原理是:在敷铜板（在玻璃丝绝缘板的一面敷有铜箔）上,先用照相复印的方法将线路印在铜箔上,然后将图形以外不受感光胶保护的铜用三氯化铁溶液腐蚀,就可以得到线条清晰的印刷电路板。三氯化铁腐蚀铜的反应式为:

$$2FeCl_3 + Cu \longrightarrow 2FeCl_2 + CuCl_2$$

习　题

一、是非题

1. 取两根铜棒,将一根插入盛有 $0.1 \ mol/L \ CuSO_4$ 溶液的烧杯中,另一根插入盛有 $1 \ mol/L \ CuSO_4$ 溶液的烧杯中,并用盐桥将两只烧杯中的溶液连接起来,可以组成一个浓差电池。

2. 金属铁可以置换 Cu^{2+},因此三氯化铁不能与金属铜反应。

3. 电动势 E（或电极电势 E）的数值与反应式（或半反应式的写法无关）,而标准平衡常数 $K^{\ominus}$ 的数据,随反应式的写法（即化学计量数不同）而改变。

4. 钢铁在大气的中性或弱酸性水膜中主要发生吸氧腐蚀,在酸性较强的水膜中主要发生析氢腐蚀。

5. 有下列原电池：

$$(-)Cd|CdSO_4(1.0\ mol/L)||CuSO_4(1.0\ mol/L)|Cu(+)$$

若往 $CdSO_4$ 溶液中加入少量 Na_2S 溶液，或往 $CuSO_4$ 溶液中加入少量 $CuSO_4 \cdot 5H_2O$ 晶体，都会使原电池的电动势变小。

6. 电动势 E 的数值与电池反应式的写法无关，而平衡常数的数值随反应式的写法不同而变。

7. 氢电极的电极电势为零。

8. 在海上航行的轮船，为防止其发生电化学腐蚀，应在船尾和船壳的水线以下部分焊上一定数量的铅块。

二、选择题

1. 氧化还原反应方程式的配平原则是：

① 质量守恒定律

② 氧化剂中元素氧化数降低的数值与还原剂中元素氧化数升高的数值相等

③ 氧化剂中元素氧化数升高的数值与还原剂中元素氧化数降低的数值相等

A. ①和②
B. ①和③
C. ①
D. ②

2. 下列离子反应方程式正确的是：

A. $Fe+Fe^{3+} \longrightarrow 2Fe^{2+}$

B. $Cl_2 + 2OH^- \longrightarrow Cl^- + ClO_3^- + H_2O$

C. $2NaI + Cl_2 \longrightarrow NaCl + I_2$

D. $3SO_3^{2-} + Cr_2O_7^{2-} + 8H^+ \longrightarrow 2Cr^{3+} + 3SO_4^{2-} + 4H_2O$

3. 关于铜、锌和稀硫酸构成的原电池，叙述错误的是：

A. 锌是负极
B. 铜是正极
C. 电子由锌片经导线流入铜片
D. 电子由锌片经硫酸溶液流入铜片

4. 下列叙述中错误的是：

A. 原电池的反应是氧化还原反应

B. 原电池的能量变化是由化学能变为电能

C. 原电池的能量变化是由电能变为化学能

D. 原电池的负极发生还原反应

5. 由反应 $2FeCl_3 + Cu \longrightarrow 2FeCl_2 + CuCl_2$ 形成的原电池，其符号表示是：

A. $(-)FeCl_3|FeCl_2||CuCl_2|Cu(+)$

B. $(-)Cu|CuCl_2||FeCl_2|FeCl_3(+)$

C. $(-)Cu|CuCl_2||FeCl_2,FeCl_3|Pt(+)$

D. $(-)Pt|FeCl_2,FeCl_3||CuCl_2|Cu(+)$

6. 下列叙述中正确的是：

A. $E^{\ominus}$值愈小，电对中的氧化态的氧化能力愈强

B. $E^{\ominus}$值愈小，电对中的还原态的还原能力愈弱

C. $E^{\ominus}$值愈大，电对中的氧化态的氧化能力愈强

D. $E^{\ominus}$值愈大，电对中的还原态的还原能力愈强

7. 根据标准电极电位值，判断下列反应自发向右进行的是：

① $2FeSO_4+Br_2+H_2SO_4 \!=\!=\!=\! Fe_2(SO_4)_3+2HBr$

② $2FeSO_4+I_2+H_2SO_4 \!=\!=\!=\! Fe_2(SO_4)_3+2HI$

③ $2FeCl_3+Pb \!=\!=\!=\! 2FeCl_2+PbCl_2$

④ $2KI+SnCl_4 \!=\!=\!=\! SnCl_2+2KCl+I_2$

A. ①、②和③　　　　　　　　　B. ①、②和④

C. ②和④　　　　　　　　　　　D. ①和③

8. 钢铁等金属的腐蚀主要是：

A. 析氢腐蚀　　　　　　　　　　B. 吸氧腐蚀

C. 析氢腐蚀和吸氧腐蚀　　　　　D. 化学腐蚀

9. 下列物质的镀层受损坏后，在潮湿的空气中最易被腐蚀的是：

A. 白铁　　　　　　　　　　　　B. 镀镍的铜

C. 马口铁　　　　　　　　　　　D. 不锈钢

10. 金属 A 中混有 C，发生锈蚀时，A 先腐蚀。将 A 和 B 组成原电池，则 A 为正极。A、B、C 的金属活动性由强到弱的顺序是：

A. A>B>C　　　　　　　　　　B. A>C>B

C. B>A>C　　　　　　　　　　D. B>C>A

11. 当钢铁表面发生吸氧腐蚀时，正极的电极反应是：

A. $Fe-2e^- \!=\!=\!=\! Fe^{2+}$　　　　　　　B. $2H^++2e^- \!=\!=\!=\! H_2\uparrow$

C. $2H_2O+O_2+4e^- \!=\!=\!=\! 4OH^-$　　D. $4OH^--4e^- \!=\!=\!=\! 2H_2O+O_2$

12. 根据下列能正向进行的反应，判断电极电势最大的电对是：

$$2FeCl_3+SnCl_2 \!=\!=\!=\! 2FeCl_2+SnCl_4$$

$$2KMnO_4+10FeSO_4+8H_2SO_4 \!=\!=\!=\! 2MnSO_4+5Fe_2(SO_4)_3+K_2SO_4+8H_2O$$

A. Fe^{3+}/Fe^{2+}　　　　　　　　B. Sn^{4+}/Sn^{2+}

C. Mn^{2+}/MnO_4^-　　　　　　　D. MnO_4^-/Mn^{2+}

13. 下列关于原电池说法错误的是：

A. 给出电子的电极是负极，负极被氧化

B. 电流从负极流向正极

C. 盐桥使电池构成通路

D. 原电池是借助于氧化还原反应使化学能转变成电能的装置

14. 有关标准氢电极的叙述,不正确的是:

A. 标准氢电极是指将吸附纯氢气(1.01×10^5 Pa)达饱和的镀铂黑的铂片浸在 H^+ 浓度为 1 mol/L 的酸性溶液中组成的电极

B. 使用标准氢电极可以测定所有金属的标准电极电势

C. H_2 分压为 1.01×10^5 Pa,H^+ 的浓度已知但不是 1 mol/L 的氢电极也可用来测定其他电极电势

D. 任何一个电极的电势绝对值都无法测得,电极电势是指定标准氢电极的电势为 0 而测出的相对电势

三、简答题

1. 用离子—电子法配平下列方程式:

在酸性介质中

(1) $MnO_4^- + SO_3^{2-} \longrightarrow Mn^{2+} + SO_4^{2-}$

(2) $Cr_2O_7^{2-} + I^- \longrightarrow Cr^{3+} + I_2$

(3) $S_2O_8^{2-} + Mn^{2+} \longrightarrow MnO_4^- + SO_4^{2-}$

(4) $MnO_4^- + C_2O_4^{2-} \longrightarrow Mn^{2+} + CO_2$

(5) $Cr_2O_7^{2-} + CH_3OH \longrightarrow Cr^{3+} + CO_2$

在碱性介质中

(6) $I_2 + OH^- \longrightarrow IO_3^- + I^-$

(7) $Cr(OH)_4^- + H_2O_2 \longrightarrow CrO_4^{2-} + H_2O$

(8) $Zn + ClO^- \longrightarrow Zn(OH)_4^{2-} + Cl^-$

(9) $MnO_4^- + SO_3^{2-} \longrightarrow MnO_4^{2-} + SO_4^{2-}$

在中性介质中

(10) $MnO_4^- + SO_3^{2-} \longrightarrow MnO_2 + SO_4^{2-}$

2. 当溶液酸性增加时,试用能斯特方程式说明下列各氧化剂的氧化性是增加还是减弱。

(1) $Cr_2O_7^{2-}$ (2) Fe^{3+} (3) MnO_4^-

3. 写出由下列氧化还原反应组成的原电池的符号表示式。

$$Zn + Ni^{2+} \longrightarrow Zn^{2+} + Ni$$

$$H_2 + Fe^{3+} \longrightarrow H^+ + Fe^{2+}$$

$$Cu^{2+} + I^- \longrightarrow CuI + I_2$$

四、计算题

1. 试计算下列电池的电动势,指出正、负极,写出电极反应和电池反应方程式:

(1) $Cu|Cu^{2+}(0.2\ mol/L)|Sn^{4+}(0.01\ mol/L),Sn^{2+}(0.1\ mol/L)|Pt$

(2) $Cd|Cd^{2+}(0.01\ mol/L)||Cl^-(0.1\ mol/L)|Cl_2(100\ kPa),|Pt$

2. 将锡和铅的金属片分别插入含有该金属离子的溶液中并组成原电池(用图式表示,要注明浓度)。

(1) $c(Sn^{2+})=0.010\ 0\ mol/L,c(Pb^{2+})=1.00\ mol/L$

(2) $c(Sn^{2+})=1.00\ mol/L,c(Pb^{2+})=0.100\ mol/L$

分别计算原电池的电动势,写出原电池的两极反应和电池总反应式。

3. 将下列反应组成原电池(温度为 298.15 K):

$$2I^-(aq)+2Fe^{3+}(aq)\Longrightarrow I_2(s)+2Fe^{2+}(aq)$$

(1) 计算原电池的标准电动势;

(2) 计算反应的标准摩尔吉布斯函数变;

(3) 用图式表示原电池;

(4) 计算 $c(I^-)=1.0\times10^{-2}\ mol/L$ 以及 $c(Fe^{2+})=c(Fe^{3+})/10$ 时,原电池的电动势。

4. 计算下列电池反应在 298 K 时的平衡常数($H_3AsO_4+2H^++2e^-\Longrightarrow$ $H_3AsO_3+H_2O\quad E^\ominus=0.574\ 8\ V$):

(1) $2Fe^{3+}+Cu\Longrightarrow2Fe^{2+}+Cu^{2+}$

(2) $AsO_4^{3-}+2H^++2I^-\Longrightarrow AsO_3^{3-}+I_2+H_2O$

5. 已知下列原电池的电动势是 0.46 V:

$$(-)Zn|Zn^{2+}(1\ mol/L)||H^+(?\ mol/L)|H_2(101.3\ kPa),Pt(+)$$

则氢电极中 H^+ 离子溶液的 pH 值为多少?

6. 由标准钴电极(Co^{2+} 和 Co 组成)与标准氯电极组成原电池,测得其电动势为 1.64 V,此时钴电极为负极。已知 $E^\ominus(Cl_2/Cl^-)=1.36\ V$。

(1) 标准钴电极的电极电势为多少(不查表)?

(2) 此电池反应的方向如何?

(3) 当氯气的压力增大或减小时,原电池的电动势将发生怎样的变化?

(4) 当 Co^{2+} 的浓度降低到 0.010 mol/L 时,原电池的电动势将如何变化?数值是多少?

7. 为了测定 $PbSO_4$ 的浓度,设计下列两个电对所组成的原电池:

$$(-)Pb,PbSO_4|SO_4^{2-}(1\ mol/L)||Sn^{2+}(1\ mol/L)|Sn(+)$$

在 298 K 时,测得该原电池的电动势 $E=0.22\ V$,求 $PbSO_4$ 的 K_{sp}。

8. 计算下列原电池的电动势,写出半电池反应和电池反应,并指出正、负极。

$$Pb|Pb^{2+}(0.1\ mol/L)||S^{2-}(0.10\ mol/L)|CuS,Cu$$

(已知 CuS 的 $K_{sp}=6.00\times10^{-36}$)

9. 已知

$$MnO_4^-+8H^++5e^-\Longrightarrow Mn^{2+}+4H_2O\quad E_1^{\ominus}=1.491\ V$$

$$MnO_4^-+4H^++3e^-\Longrightarrow MnO_2+2H_2O\quad E_2^{\ominus}=1.679\ V$$

求反应 $MnO_2+4H^++2e^-\Longrightarrow Mn^{2+}+2H_2O$ 的 $E_3^{\ominus}$。

10. 当下列电池反应的电动势 $E=0$ 时,溶液中 Cu^{2+} 离子的浓度应为多少?

$$Cu^{2+}(aq)+Ni(s)\longrightarrow Cu(s)+Ni^{2+}(1\ mol/L)$$

11. 判断下列氧化还原反应进行的方向(设离子浓度均为 1 mol/L):

(1) $Ag^++Fe^{2+}\Longrightarrow Ag+Fe^{3+}$

(2) $2Cr^{3+}+3I_2+7H_2O\Longrightarrow Cr_2O_7^{2-}+6I^-+14H^+$

(3) $Cu+2FeCl_3\Longrightarrow CuCl_2+2FeCl_2$

12. 在 pH=4.0 时,下列反应能否自发进行? 试通过计算加以说明(除 H^+ 及 OH^- 外,其他物质均处于标准条件下)。

(1) $Cr_2O_7^{2-}(aq)+H^+(aq)+Br^-(aq)\longrightarrow Br_2(l)+Cr^{3+}(aq)+H_2O(l)$

(2) $MnO_4^-(aq)+H^+(aq)+Cl^-(aq)\longrightarrow Cl_2(g)+Mn^{2+}(aq)+H_2O(l)$

13. 对于原电池,若已知电动势 E,则可以计算出该原电池的吉布斯自由能变 Δ_rG_m。现已知铜锌原电池的标准电动势为 1.103 V,试计算该原电池的标准吉布斯自由能变 $\Delta_rG_m^{\ominus}$。

14. 25 ℃时,将锌片分别浸入含有 1.0 mol/L 和 0.001 mol/L 的 Zn^{2+} 溶液中,试通过计算比较两种情况下,锌电极的电极电势大小。

第五章　配位化合物与配位平衡

第一节　配位化合物

　　配位化合物(原称络合物)简称配合物,是由简单分子或离子加合而成的一类复杂化合物。最早见于文献的配位化合物是 $KFe[Fe(CN)_6]$,它是在 18 世纪初由迪土巴赫(Diesbach)在研制美术颜料时发现的,称为普鲁士蓝。但真正标志着配位化合物研究开始的是 18 世纪末期(1789 年)法国化学家塔赦特(Tassert)所发现的 $CoCl_3 \cdot 6NH_3$。到 19 世纪 90 年代瑞士青年化学家维尔纳(A. Werner)在总结前人工作的基础上,提出了配位理论,从而奠定了配位化学的基础。随着 20 世纪原子结构和化学键理论的不断发展,配位化学已逐渐成为极具活力的新兴学科,配位化合物的品种和总数已远远超过一般的无机化合物,绝大多数无机化合物都以配合物形式存在。它不仅在湿法冶金、电镀工业、医药工业、化学分析、有机合成的催化剂等诸多方面广为应用,而且在生物化学中也起着非常重要的作用。

一、配合物的定义

　　有一类化合物,在它们形成的过程中不符合经典的原子价理论,不同于一般的化合、分解、置换、复分解等反应。如:

$$CuSO_4 + 4NH_3 == CuSO_4 \cdot 4NH_3 == [Cu(NH_3)_4]SO_4$$
$$AlF_3 + 3NaF == Na_3[AlF_6]$$

　　这类反应是由一些简单化合物加合而成的,曾被称为"分子加合反应",其产物是复杂的化合物,与一般简单化合物相比表现出不同的特征。如在 $CuSO_4$ 溶液中加入过量的氨水,可生成深蓝色的溶液,蒸发该溶液,可得 $CuSO_4 \cdot 4NH_3$ 晶体。若将这种晶体溶于水,并滴加稀的 NaOH,无蓝色的 $Cu(OH)_2$ 沉淀出现,也无氨气放出,说明在 $CuSO_4 \cdot 4NH_3$ 的水溶液中几乎没有游离的 Cu^{2+} 和 NH_3 分子。若向上述溶液中滴加 Ba^{2+},则有白色的 $BaSO_4$ 沉淀出现,说明溶液中存在游离的 SO_4^{2-} 离子。经溶液导电性试验证明,$CuSO_4 \cdot 4NH_3$ 的水溶液中主要存在两种离子:一种是 SO_4^{2-} 离子,另一种则是含复杂结构的离子,即 $[Cu(NH_3)_4]^{2+}$ 离子。由于 $[Cu(NH_3)_4]^{2+}$ 离子是由配位键结合而成的,故被称为配离子。配离子既可带正电荷,如$[Cu(NH_3)_4]^{2+}$,也可带负电荷,如$[AlF_6]^{3-}$。当配阳离子或配阴离子与带异号电荷的离子结合形成中性分子后,则称为配位化合物,简称配合物[有些配合物中不存在配离子,如$Fe(CO)_5$等]。因此,配位化合物是由一简单正离子(或原子)和一定数目的中性分子或负离子以配位键的方式相互结合,形成具有一定特性的复杂化学质点。由于配位化合物的组成复杂,目前尚无确切定义,上述定义仅针对一般意义上的配合物。

应该注意,配合物与复盐是不同的。复盐尽管组成复杂,如光卤石$KMgCl_3 \cdot 6H_2O$和明矾$KAl(SO_4)_2 \cdot 12H_2O$等,但它们溶于水后全部解离成其组成的各简单离子;而配合物则以配离子和简单离子存在。

二、配合物的组成

配合物一般由两部分组成:具有复杂结构单元的配离子称为配合物的内界(也称内配位层),用方括号表示;其他部分称为配合物的外界(也称外配位层)。如$[Cu(NH_3)_4]SO_4$中的$[Cu(NH_3)_4]^{2+}$是内界,SO_4^{2-}是外界。配合物的内界和外界是以离子键相结合的,因此,将配合物溶于水后,外界离子可基本完全离解,而内界离子则基本保持其复杂的稳定结构单元。

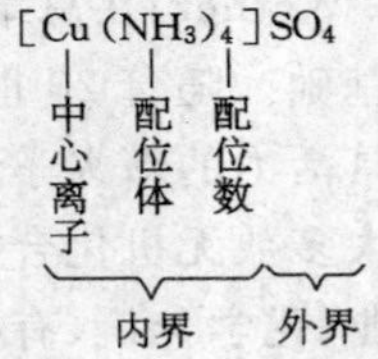

在配合物的内界,有一处于中心位置的配合物的形成体,称为中心离子,如$[Cu(NH_3)_4]^{2+}$中的Cu^{2+}。在中心离子的周围,包围着一些负离子或中性分子,称为配位体,如上述配离子中的NH_3分子。因此,配合物的内界是由中心离子和一定数目的配位体构成的(图5-1)。

$$[Cu(NH_3)_4]SO_4$$

中心离子　配位体　配位数　　内界　　外界

图5-1　配合物的组成

1. 中心离子(或原子)

配合物的中心离子或原子处于配合物的中心位置,一般是具有空的价电子轨道的金属阳离子,特别是过渡金属离子或某些金属原子。如Fe^{3+}、CO^{2+}、Ni^{2+}、Cu^{2+}、Zn^{2+}等,它们形成配合物的能力很强。有些具有空的价电子轨道的金属原子也可以成为配合物的形成体,如$[Fe(CO)_5]$中的Fe原子、$[Ni(CO)_4]$中的Ni原子,它们形成配合分子。某些非金属元素也可以作为中心离子,如$[SiF_6]^{2-}$中的$Si(IV)$、$[BF_4]^{-}$中的$B(III)$。作为中心离子(或原子)的元素在周期表中分布如图5-2所示。

2. 配位体和配位原子

配位体(简称配体)是处于中心离子周围的一些负离子或中性分子。由于中心离子和配位体是由配位键相结合的,因此,在配位体中有一些能提供孤对电子的原子,称为配位原子,它们直接与中心离子相结合。如配位体NH_3中的N可提供1对孤对电子,故N原子是配位原子。配位体一般可分为两类:

(1)单基配位体(又称单齿配位体)

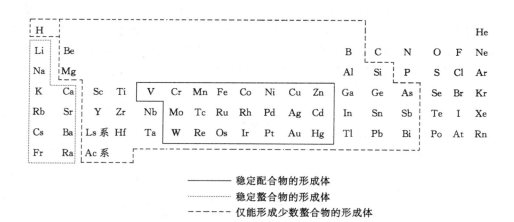

————— 稳定配合物的形成体

.... 稳定螯合物的形成体

- - - - - 仅能形成少数螯合物的形成体

图 5-2　作为中心离子(或原子)的元素在周期表中的分布

仅含 1 个配位原子的配体称为单基配位体,它可提供 1 对孤对电子,与中心离子结合形成 1 个配位键。如 NH_3、H_2O、CO、F^-、Cl^-、Br^-、I^-、OH^-、CN^- 等。

(2) 多基配位体(又称多齿配位体)

在 1 个配位体中含有 2 个或 2 个以上配位原子,并能和中心离子形成多个配位键的配体称为多基配位体。如乙二胺 $H_2N—CH_2—CH_2—NH_2$(简写 en) 和乙二胺四乙酸(简称 EDTA),前者一个分子中含 2 个配位原子,是双基配位体;后者有 6 个配位原子,是六基配位体。

由多基配位体与同一金属离子形成的具有环状结构的配合物称为螯合物,如 $[Cu(en)_2]^{2+}$。当乙二胺与 Cu^{2+} 离子配合时,就同时用 2 个 N 原子与 Cu^{2+} 离子键合。这很像是螃蟹用它的两只螯钳紧紧钳住一个物体,乙二胺分子中的两个氨基(—NH_2)就像是它的两只螯钳,把 Cu^{2+} 离子紧紧钳住,如图 5-3 所示。

图 5-3　螯合物示意图

　　螯合物中形成的环称为螯环,以五元环和六元环最稳定。由于螯环的形成,使螯合物比一般配合物稳定性大,而且环越多,螯合物越稳定。这种由于螯环的形成而使螯合物稳定性增加的作用称为螯合效应。螯合物的组成一般用螯合比来表示,即中心离子与螯合剂(多基配位体)数目之比。常见的配位体见表 5-1。

表 5-1　　　　　　　　　　　　　常见的配位体

类型	配位原子	实例
单齿	C	CO,C$_2$H$_4$,CNR(R 代表烃基),CN$^-$
	N	NH$_3$,NO,NR$_3$,RNH$_2$,C$_5$H$_5$N(吡啶,简写为 Py),NCS$^-$,NH$_2^-$,NO$_2^-$
	O	ROH,R$_2$O,H$_2$O,R$_2$SO,OH$^-$,RCOO$^-$,ONO$^-$,SO$_4^{2-}$,CO$_3^{2-}$
	P	PH$_3$,PR$_3$,PX$_3$(X 代表卤素),PR$_2^-$
	S	R$_2$S,RSH,S$_2$O$_3^{2-}$
	X	F$^-$,Cl$^-$,Br$^-$,I$^-$
双齿	N	乙二胺 H$_2$N̈—CH$_2$—CH$_2$—N̈H$_2$,联吡啶 N̈H$_5$C$_5$—C$_5$H$_5$N̈ (en)　　　　　　　　　　　　　　　　　(bipy)
	O	草酸根 C$_2$O$_4^{2-}$,乙酰丙酮离子 (acac$^-$)
三齿	N	二乙基三胺 H$_2$N̈—CH$_2$—CH$_2$—N̈H—CH$_2$—CH$_2$—N̈H$_2$ (dien)
四齿	N	氨基三乙酸
五齿	N,O	乙二胺三乙酸根离子
六齿	N,O	乙二胺四乙酸根离子

3. 配位数

　　在配合物中,直接同中心离子结合的配位原子的总数称为配位数。配位数是中心离子的重要特征,中心离子的配位数一般为 2、4、6,也有少数中心离子的配位数为奇数(1,3,5,7)。对于单基配位体,中心离子的配位数就等于配位体的数目;而对于多基配位体,中心离子的配位数与配位体的数目就不一致。如$[Cu(en)_2]^{2+}$中,1个乙二胺中有2个配位原子,与Cu^{2+}配合时配位数为4。因此,对于多基配合物,配位数等于配位体的数目乘以该配位体的基数(齿数)。

影响配位数的因素很多,主要是中心离子和配位体的电荷数以及中心离子和配位体的半径。中心离子的电荷数越高,吸引配位体的能力越强,越有利于形成高配位数,例如$[Cu(NH_3)_4]^{2+}$中$Cu(Ⅱ)$的配位数为4,而$[Cu(NH_3)_2]^+$中$Cu(Ⅰ)$的配位数为2。配位体带电荷越多,相互间排斥力增大,不利于形成高配位数。中心离子的半径越大,其周围能容纳配位体的空间就越大,配位数也越高,如$[BF_4]^-$和$[AlF_6]^{3-}$。对同一中心离子而言,配位体半径越大,配位数越小,如$[AlF_6]^{3-}$和$[AlCl_4]^-$。此外温度和浓度等也影响配位数。

4. 配离子的电荷

在配合物中,绝大多数是配离子形成的配盐。配离子的电荷等于中心离子和配位体电荷的代数和。如$[Fe(CN)_6]^{4-}$的电荷是$(+2)+(-1)\times6=-4$。由于整个配盐是中性的,因此也可以由外界离子的电荷数来确定配离子的电荷,如$K_3[Fe(CN)_6]$中,外界有3个K^+离子,可知$[Fe(CN)_6]^{3-}$是-3价的,从而可进一步推断中心离子是Fe^{3+}。

三、配合物的命名

配合物的命名方法服从一般无机化合物的原则。若外界是简单负离子如Cl^-、OH^-等,则称作"某化某";若外界是复杂负离子如SO_4^{2-}、NO_3^-等,则称作"某酸某";若外界是正离子,配离子是负离子,则将配阴离子看成复杂酸根离子,称作"某酸某"。

配合物中内界配离子的命名方法一般依照如下顺序:

配位体数→配位体名称→"合"→中心离子(原子)名称→中心离子(原子)氧化数。配位体数用中文数字一、二、三……表示;中心离子氧化数在其名称后加方括号用罗马数字注明。若配位体不止一种,不同配位体之间以"·"分开。配位体的命名顺序为:

(1) 先负离子后中性分子。例如$[Cr(NH_3)_5Cl]Cl_2$命名为二氯化一氯·五氨合铬(Ⅲ)。

(2) 不同负离子的命名顺序为:无机离子 → 有机离子。例如$[Co(en)_2(NO_2)Cl]SCN$命名为硫氰酸一氯·一硝基·二乙二胺合钴(Ⅲ)。

(3) 同类配位体的命名,按配位原子元素符号的英文字母顺序排列。例如$[Co(NH_3)_5 \cdot (H_2O)]Cl_3$命名为三氯化五氨·一水合钴(Ⅲ)。

某些常见配合物,通常多用习惯名称。如$[Cu(NH_3)_4]^{2+}$称铜氨配离子,

$[Ag(NH_3)_2]^+$ 称银氨配离子，$K_3[Fe(CN)_6]$ 称铁氰化钾，$K_4[Fe(CN)_6]$ 称亚铁氰化钾，$H_2[SiF_6]$ 称氟硅酸。有时也用俗名，如 $K_3[Fe(CN)_6]$ 称赤血盐，$K_4[Fe(CN)_6]$ 称黄血盐。

下面列举一些配合物的命名：

$[Pt(NH_3)_6]Cl_4$	四氯化六氨合铂(Ⅳ)
$[PtCl(NO_2)(NH_3)_4]CO_3$	碳酸一氯·一硝基·四氨合铂(Ⅳ)
$[Co(ONO)(NH_3)_5]SO_4$	硫酸一亚硝酸根·五氨合钴(Ⅲ)
$[CrBr_2(H_2O)_4]Br \cdot 2H_2O$	二水合溴化二溴·四水合铬(Ⅲ)
$H_2[SiF_6]$	六氟合硅(Ⅳ)酸
$K[PtCl_3(NH_3)]$	三氯·一氨合铂(Ⅱ)酸钾
$K_2[HgI_4]$	四碘合汞(Ⅱ)酸钾
$K_4[Fe(SCN)_6]$	六硫氰合铁(Ⅱ)酸钾
$Na_3[CoCl_3(NO_2)_3]$	三氯·三硝基合钴(Ⅲ)酸钠
$[Ni(CO)_4]$	四羰基合镍
$[Co_2(CO)_8]$	八羰基合二钴
$[PtCl_2(NH_3)_2]$	二氯·二氨合铂(Ⅱ)
$[Cr(OH)_3(H_2O)(en)_2]$	三羟基·一水·二乙二胺合铬(Ⅲ)

第二节　配 位 平 衡

一、配离子的离解平衡

向 $[Cu(NH_3)_4]SO_4$ 溶液中滴加 $NaOH$，并不产生 $Cu(OH)_2$ 沉淀。这说明溶液中游离的自由 Cu^{2+} 离子很少，以致在外加 OH^- 离子时，不会以 $Cu(OH)_2$ 沉淀析出。但若向上述 $[Cu(NH_3)_4]^{2+}$ 溶液中滴加少量 Na_2S 溶液，就会有黑色 CuS 沉淀产生，说明在该溶液中还是有自由 Cu^{2+} 离子存在的，只不过 Cu^{2+} 离子浓度极低，所以外加 OH^- 离子不能使 $[Cu(NH_3)_4]^{2+}$ 配离子溶液中的微量 Cu^{2+} 离子以 $Cu(OH)_2$ 沉淀析出，而外加 S^{2-} 离子却能使其成 CuS 沉淀析出。从上面的例子可以看出：在水溶液中，配离子本身或多或少地离解成它的组成部分——中心离子和配位体。而中心离子和配位体又会重新结合成配离子，这两者之间存在一个平衡。这就是配合物或配离子的离解平衡，也称配位平衡。这与水溶液中普通的电离平衡十分类似：

$$[Cu(NH_3)_4]^{2+} \underset{配合}{\overset{离解}{\rightleftharpoons}} Cu^{2+} + 4NH_3$$

$$[Fe(CN)_6]^{3-} \rightleftharpoons Fe^{3+} + 6CN^-$$

二、配离子离解平衡的平衡常数

配离子的离解平衡是一种化学平衡,具有化学平衡的一切特点,因而可以用一个相应的平衡常数来表示这个平衡的特征。平衡式的写法不同,平衡常数的具体表示方法也不同。常见的表示方法有如下几种。

1. 配合物的离解常数或不稳定常数 $K_{\text{不稳}}(K_i)$

这两个名称表达的是同一个常数。它表示配合物在水溶液中离解成中心离子和配位体的倾向或程度的大小。K_i 越大,表示配离子在水溶液中越容易离解,配离子越不稳定。

例如,上述铜氨配离子 $[Cu(NH_3)_4]^{2+}$ 在溶液中有下列平衡存在:

$$[Cu(NH_3)_4]^{2+} \Longleftrightarrow Cu^{2+} + 4NH_3$$

$$K_i^{\ominus} = \frac{c(Cu^{2+}) \cdot [c(NH_3)]^4}{c\{[Cu(NH_3)_4]^{2+}\}} \tag{5-1}$$

2. 配合物的生成常数(亦称配合常数或络合常数)或稳定常数 $K_{\text{稳}}$(或 K_f)

该常数表征了由中心形成体与配位体配合,生成配合物的倾向的大小。$K_{\text{稳}}$ 值越大,配合物在水溶液中稳定性越大,越不易离解。如:

$$Cu^{2+} + 4NH_3 \Longleftrightarrow [Cu(NH_3)_4]^{2+}$$

$$K_f^{\ominus} = \frac{c\{[Cu(NH_3)_4]^{2+}\}}{c(Cu^{2+}) \cdot [c(NH_3)]^4} \tag{5-2}$$

显然,

$$K_f^{\ominus} = \frac{1}{K_i^{\ominus}} \tag{5-3}$$

不同的配离子具有不同的稳定常数,一些常见配离子的标准稳定常数 $K_f^{\ominus}$ 见书后附表。

应当注意,在书写配离子的平衡常数表达式时,所有浓度均为平衡浓度。

3. 配合物的逐级稳定常数 K_n 和累积稳定常数 β_i

实际上,在溶液中配离子的解离或生成是分步进行的,因此溶液中存在着一系列的配位平衡,并有相应的平衡常数,称为分步稳定常数或逐级稳定常数。例如:

$$Cu^{2+} + NH_3 \Longleftrightarrow [Cu(NH_3)]^{2+}$$

$$K_1^{\ominus} = \frac{c\{[Cu(NH_3)]^{2+}\}}{c(Cu^{2+}) \cdot c(NH_3)} = 10^{4.30}$$

$$[Cu(NH_3)]^{2+} + NH_3 \Longleftrightarrow [Cu(NH_3)_2]^{2+}$$

$$K_2^{\ominus} = \frac{c\{[Cu(NH_3)_2]^{2+}\}}{c\{[Cu(NH_3)]^{2+}\} \cdot c(NH_3)} = 10^{3.62}$$

$$[Cu(NH_3)_2]^{2+} + NH_3 \Longrightarrow [Cu(NH_3)_3]^{2+}$$

$$K_3^{\ominus} = \frac{c\{[Cu(NH_3)_3]^{2+}\}}{c\{[Cu(NH_3)_2]^{2+}\} \cdot c(NH_3)} = 10^{2.97}$$

$$[Cu(NH_3)_3]^{2+} + NH_3 \Longrightarrow [Cu(NH_3)_4]^{2+}$$

$$K_4^{\ominus} = \frac{c\{[Cu(NH_3)_4]^{2+}\}}{c\{[Cu(NH_3)_3]^{2+}\} \cdot c(NH_3)} = 10^{2.43}$$

总反应:

$$Cu^{2+} + 4NH_3 \Longrightarrow [Cu(NH_3)_4]^{2+}$$

$$K_f^{\ominus} = \frac{c\{[Cu(NH_3)_4]^{2+}\}}{c(Cu^{2+}) \cdot [c(NH_3)]^4} = 10^{13.32}$$

根据多重规则:

$$K_f^{\ominus} = K_1^{\ominus} \cdot K_2^{\ominus} \cdot K_3^{\ominus} \cdot K_4^{\ominus} \tag{5-4}$$

配离子稳定性还可用累积稳定常数表示:

$$Cu^{2+} + NH_3 \Longrightarrow [Cu(NH_3)]^{2+}$$

$$\beta_1 = K_1^{\ominus} = \frac{c\{[Cu(NH_3)]^{2+}\}}{c(Cu^{2+}) \cdot c(NH_3)} = 10^{4.30}$$

$$Cu^{2+} + 2NH_3 \Longrightarrow [Cu(NH_3)_2]^{2+}$$

$$\beta_2 = K_1^{\ominus} \cdot K_2^{\ominus} = \frac{c\{[Cu(NH_3)_2]^{2+}\}}{c(Cu^{2+}) \cdot [c(NH_3)]^2} = 10^{7.92}$$

$$Cu^{2+} + 3NH_3 \Longrightarrow [Cu(NH_3)_3]^{2+}$$

$$\beta_3 = K_1^{\ominus} \cdot K_2^{\ominus} \cdot K_3^{\ominus} = \frac{c\{[Cu(NH_3)_3]^{2+}\}}{c(Cu^{2+}) \cdot [c(NH_3)]^3} = 10^{10.89}$$

$$Cu^{2+} + 4NH_3 \Longrightarrow [Cu(NH_3)_4]^{2+}$$

$$\beta_4 = K_1^{\ominus} \cdot K_2^{\ominus} \cdot K_3^{\ominus} \cdot K_4^{\ominus} = \frac{c\{[Cu(NH_3)_4]^{2+}\}}{c(Cu^{2+}) \cdot [c(NH_3)]^4} = 10^{13.32}$$

$$\beta_n = K_1^{\ominus} \cdot K_2^{\ominus} \cdots K_n^{\ominus} \tag{5-5}$$

在多配位体配合平衡中,逐级稳定常数的差别不大,说明各级配合成分都占有一定的比例,要计算配离子溶液中各级成分的浓度就非常复杂,但在实际生产中,一般总是加入过量配位剂,在这种情况下便可以认为溶液中主要存在最高配位数的配离子,而其他成分配离子浓度可忽略不计,从而可使计算大为简化。

三、配离子解离平衡的移动

与所有的平衡系统一样,改变配离子解离平衡时的条件,平衡将发生移动,将向生成难溶物质或更稳定的配离子方向进行。如上述 CuS 黑色沉淀的生成,就是铜氨配离子离解平衡移动的结果:

$$[Cu(NH_3)_4]^{2+} \rightleftharpoons Cu^{2+} + 4NH_3$$
$$+$$
$$S^{2-} \longrightarrow CuS(s)$$

在配离子反应中,一种配离子可以转化为另一种更稳定的配离子,即平衡移向生成更难解离的配离子的方向。对于相同配位数的配离子,通常可根据配离子的 K_i 来判断反应进行的方向。例如:

$$[HgCl_4]^{2-} + 4I^- \rightleftharpoons [HgI_4]^{2-} + 4Cl^-$$

$$K_i\{[HgCl_4]^{2-}\} = 8.55 \times 10^{-16}, K_i\{[HgI_4]^{2-}\} = 1.48 \times 10^{-30}$$

由于 $K_i\{[HgCl_4]^{2-}\} \gg K_i\{[HgI_4]^{2-}\}$,即 $[HgCl_4]^{2-}$ 更不稳定,因此若往含有 $[HgCl_4]^{2-}$ 的溶液中加入足够的 I^-,则 $[HgCl_4]^{2-}$ 将解离而转化生成 $[HgI_4]^{2-}$。

有时,改变溶液的酸度,也会引起配离子解离平衡的移动。若往深蓝色的 $[Cu(NH_3)_4]^{2+}$ 溶液中加入少量稀 H_2SO_4,溶液会由深蓝色转变为浅蓝色,这是由于加入的 $H^+(aq)$ 与 NH_3 结合,生成了 $NH_4^+(aq)$,促使 $[Cu(NH_3)_4]^{2+}$ 进一步解离:

$$[Cu(NH_3)_4]^{2+} \rightleftharpoons Cu^{2+} + 4NH_3$$

$$NH_3 + H^+(aq) \rightleftharpoons NH_4^+(aq)$$

也可写成

$$[Cu(NH_3)_4]^{2+} + 4H^+(aq) \rightleftharpoons Cu^{2+}(aq) + 4NH_4^+(aq)$$

第三节　配合物的应用

配合物的应用范围甚广,从生命活动、配位催化,到物质分离提纯,直至各种工业上的应用等,本节主要介绍以下几方面的应用。

一、在生命科学中的应用

金属元素是生物体不可缺少的组成部分。许多元素是以配合物的形式存在于生物体内的,这些金属配合物对生命体内的各种代谢活动、能量转换和传递、电荷转移等都起着重要的作用。

1. 与呼吸作用有关的血红蛋白

血红蛋白的功能是运载氧气，它是由血球蛋白质和血红素组成，其活性中心为血红素，是人体内氧气和二氧化碳气的输送者，离开了血红素，人和生物的生命也就停止了，而血红素本身则是亚铁离子 Fe^{2+} 的螯合物。血红素分子及构成它的母体大环骨架卟吩的结构图如图 5-4 所示，卟吩环由 4 个吡咯 $\boxed{}$ NH： 连接成大环分子，它的衍生物称为卟啉，其中最重要的是原卟啉 IX。配合物 Fe^{2+} —原卟啉IX便是血红素。经研究，人们提出载氧过程正是 Fe^{2+} —原卟啉的构型的转变所致。当不载氧时，高自旋态的 Fe^{2+} 处于卟啉环平面上方与 4 个氮构成四方锥的结构。当吸入氧气时，Fe^{2+} 转变成低自旋态，离子半径收缩，载着氧气跌落在环穴之中，Fe^{2+} 处于一个八面体的构型的中心，如图 5-5 所示。它牵动了第五配位体组氨酸残基的咪唑环并传递到近邻的蛋白质链，这种蠕动使蛋白质内亚单元的结构变动，反过来又促进了氧的加合，这就是吸氧过程。载氧的血红蛋白随血液流动将氧气输送到机体各部分。倘若血红蛋白与 CO 结合，因其结合力比与氧气结合力强 210 倍，因此当人机体中有 10% 的血红蛋白与 CO 结合时，或者空气中的 CO 浓度大于 50 $\mu g/g$ 时，人体因不能得到足以维持生命的氧气而致死。

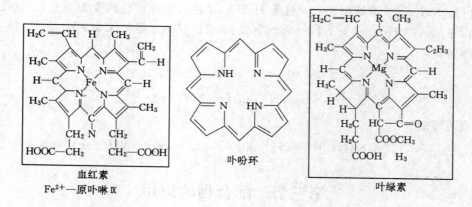

图 5-4　血红素、叶绿素及其母体卟吩的结构

2. 将光能转变成化学能的叶绿素

叶绿素是植物体内一组色素，它们类似于血红素，也由卟吩环为其主体，不过它的卟吩环上的取代基为两个不同的羧酸酯基。卟吩环的中心金属是 Mg^{2+} 离子，这是叶绿素分子中带极性的部分，有亲水性，如图 5-4 所示。卟吩环部分是一个庞大的共轭系统，人们推测它依靠了作为"叶绿素的天线"的胡萝卜素吸

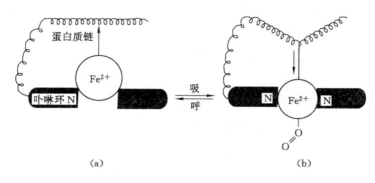

图 5-5　氧合前后 Fe^{2+} 在卟啉环中的位置示意图

(a) 氧合前；(b) 氧合后

收日光将光能传给叶绿素分子,使之激发并产生电子转移,电子又送给其他反应物,如三磷酸腺苷等,所产生的氧化型中间体可使水分子氧化释放 O_2,而还原型中间体可将 CO_2 转化成葡萄糖,作为化学能储存起来。光合作用的机理极为复杂,目前仍不甚清楚。美国化学家 M. Calvin 为阐明光合作用的机理做了开拓性的工作,因而获 1961 年诺贝尔化学奖。

3. 抗恶性贫血的维生素 B_{12}

维生素 B_{12} 是含钴的配合物,是维生素中唯一含金属元素者,常称钴胺素。早在 1926 年人们就知道食用肝脏有助于恶性贫血症患者的病情好转。随即人们花了 20 多年的时间终于从肝脏中寻找到并确定了其中的活性因子即维生素 B_{12}。维生素 B_{12} 的结构如图 5-6 所示。维生素 B_{12} 的中心金属是六配位的 Co^{3+} 离子,它受到平面大环分子咕啉的 4 个氮原子的配位,第五个配位原子是苯并咪唑的氮原子,R 表示与其相对的第六个配体基团,R 可为 CN^-、SO_3^{2-}、CH_3^-、OH^- 及 5′-脱氧腺苷等。肝脏来源不同,R 基则不同。不过 R 为 5′-脱氧腺苷的钴胺素是体内主要存在形式,又称 B_{12} 辅酶。维生素 B_{12} 对维持机体正常生长、细胞和红细胞的产生有极重要的作用。它可促进包括氨基酸的生物合成等代谢过程中的生化反应。

美国化学家 Woodward 与英国化学家 Hodgkin 曾因分别合成了维生素 B_{12} 并确定了其化学结构而获 1965 年与 1964 年诺贝尔化学奖。

4. 配合物与抗癌药

生物体必需的金属离子绝大多数以配合物的形式存在于体内,它们的功能主要是促使酶活化,催化体内各种生化反应,因而是控制着体内的正常代谢活动的关键因素,如铁酶、锌酶、铜酶等。由于酶的生物催化活性高效专一,因此,在

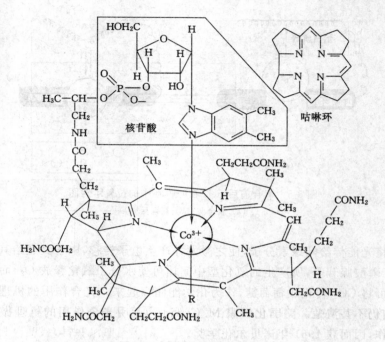

图 5-6 咕啉环与维生素 B_{12}

生命过程中起着重要的作用,例如,植物固氮酶是一个铁钼的蛋白质配合物,通过固氮酶的催化活动能在常温常压下将空气中的氮转化为氨,自然界中植物生长所需的氮肥约 85% 以上都是来自于固氮酶的作用。因此,近年来化学模拟固氮酶的研究已成为基础科学研究的重要课题。

另一方面,若体内存在着有害金属离子如重金属 Pb^{2+}、Hg^{2+}、Cd^{2+} 和放射性元素 U 等,可以选择合适的螯合剂与它们配合而排出体外,此法称为螯合疗法,所用的螯合剂称为解毒剂。解毒剂必须能与有害金属离子形成更为稳定的配合物,对人体无毒,且便于排出体外。对 Pb、U 等有害元素常用 $Na_2Ca(EDTA)$ 作解毒剂;对于 Hg、Cd、As 等常用(2,3)-二巯丙醇作解毒剂。早期使用 EDTA 钠盐来排除体内重金属时,由于解毒剂缺乏选择性,在排毒的同时,也会螯合其他生命必需的金属如钙,故钙也随之排出体外,导致血钙水平的降低而引起痉挛。为此改用 $Na_2Ca(EDTA)$ 既可顺利排铅又保持血钙不受影响。同理,为了排除体内的镉而不使锌受影响,则可将解毒剂转化为锌配合物后使用。

当前癌症已经成为人类健康的巨大威胁,而配合作用有可能用来探讨致癌与治疗癌症。例如,自从 1969 年开始报道了某些二价、四价铂的配合物,尤其是顺-$Pt(NH_3)_2Cl_2$ 有显著的抑制肿瘤的作用。但它有毒性大、水溶性小的缺点。

随着对金属配合物药物学研究的深入,已制出了与顺铂抗癌活性相近、毒副作用明显减小的第二代抗癌金属配合物,同时近 10 年来,又研制出了第三代抗癌金属配合物的药物,如二卤茂金属等。目前配合物已成为抗癌新药的一条很有价值的探索途径。

二、在物质分析和分离中的应用

配合物在物质分析中有着多方面的应用,在定性分析中用于离子的分离、鉴定,干扰离子的掩蔽等,在定量分析中也可用于重量法、容量法、光度法、极谱法、原子吸收法、分光光度法等。应用生成配合物进行物质的分离也是一种有效的方法。

1. 在定性分析中的应用

（1）离子的分离

离子的分离常采用沉淀分离法。通过生成配合物使物质溶解度改变,从而可达到分离目的。如欲分离含 Al^{3+} 和 Zn^{2+} 离子的混合溶液,可加入 NH_3 使 Zn^{2+} 生成$[Zn(NH_3)_4]^{2+}$溶于水,而和 $Al(OH)_3$ 沉淀分离。

$$\begin{array}{l} Zn^{2+} \\ Al^{3+} \end{array} \xrightarrow{\text{过量 } NH_3 \cdot H_2O} \begin{array}{l} [Zn(NH_3)_4]^{2+} \\ Al(OH)_3 \downarrow \end{array}$$

（2）离子的鉴定

离子的鉴定常以化学反应产物的特征颜色来判断,许多金属配合物都具有特征颜色,故常用配合反应鉴定离子。例如鉴定 Fe^{3+} 离子时常用 $K_4[Fe(CN)_6]$ 或 KSCN,若反应生成蓝色的 $Fe_4[Fe(CN)_6]_3$ 或血红色的$[Fe(SCN)_n]^{3-n}$,则说明有 Fe^{3+} 存在。具体反应为:

$$4Fe^{3+} + 3Fe(CN)_6^{4-} =\!=\!= Fe_4[Fe(CN)_6]_3$$

$$Fe^{3+} + nSCN^- =\!=\!= [Fe(SCN)_n]^{3-n} \quad (n=1\sim6)$$

又如,用丁二酮肟与 Ni^{2+} 在液氨溶液中生成鲜红色的螯合物沉淀,用来鉴定溶液中 Ni^{2+} 的存在。

（3）掩蔽干扰离子

干扰离子的掩蔽常用配合反应,所用的配合剂称掩蔽剂。如 Co^{2+} 离子中若含 Fe^{3+} 离子,则对 Co^{2+} 离子的鉴定会产生影响。因为 Co^{2+} 和 SCN^- 反应,生成蓝色的$[Co(SCN)_4]^{2-}$,若有 Fe^{3+} 存在,则 Fe^{3+} 和 SCN^- 反应生成血红色的$[Fe(SCN)_n]^{3-n}$而干扰 Co^{2+} 的鉴定。

$$Co^{2+} + 4SCN^- =\!=\!= [Co(SCN)_4]^{2-}（蓝）$$

若在 Co^{2+} 离子溶液中加入掩蔽剂 NaF(或 NH_4F),则共存的 Fe^{3+} 和 F^- 生成更稳定的无色的$[FeF_6]^{3-}$,从而排除了 Fe^{3+} 对 Co^{2+} 离子鉴定的干扰。

$$Fe^{3+} + 6F^- =\!=\!= [FeF_6]^{3-}$$

2. 在物质分离中的应用

许多稀有元素往往具有特殊的化学物理性质,它们是制造各种各样具有特殊性能、特殊用途的新型材料的基本原料之一。例如耐高温材料,耐腐蚀材料,耐低温材料,超导材料,半导体材料,特硬材料,热敏材料,光敏材料,记忆材料,……但有不少稀有元素,如稀土元素、锆和铪、铌和钽等,因性质十分相近,相互共生,难以分离,不易得到纯物质,有些稀散元素虽然地球中含量不算少,但分布很稀散,给冶炼带来困难。现在多应用某些配合剂或螯合剂来实现这些元素的浓缩、富集、分离、提取和纯化。例如用萃取的方法,从海水中提取金、铜和钠,就是借助专门的配合剂来实现的。

又如,在提炼核燃料铀时,人们利用磷酸三丁酯(TBP)的煤油(溶剂)溶液从硝酸铀酰$(UO_2)(NO_3)_2$的水溶液中萃取分离出铀,就是利用萃取剂 TBP 能与 UO_2^{2+} 形成配合物$(UO_2)(NO_3)_2 \cdot 2TBP$来实现的。TBP 易溶于有机溶剂煤油中,再经反萃取可将它与其他杂质分离,用类似的方法可利用二(二乙基己基)磷酸(D2EHPA):

$$\begin{array}{c} R-O \quad O \\ \diagdown \quad \diagup \\ P \\ \diagup \quad \diagdown \\ R-O \quad OH \end{array} \qquad (其中\ R\ 为\ CH_3-CH_2-CH_2-CH_2-\underset{\underset{CH_3-CH_2}{|}}{CH}-CH_2-\ )作为萃取剂$$

来分离稀土元素。其配合反应为

$$RE^{3+} + 3H_2A_2 \Longleftrightarrow RE(HA_2)_3 + 3H^+$$

这里 A 为 $(R-O)_2-\underset{\underset{O-}{\|}}{P}=O$ 。不同的稀土元素与 HA 形成配合物的稳定性

有微小差异,故可使它们彼此分离和纯化。

三、在冶金工业中的应用

在金属冶炼方面,可利用配合反应制备高纯金属和提取贵金属,如绝大多数的过渡金属都能和一氧化碳形成金属羰基化合物,这些金属羰基物易挥发、受热后易分解成金属和一氧化碳。工业上常利用羰基化精炼技术制备高纯金属。同时,也常利用配合反应从矿石中提取贵金属,如用 NaCN 溶液可提取金。先将金矿溶于 NaCN 溶液中,发生下列反应:

$$4Au + 8CN^- + O_2 + 2H_2O \Longrightarrow 4[Au(CN)_2]^- + 4OH^-$$

再用锌粉作还原剂置换出金:

$$2[Au(CN)_2]^- + Zn \Longrightarrow 2Au + [Zn(CN)_4]^{2-}$$

这种冶炼金属的方法称湿法冶炼。

应用溶剂萃取法提取金属也是湿法冶炼的一大贡献。如,利用形成碳基化合物来制取高纯金属等。

金属镍粉可在温和条件下直接与 CO 反应,得到液态的 $Ni(CO)_4$,在稍高的温度下即可分解制得纯镍:

$$Ni(s) + 4CO \underset{50\ ℃}{\overset{43\ ℃}{\rightleftharpoons}} Ni(CO)_4(l)$$

铁与 CO 也可直接生成 $Fe(CO)_5$,但反应温度较高并需加压:

$$Fe(s) + 5CO \underset{\triangle}{\overset{200\ ℃,20\ MPa}{\rightleftharpoons}} Fe(CO)_5$$

由此法制得的铁可制备磁铁芯和催化剂。碳基配合物本身毒性甚大,但燃烧产物的毒性较小。

用 N_{510} 萃取剂(化学名称 a-羟基-5-仲辛基二苯甲酮肟)萃取铜矿,形成铜配合物,使铜富集可解决低品位铜矿的提取问题。

四、在催化工业中的应用

许多有机合成反应都需要催化剂,凡利用配合反应而产生催化作用的称为配位催化,这种催化剂的大致作用原理为:

$$\underset{\text{(催化剂)}}{M} + \underset{\text{(反应物)}}{A} \rightleftharpoons \underset{\text{(中间配合物)}}{MA}$$

$$MA + \underset{\text{(另一反应物)}}{B} \rightleftharpoons AB + M$$
$$_{\text{(产物)}}$$

通过不稳定的中间配合物的生成,使整个反应在较低的活化能下进行,加快了反应速率。配位催化具有活性高、选择性好、反应条件温和的特点,广泛应用于石油化工的生产中,如用 Wacker 法从乙烯合成乙醛,需用 $PdCl_2$ 和 $CuCl_2$ 的稀盐酸溶液作催化剂。借助于 $[PdCl_3(C_2H_4)]^-$、$[PdCl_2(OH)(C_2H_4)]^-$ 等中间产物的形成,使 C_2H_4 分子活化,在常温常压下就能转化为乙醛,转化率达95%,其反应如下:

$$C_2H_4 + \frac{1}{2}O_2 \xrightarrow[\text{HCl 溶液}]{PdCl_2 + CuCl_2} CH_3CHO$$

配位催化在有机合成、合成橡胶、合成树脂方面都有重要应用。

在利用太阳能分解水以制取最佳能源之一的氢(光解制氢)中,也有应用配位催化的报道。

五、在电镀工业中的应用

电镀是通过电解使电解液中金属离子或某种形式的金属配离子在阴极上还原而析出金属层的方法。倘若电解时金属离子在阴极还原速度太快,析出的金属原子无法按一定的晶格点阵排列,因而使镀层晶粒粗大、疏松、无光泽。

欲获得牢固、均匀、致密、光亮的镀层,金属离子在阴极镀件上的还原速率不能太快,为此,需控制镀液中有关金属离子的浓度。长期以来,Cu、Ag、Au 等的电镀都是用 NaCN 作配合剂,使它们生成氰合配离子,以降低简单金属离子的浓度,但由于氰化物剧毒,对环境和人体都有危害,近几十年来,人们开始研究无氰电镀工艺,目前已研究出多种非氰配合剂,其中一种较好的电镀用配合剂是1-羟基亚乙基-1,1-二磷酸,它能与 Cu^{2+} 形成羟基亚乙基二膦酸合铜(Ⅱ)配离子,电镀所得的镀层也较好。

在电镀工艺中,要求在镀件上析出的镀层厚度均匀、光滑细致、与底层金属的附着力强。这常用含有配合剂的电镀液来实现。金属离子与配合剂形成配离子后,就金属离子(原来的简单离子)来说,浓度是显著降低了,但就可能利用的金属离子(简单离子或配离子中的中心离子)来说,则总的浓度并没有改变,即仍可保证原来金属离子总数的供应。配离子的存在起了控制金属离子浓度的作用。例如,在电镀铜工艺中,一般不直接用 $CuSO_4$ 溶液作电镀液,而常加入配合剂焦磷酸钾($K_4P_2O_7$),使形成 $[Cu(P_2O_7)_2]^{6-}$ 配离子。溶液中存在下列平衡:

$$[Cu(P_2O_7)_2]^{6-} \rightleftharpoons Cu^{2+} + 2P_2O_7^{4-}$$

Cu^{2+} 的浓度降低,在镀件(阴极)上 Cu 的析出电势代数值减小,同时析出速率也可得到控制,从而有利于得到较均匀、较光滑、附着力较好的镀层。

上述电镀方法称无氰电镀。目前在电镀生产中,还大量采用含氰化物的电镀液。长期以来,Cu、Ag、Au 等的电镀都是用 NaCN 作配合剂,使它们生成氰合配离子,以降低简单金属离子的浓度,但由于氰化物剧毒,电镀生产的含氰废液都需要进行消毒处理,以免造成公害。这时可采用 $FeSO_4$ 溶液处理,生成毒性很小的六氰合铁(Ⅱ)酸亚铁:

$$6NaCN + 3FeSO_4 \Longrightarrow Fe_2[Fe(CN)_6] + 3Na_2SO_4$$

习　题

一、是非题

1. 配合物由内界和外界两部分组成。
2. 只有金属离子才能作为配合物的形成体。
3. 配位体的数目就是形成体的配位数。
4. 配离子的电荷数等于中心离子的电荷数。
5. 配离子的几何构型取决于中心离子所采用的杂化轨道类型。
6. 某一配离子的 $K_f^{\ominus}$ 值越小,该配离子的稳定性越差。
7. 某一配离子的 $K_f^{\ominus}$ 值越小,该配离子的稳定性越差。
8. 对于不同类型的配离子,$K_f^{\ominus}$ 值大者,配离子越稳定。
9. 配合剂浓度越大,生成的配离子的配位数越大。
10. $K_f^{\ominus}\{[A(NH_3)_6]^{3+}\}$ 和 $K_f^{\ominus}\{[B(NH_3)_6]^{2+}\}$ 分别为 4×10^3 和 2×10^{10},则

在水溶液中$[A(NH_3)_6]^{3+}$比$[B(NH_3)_6]^{2+}$易于解离。

二、选择题

1. 下列物质,在氨水中最容易溶解的是:

A. AgS　　　　　　　　　　　B. AgI

C. $AgBr$　　　　　　　　　　D. $AgCl$

2. 下列配位体中能作螯合剂的是:

A. SCN^-　　　　　　　　　　B. H_2NNH_2

C. SO_4^{2-}　　　　　　　　　D. $H_2NCH_2CH_2NH_2$

3. 下列配合物能在强酸介质中稳定存在的为:

A. $[Ag(NH_3)_2]^+$　　　　　　B. $[FeCl_4]^-$

C. $[Fe(C_2O_4)_3]^{3-}$　　　　　D. $[Ag(S_2O_3)_2]^{3-}$

4. 电对 Zn^{2+}/Zn 加入氨水后,其电极电势将:

A. 减小　　　　　　　　　　　B. 增大

C. 不变　　　　　　　　　　　D. 无法确定

5. 配位数是指:

A. 配位体数目　　　　　　　　B. 中心离子的电荷数

C. 配位体中配位原子的数目　　D. 中心离子的未成对的电子数目

6. $Co(Ⅲ)$的八面体配合物 $CoCl_m \cdot nNH_3$,若 1 mol 配合物与 $AgNO_3$ 作用生成 1 mol$AgCl$ 沉淀,则 m 和 n 的值是:

A. $m=1,n=5$　　　　　　　　B. $m=3,n=4$

C. $m=5,n=1$　　　　　　　　D. $m=4,n=5$

7. 乙二胺$(NH_2—CH_2—CH_2—NH_2)$能与金属离子形成下列＿＿＿＿物质。

A. 简单配合物　　　　　　　　B. 沉淀物

C. 螯合物　　　　　　　　　　D. 聚合物

三、填空题

1. 配合物$[Co(en)_2(NO_2)Cl]^+$（en 为乙二胺）的命名为＿＿＿＿＿＿＿＿,中心离子是＿＿＿＿＿＿＿＿,配位体是＿＿＿＿＿＿＿＿,配位数是＿＿＿＿＿＿＿＿。

2. 已知$[Ag(NH_3)_2]^+$配离子的总稳定常数 $K_稳$是为 1.12×10^7,则此配离子的总不稳定常数$(K_{不稳})$为＿＿＿＿＿＿＿＿,又若已知其第一级稳定常数$(K_{稳1})$为 1.74×10^3,则其第二级稳定常数$(K_{稳2})$为＿＿＿＿＿＿＿＿。

3. 在有 HgI_2 的饱和溶液中,加入 KI 固体,HgI_2 的沉淀将＿＿＿＿＿＿＿＿或＿＿＿＿＿＿＿＿。有关反应为＿＿＿＿＿＿＿＿＿＿＿＿＿＿＿＿＿＿。

4. 指出下列配离子的形成体、配体、配位原子及中心离子的配位数。

配离子	形成体	配体	配位原子	配位数
$[Cr(NH_3)_6]^{3+}$				
$[Co(H_2O)_6]^{2+}$				
$[Al(OH)_4]^-$				
$[Fe(OH)_2(H_2O)_4]^+$				
$[PtCl_5(NH_3)]^-$				

5. 命名下列配合物,并指出配离子和中心离子的电荷数。

配合物	名称	配离子电荷	中心离子电荷
$[Cu(NH_3)_4][PtCl_4]$			
$Cu[SiF_6]$			
$K_3[Cr(CN)_6]$			
$[Zn(OH)(H_2O)_3]NO_3$			
$[CoCl_2(NH_3)_3H_2O]Cl$			
$[PtCl_2(en)]$			

6. 有下列三种铂的配合物,用实验方法确定它们的结构,其结果如下:

物　质	Ⅰ	Ⅱ	Ⅲ
化学组成	$PtCl_4 \cdot 6NH_3$	$PtCl_4 \cdot 4NH_3$	$PtCl_4 \cdot 2NH_3$
溶液的导电性	导电	导电	不导电
可被 $AgNO_3$ 沉淀的 Cl^- 数	4	2	不发生
配合物分子式			

根据上述结果,写出上列三种配合物的化学式。

四、简答题

1. 配合物是怎样组成的(明确内界、外界、中心离子、配位体、配位原子、配位数等概念)?

2. 写出下列配合物的化学式:

(1) 三氯·一氨合铂(Ⅱ)酸钾

(2) 高氯酸六氨合钴(Ⅱ)

(3) 二氯化六氨合镍(Ⅱ)

(4) 一羟基·一草酸根·一水·一乙二胺合铬(Ⅲ)

（5）五氰·一羰基合铁（Ⅱ）酸钠

（6）硝酸二氨合银（Ⅰ）

（7）四氯合铂（Ⅱ）酸四氨合铜（Ⅱ）

（8）一氯化二氯·一水·三氨合钴（Ⅲ）

（9）硫酸二水·四氨合钴（Ⅱ）

（10）氢氧化二羟·四水合铝（Ⅲ）

3. 命名下列配位化合物：

（1）$[Co(NH_3)_6]Cl_2$　　　　　　　　（2）$[CoCl(NH_3)_5]Cl_2$

（3）$[Cu(NH_3)_4](OH)_2$　　　　　　　（4）$K_2[Zn(OH)_4]$

（5）$(NH_4)_2[FeCl_5(H_2O)]$　　　　　（6）$Na_3[Ag(S_2O_3)_2]$

（7）$[PtCl_2(NH_3)_2]$　　　　　　　　（8）$[Cr(NH_3)_6][Co(CN)_6]$

4. 以下配合物中心离子的配位数为 6，假定它们的浓度均为 0.001 mol/L，指出溶液导电能力的顺序，并把配离子写在方括号内。

（1）$Pt(NH_3)_6Cl_4[$　　$]$　　　　　　（2）$Cr(NH_3)_4Cl_3[$　　$]$

（3）$Co(NH_3)_6Cl_3[$　　$]$　　　　　　（4）$K_2PtCl_6[$　　$]$

5. $PtCl_4$ 和氨水反应，生成化合物的化学式为 $Pt(NH_3)_4Cl_4$。将 1 mol 此化合物用 $AgNO_3$ 处理，得到 2 mol $AgCl$。试推断配合物内界和外界的组分，并写出其结构式。

6. 将 KSCN 加入 $NH_4Fe(SO_4)_2·12H_2O$ 溶液中出现红色。但加入 $K_3[Fe(CN)_6]$ 溶液中并不出现红色，这是为什么？

7. AgCl 沉淀溶于氨水后，若用 HNO_3 酸化溶液，则又析出沉淀，这种现象怎样解释？

8. 在有 $[Ag(NH_3)_2]^+$ 配离子的溶液中分别加入下列物质：

（1）稀 HNO_3　（2）$NH_3·H_2O$　（3）Na_2S 溶液

试问下列平衡的移动方向？

$$[Ag(NH_3)_2]^+ \Longleftrightarrow Ag^+ + 2NH_3$$

五、计算题

1. 在 50.0 mL 0.20 mol/L $AgNO_3$ 溶液中加入等体积的 1.00 mol/L 的 $NH_3·H_2O$，计算达平衡时溶液中 Ag^+、$[Ag(NH_3)_2]^+$ 和 NH_3 的浓度。

2. 10 mL 0.10 mol/L $CuSO_4$ 溶液与 10 mL 6.0 mol/L $NH_3·H_2O$ 混合并达平衡，计算溶液中 Cu^{2+}、NH_3 及 $[Cu(NH_3)_4]^{2+}$ 的浓度各是多少？若向此混合溶液中加入 0.010 mol NaOH 固体，问是否有 $Cu(OH)_2$ 沉淀生成？

第六章　物质结构基础

第一节　氢原子结构

　　物质的种类繁多，性质各异，主要原因是它们的组成和结构不同。大多数物质由分子组成，而分子又由原子组成。因为原子、分子非常微小，过去人们无法直接看见它们，只能通过观察宏观现象，借助推理去认识它们，基于实验现象提出原子的理论模型，再由新的实验事实去检验理论的正确性。直到 20 世纪 80 年代，科学家用扫描隧道显微镜和原子力显微镜才真正观察到原子和分子的排布情况。

　　通常情况下，化学反应前后原子核没有发生变化，它只涉及核外电子运动状态的变化。因此，要了解化学变化的本质，了解物质的性质与结构的关系，就必须了解原子结构，特别是核外电子的运动状态。

一、经典的原子模型

1. 古代原子概念的萌芽

公元前 5 世纪，古希腊哲学家留基伯（Leucippus）和德谟克里特（Dēmocritos）提出，物质是由最微小、最坚硬、不可入、不可分的微粒组成，并将这种微粒定义为"原子"。宇宙万物是由不同数目、不同形状的原子按不同的排列方式构成的。

1741 年，俄国的罗蒙诺索夫（Ломоносов）提出了物质构造的粒子说，但因实验证据不足，未被世人重视。直到 18 世纪末、19 世纪初，人们发现了质量守恒定律、能量守恒定律、定比定律、倍比定律和化合量定律之后，近代原子学说才逐渐形成。

2. 近代原子学说

1808 年，英国化学家道尔顿（John Dalton）建立了原子论，提出以下基本观点：

（1）物质的最小组成单位为原子，原子不能创造、不能毁灭、不能分割；

（2）同种元素的原子其形状、质量和性质均相同，不同元素的原子则不同；

（3）原子以简单的比例结合成化合物。

道尔顿的原子论解释了一些化学现象,并为化学进入定量阶段奠定了基础。因此,恩格斯称其为"近代化学之父"。道尔顿原子学说的缺陷是:不能解释同位素的发现;没有说明原子和分子的区别;未能阐释原子的具体组成和结构。

3. 现代原子模型

1911 年,英国物理学家卢瑟福(E. Rutherford)通过 α 粒子散射实验(如图 6-1 所示),发现多数 α 粒子直线穿过金属箔片,但有少数发生了偏转或返回。由此,卢瑟福认识到原子是排列紧密的实体的说法是错误的,实际上原子内部大部分是空旷的,并由此提出了卢瑟福原子模型。

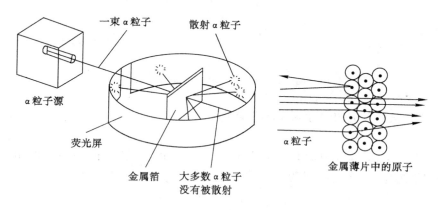

图 6-1 α 粒子散射实验示意图

卢瑟福原子模型的基本论点如下:

(1) 原子由原子核和电子构成;

(2) 原子核体积很小,带正电荷,但几乎集中了原子的全部质量;

(3) 电子绕核做圆周运动,并有不同的运动轨道,就像行星绕太阳运动一样。

卢瑟福原子模型的建立,解释了许多道尔顿原子模型无法解释的现象,也为以后原子结构的发展奠定了坚实的基础。但卢瑟福原子模型也存在着缺陷:

(1) 与经典的电磁学理论相矛盾。电子绕原子核做圆周运动时,会不断地释放电磁波,能量逐渐降低,运动轨道半径逐渐减小,最后电子将与原子核相撞而毁灭。这与事实完全不符。

(2) 无法解释氢原子光谱的不连续性。按照卢瑟福原子模型,当氢原子随电子运动能量的降低而发射电磁波时,电磁波的波长和频率会连续变化,但实际上,氢原子光谱却是不连续的线状谱线,如图 6-2 所示。

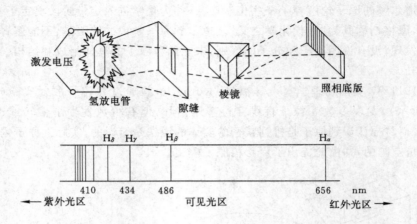

图 6-2　氢原子光谱和实验示意图

二、氢原子光谱和玻尔氢原子模型

1. 氢原子光谱

1890 年,瑞典物理学家里德堡(J. R.. Rydberg)将氢原子光谱各谱线的变化规律归纳成一通式——里德堡公式

$$\sigma = R_H \left(\frac{1}{n_1^2} - \frac{1}{n_2^2} \right)$$

式中,σ 为波数(即波长的倒数);R_H 称为里德堡常数,数值为 1.097×10^5 cm^{-1};n_1、n_2 为正整数。

2. 量子论

1900 年,德国物理学家普朗克(M. Planck)提出了量子论,1905 年,美国物理学家爱因斯坦(A. Einstein)为了解释光电效应,提出了光子学说,从而建立了量子理论。基本论点如下:

(1) 微观粒子的能量是量子化的,不连续的,是某一最小值的整数倍,这一最小值为一个光量子的能量。表示为

$$E = h\nu$$

式中,h 为普朗克常数(6.626×10^{-34} J·s);ν 为电磁波的频率;E 为光子的能量。

(2) 微观粒子的状态发生变化时,吸收或发射电磁波,其频率为

$$\nu = \frac{E_2 - E_1}{h}$$

3. 玻尔氢原子模型

1913 年,为了解释氢原子光谱,丹麦物理学家玻尔(N. Bohr)借助卢瑟福的

原子模型、普朗克的量子论和爱因斯坦的光子学说,提出了玻尔氢原子模型。

（1）定态轨道假设:电子沿具有一定能量和半径的轨道绕核运动,电子在这些符合量子化的轨道上运动时,处于稳定状态,既不吸收能量,也不放出能量,这些轨道称为定态轨道。

（2）轨道能量假设:轨道离核越近,能量越低,离核越远,能量越高。电子在离核最近、能量最低的轨道中运转时的状态称为基态;当原子从外界获得能量后,电子可以跃迁到离核较远的能量较高的轨道上,这种状态称为激发态。

（3）能量吸收与释放假设:处于激发态的电子不稳定,当电子从高能轨道跃迁至低能轨道时,要放出能量,以光辐射的形式发射出来。光量子能量的大小取决于两个轨道的能量差,即

$$\Delta E = E_2 - E_1 = h\nu$$

玻尔理论成功解释了氢原子光谱的产生和不连续性。氢原子在正常状态时,电子处于基态,不会发光。当氢原子受到放电等能量激发时,电子由基态跃迁到激发态。但处于激发态的电子是不稳定的,它可以自发地回到能量较低的轨道,并以光子的形式释放出能量。由于轨道能量是量子化的,所以由能量差决定的光子频率也是不连续的。

玻尔理论的缺陷:① 难以解释氢原子光谱的精细结构。对氢原子光谱进行更细微的观察,发现每条谱线都分裂为两条极为相近的谱线,玻尔理论对此现象无法解释。② 难以解释多电子原子的光谱和能量。即便是只含有 2 个电子原子的 He 原子,其光谱的理论计算值与实验值偏差也非常大。玻尔理论仍然沿用了经典力学的概念,只是在静电力学的基础上加入了量子化的概念,实际上电子的运动并非如玻尔假设的那样,微观粒子有其独特的运动规律。

三、微观粒子的运动特性

1. 微观粒子的波粒二象性

（1）光的波粒二象性

1666 年,牛顿（I. Newton）提出了光的粒子说;1678 年,惠更斯（C. Huygens）创立了光的波动说,它们都能解释光的折射和反射现象。

19 世纪,人们发现了光的干涉和衍射与偏振,1886 年,麦克斯韦（J. C. Maxwell）证明了光波的电磁性质,对此,粒子说难以解释,波动说一度占胜风。19 世纪末 20 世纪初,人们又相继发现了黑体辐射、光电效应和氢原子光谱,对此,波动说无法阐释,粒子说又盛行一时。最终,人们只能接受这样一个事实,即光既具有波动性也具有粒子性。光量子的能量 $E=h\nu$,其中 E 代表了光的粒子性,ν 则代表了光的波动性,h 为普朗克常数。

（2）电子的波粒二象性

　　1924 年，法国年轻的物理学家德布罗意（L. de Broglie）在光的波粒二象性的启发下，大胆地提出微观粒子也具有波粒二象性，其波长为

$$\lambda = \frac{h}{P} = \frac{h}{mv}$$

式中，P 代表粒子运动的动量；m 代表粒子的质量；v 代表粒子的运动速度；h 为普朗克常数。仅仅事隔三年，即 1927 年，德布罗意的假设就由美国的戴维森（C. J. Davisson）和革末（L. H. Germer）的电子衍射实验所证实。之后人们又相继发现了质子、中子、原子等微观粒子都具有波动性，且都符合德布罗意波分布，这就证明德布罗意的假设是正确的（见图 6-3）。

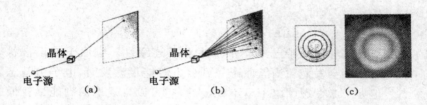

图 6-3　电子衍射实验和概率波的统计性实质
（a）一个电子经过晶体狭缝后在屏幕上产生一个位置记录；
（b）经过狭缝的多个电子可以产生不同的位置记录，显示电子的运动具有随机性；
（c）更多的电子表现出电子在不同位置出现的概率不同，因此在衍射屏上展现干涉条纹的波动图像来

　　需要注意的是，物质波与一般物理意义上的波不同，是一种概率分布统计波。如果对一个电子只观察一次，电子在一个确定的位置，并不具有波的性质；如果对这个电子进行多次观察，或者对多个电子一次观察，就会发现，电子在有的地方出现的机会多，有的地方出现的机会少，表现出像波峰、波谷一样的强度分布。因此电子的运动并非是有一定轨道的波动，只是电子在空间出现的概率呈现一种波动的分布规律。

　　2. 海森堡测不准原理

　　在经典力学中，对于一个运动中的宏观物体，我们可以准确测定其在任一瞬间的位置和动量，也就是说，它的运动轨道是可测知的。但对于具有波粒二象性的微观粒子，由于它们运动规律的统计性，我们不能像在经典力学中那样来描述它们的运动状态，即不能同时测定它们的速度和空间位置。

　　1927 年，德国物理学家海森堡（W. Heisenberg）提出微观粒子的运动符合测不准原理，即

$$\Delta x \Delta P \approx h$$

式中，Δx 为微观粒子的位置测定误差；ΔP 为其动量测定误差。

四、原子的量子力学模型

1. 波 函 数

既然微观粒子的运动具有波动性,所以要用波函数 ψ 来描述它的运动状态。1926 年,奥地利物理学家薛定谔(E. Schrödinger)根据波粒二象性的概念,对经典的光波方程进行改造,提出了描述原子核外电子运动的波动方程,这就是著名的薛定谔方程,即

$$\frac{\partial^2 \psi}{\partial x^2} + \frac{\partial^2 \psi}{\partial y^2} + \frac{\partial^2 \psi}{\partial z^2} = -\frac{8\pi^2 m}{h^2}(E-V)\psi$$

式中,x,y,z 是三维空间坐标;h 是普朗克常数;E 是电子的总能量;V 是电子在原子中的势能;ψ 是描述电子运动的波函数,也称为原子轨道、原子轨迹或原子轨函。

2. 电 子 云

由于电子的波动性,原子轨道是一个个波函数,波函数的图示表示了电子在原子核周围空间出现的概率或概率密度,把波函数的图示形象地称为"电子云"。

假设用一台超高速摄像机对原子中的电子照相的话,用统计的方法将获得的图像叠加在一起,就得到了原子核外电子概率密度的分布图像,也就是电子云图,如图 6-4 所示。图中黑点的密度代表了概率密度的大小,不代表电子的数目。

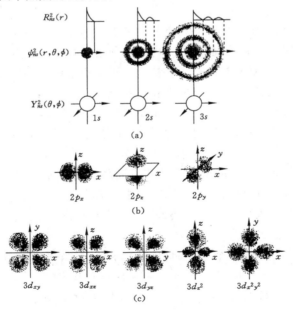

图 6-4　几种电子的电子云图

(a) ns 电子云空间分布图[可由 $R_{ns}^2(r)$ 及 $Y_{ns}^2(\theta,\phi)$ 电子云图综合而成];

(b) $2p$ 电子云空间分布图;(b) $3d$ 电子云空间分布图

3. 四个量子数

解薛定谔方程的目的就是求出波函数 ψ 以及与其对应的能量 E，每个 $\psi(x, y, z)$ 都是由 3 个量子数 n, l, m 确定，这些量子数的取值限制和它们的基本物理意义可以总结如下：

主量子数 n：决定电子离核的平均距离，n 越大，电子离核的平均距离越远，电子的能量也就越高，n 相同的电子离核的平均距离比较接近，即所谓电子处于同一电子层。所以 n 主要决定电子的能量，代表了主电子层。n 可以取任意的正整数，即 $1, 2, 3 \cdots$。$n = 1$ 代表第一主电子层，$n = 2$ 代表第二主电子层……

角量子数（副量子数）l：决定原子轨道在空间各方向的分布情况，或者说原子轨道的形状。与主量子数 n 共同决定多电子原子中电子运动的能量，角量子数 l 值越大，轨道能量 E 越高。l 的取值受到 n 的制约，可以取 $0, 1, 2, \cdots, (n-1)$。因此，主量子数为 n 的原子轨道可以有 n 个不同的形状。每一个 l 值还代表一个电子"亚层"。如 $n = 4$，l 的取值分别为 $0, 1, 2, 3$，共四个亚层。角量子数 l 值越大，轨道能量 E 越高。

$l = 0$ 代表 s 轨道，电子云的空间图像是球形；$l = 1$ 代表 p 轨道，电子云的空间图像为两个对称的椭球；$l = 2$ 代表 d 轨道，电子云的空间图像为花瓣形。如图 6-4 所示。

磁量子数 m：决定原子轨道在空间的伸展方向。电子在原子轨道运动时，会在一个特定方向产生磁场，通常称为电子的轨道磁矩。不同取向的轨道，电子运动产生的磁矩具有不同的方向，因此描述原子轨道空间取向的量子数 m 称为磁量子数。m 的取值受 l 的限制，只能取 $0, \pm 1, \pm 2, \cdots, \pm l$。磁量子数 m 与能量无关。n, l 相同时，各原子轨道能量相同，称为等价轨道或兼并轨道。

一个原子轨道可以用三个量子数来表示，比如 $\psi(1, 0, 0)$、$\psi(3, 2, 1)$、$\psi(5, 2, 0)$。

自旋量子数 m_s：由于电子自身具有不同的自旋性质，氢原子的核外电子在一个轨道运动时，可能具有两种不同的自旋运动状态。因此完整地描述电子的运动状态还需要引入另一个量子数，即自旋量子数 m_s，它代表了电子的自旋方向，m_s 的取值：$\pm 1/2$。

每个轨道中可容纳两个电子，自旋方向相反，一个电子的 $m_s = +1/2$，另一个电子的 $m_s = -1/2$。但当一个轨道中只有一个电子时，该电子的自旋量子数取值是任意的，如 H 原子中 $1s$ 电子的自旋量子数 m_s 可以是 $+1/2$，也可以是 $-1/2$。

如果 4 个量子数有了确定值，则电子的运动状态也就随之而定。表 6-1 列出了量子数、原子轨道及各电子层中电子的填充情况。

表 6-1 　　　　　　　量子数、原子轨道及各电子层中电子的填充情况

n	l	亚层符号	m	轨道数	m_s	电子最大容量
1	0	1s	0	1	$\pm1/2$	2
2	0	2s	0	1 } 4	$\pm1/2$	2 } 8
	1	2p	0,±1	3	$\pm1/2$	6
3	0	3s	0	1	$\pm1/2$	2
	1	3p	0,±1	3 } 9	$\pm1/2$	6 } 18
	2	3d	0,±1,±2	5	$\pm1/2$	10
4	0	4s	0	1	$\pm1/2$	2
	1	4p	0,±1	3	$\pm1/2$	6
	2	4d	0,±1,±2	5 } 16	$\pm1/2$	10 } 32
	3	4f	0,±1,±2,±3	7	$\pm1/2$	14

第二节　多电子原子结构与元素周期律

一、原子核外电子排布

了解核外电子的排布,有助于从原子结构的观点来阐明元素性质变化的周期性,以及对周期表中周期、族和元素分类本质的了解。

由于氢原子或类氢离子的核外只有一个电子,该电子仅受到核的作用,所以可以利用薛定谔方程可以精确求解氢原子或类氢离子电子的概率分布与轨道能量,轨道能级的高低,只取决于主量子数 n,主量子数越大,能量越高,同一主量子数的各轨道能量是相同的,即 $E_{3s}=E_{3p}=E_{3d}\cdots$。但是对于多电子原子来说,电子除了受原子核的作用外,电子之间还存在着相互作用力,因此原子轨道的能级次序发生变动,变得比较复杂。多电子原子的波动方程无法精确求解,只能作近似处理。对于多电子原子需要知道核外原子轨道的能级次序,然后才能进一步讨论核外电子的排布问题。

　1. 多电子原子的能级

美国著名化学家鲍林(L. Pauling)根据大量的光谱实验数据和量子力学近似计算结果,总结出多电子原子的近似能级图,按照原子轨道按能量由低到高的次序排列成图 6-5 所示的形式,人们习惯上称之为"鲍林的原子轨道近似能级图"。从低能级到高能级的近似顺序为:$1s<2s<2p<3s<3p<4s<3d<4p\cdots$。

几点解释:

① 每一"O"代表一原子轨道(或波函数),每一方框代表一能级组,同时在周期表中代表一周期。

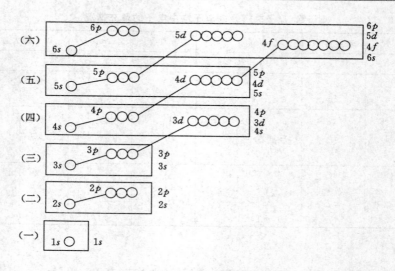

图 6-5　鲍林原子轨道近似能级图

② 各原子轨道是按能量由低到高的顺序排列的,而不是按各轨道离原子核的远近排列的,这与玻尔理论不同。

③ 同能量的原子轨道处于简并态,从第四组开始往后,出现了能级交错现象,原因是 E 同时决定于主量子数 n 和角量子数 l(氢原子和类氢离子除外)。

2. 原子核外电子的排布规则

根据光谱实验数据以及对元素性质周期律的分析,归纳出多电子原子中的电子在核外排布应该遵守以下三条原则。

(1) 能量最低原理

"系统的能量越低就越稳定",这是自然界的普遍规律。电子在原子轨道上的排布,也要尽可能使整个原子系统的能量最低。依据鲍林的原子轨道能级图,电子首先填充在能量最低的轨道中,低能态轨道填满后,再填充能量高一级的轨道,使基态原子总处于能量最低的稳定状态。

(2) 泡利(Pauli)不相容原理

奥地利物理学家泡利(W. Pauli)指出:在同一原子中不可能有四个量子数完全相同的 2 个电子同时存在,即在同一轨道中最多可容纳 2 个电子,但自旋方向必须相反。由于每个电子层中原子轨道的总数是 n^2 个,因此各电子层中电子的最大容量为 $2n^2$ 个。

(3) 洪特规则及其特例

德国物理学家洪特(F. H. Hund)根据大量的光谱实验数据,总结得出:电子在能量相同的轨道中填充时,首先以自旋相同的方式单独占据每一个轨道,因为这样的排布方式总能量最低。洪特规则实际上是能量最低原理的具体化。例如氮原子电子排布式是$1s^2 2s^2 2p^3$,可以用原子轨道方框图表示:

$$1s \qquad 2s \qquad 2p$$

$_7N$ ↑↓ ↑↓ ↑ ↑ ↑

每种元素的基态电子排布式见原子的电子排布表。

在书写原子核外电子排布式时,应注意以下问题:

电子填充顺序按照鲍林的能级高低顺序,但书写电子排布式时仍然按照主量子数的大小依次进行。例如,Sc 原子的电子填充顺序是$1s^2 2s^2 2p^6 3s^2 3p^6 4s^2 3d^1$,但书写 Sc 原子的电子排布式仍然是$1s^2 2s^2 2p^6 3s^2 3p^6 3d^1 4s^2$。

原子序数为 24 的 Cr 元素和原子序数为 29 的 Cu 元素,其电子排布式分别为$1s^2 2s^2 2p^6 3s^2 3p^6 3d^5 4s^1$和$1s^2 2s^2 2p^6 3s^2 3p^6 3d^{10} 4s^1$,这是由于光谱实验结果表明,这些原子的简并 d 轨道处于全充满($3d^{10}$)或半充满($3d^5$)时,是能量较低的稳定状态。

为简化电子组态的书写,把内层与稀有气体电子层结构相同的部分,用稀有气体的元素符号加方括号表示,称为原于芯(atom kernel)。例如基态 Ca 原子的电子组态为$[Ar]4s^2$,基态 Cu 原子的电子组态为$[Ar]3d^{10} 4s^1$,基态 Br 原子的电子组态为$[Ar]4s^2 4p^5$ 等。当原子失去或得到电子成为离子后,其离子的电子组态同样书写,例如 Fe^{3+} 离子的电子组态为$[Ar]3d^5$,Cu^{2+} 离子的电子组态为$[Ar]3d^9$ 等。

原于芯写法的优点是突出了元素的价层电子结构。在化学反应中,具有稀有气体电子组态的原子芯部分一般不参与化学键的形成,而参加反应发生结构变化的是原子芯结构以外的价电子(valence electron),价电子构成的电子层称为价电子层或价层(valence shell)。

【例 6-1】 按照电子排布规律,写出原子序数为 25 的 Mn 元素及其＋2,＋4和＋7 价状态的电子组态。

解 按照能级由低到高的顺序:$1s < 2s < 2p < 3s < 3p < 4s < 3d < 4p < \cdots$
Mn 元素及其不同价态时的电子组态为:
Mn:$1s^2 2s^2 2p^6 3s^2 3p^6 3d^5 4s^2$ 或$[Ar]3d^5 4s^2$
$Mn(\mathrm{II})$:$1s^2 2s^2 2p^6 3s^2 3p^6 3d^5$ 或$[Ar]3d^5$
$Mn(\mathrm{IV})$:$1s^2 2s^2 2p^6 3s^2 3p^6 3d^3$ 或$[Ar]3d^3$
$Mn(\mathrm{VII})$:$1s^2 2s^2 2p^6 3s^2 3p^6$

二、元素周期律

将各元素基态原子的电子排布式按照原子序数排列下来,可以看到电子排布的周期性变化。1869 年,门捷列夫在寻找元素性质和相对原子质量之间的联系时,总结出元素周期律。当时人们对原子结构和分子结构的知识非常缺乏,还不可能了解元素周期律的实质。到了 20 世纪初期,有关结构的科学实验和理论研究迅速发展,人们认识到一种元素不同于另一种元素的根本原因在于它们的原子核电荷数有差别,从而总结出元素周期律更确切的描述:元素以及由它形成的单质和化合物的性质,随着元素的原子序数(核电荷数)的依次递增,呈现周期性的变化。元素周期律从量变引起质变的方面总结了各种元素的性质,揭示了元素间的相互联系,对于指导我们研究各种物质有着重要的意义。元素周期律的图表形式称为元素周期表。

1. 元素的周期

元素周期表的每一行构成一个周期,共 7 个周期。一个周期包含价电子排布的一个完整序列,因此元素的物理化学性质在一个周期内完成一次规律性的变化。周期的数目和原子电子层的数目是一致的。

周期的划分依据是鲍林原子轨道近似能级图中的能级组,目前共有 7 个能级组,对应 7 个周期。第一周期($1s$ 组),第二周期($2s2p$ 组),第三周期($3s3p$ 组),第四周期($4s3d4p$ 组),第五周期($5s4d5p$ 组),第六周期($6s4f5d6p$ 组),第七周期($7s5f6d7p$ 组)

第一周期只有 2 个元素,称为超短周期;第二、第三周期各含有 8 个元素,称为短周期;第四、第五周期各含有 18 个元素,称为长周期;第六周期含有 32 个元素,称为超长周期;第七周还未排满,称为未完成周期。

2. 元素的族

元素周期表的"列"构成元素的族,周期表中的元素共有 18 列,划分成 16 个族:8 个主族(稀有气体按照习惯称为零族),8 个副族。族的序号使用大写的罗马数字,主族用 A 表示,副族用 B 表示。同族元素原子具有相似的价电子结构。

主族元素的价层电子构型为 $ns^{1\sim2}np^{0\sim6}$,族数与价层电子总数相对应。但ⅧA 族是稀有气体元素,因其化学惰性,不易成键,也将其称为零族。

副族元素的价层电子构型为 $(n-1)d^{0\sim10}ns^{0\sim2}$,ⅢB~ⅦB 元素的族数与价层电子数对应;ⅠB 族的价层电子构型为 $(n-1)d^{10}ns^1$,ⅡB 族的价层电子构型为 $(n-1)d^{10}ns^2$;周期表中的第 8,9,10 列,由于同周期的元素性质相近,将其归为一族称为第Ⅷ族。

由于电子填充在副族元素轨道中时,最后主要依次填充在内层 $(n-1)d$ 中,所以将副族元素称为过渡元素。在周期表的第ⅢB 族的第六、七周期位置上,有两个系列的元素,其价层电子构型分别为 $4f^{0\sim14}5d^{0\sim1}6s^{0\sim2}$ 和 $5f^{0\sim14}6d^{0\sim2}7s^{0\sim2}$,由于这两个系列的元素电子最后主要依次填充在 $(n-2)f$ 轨道中,因此称之为内过渡系列。第一个内过渡系列的首位元素是镧,称其为镧系元素;第二个内过渡系列的首位元素是锕,称其为锕系元素。

3. 原子的电子层结构与区的关系

区域的划分依据是原子的价层电子构型,具体对应情况列于表 6-2 中。

表 6-2　　　　　　　　　　　　元素区域的划分

区域	价层电子构型	包含的元素
s 区	$ns^{1\sim2}$	ⅠA,ⅡA
p 区	$ns^2np^{1\sim6}$	ⅢA～0
d 区	$(n-1)d^1ns^2\sim(n-1)d^8ns^2$(有例外)	ⅢB～Ⅷ
ds 区	$(n-1)d^{10}ns^{1\sim2}$	ⅠB,ⅡB
f 区	$(n-2)f^{0\sim14}(n-1)d^{0\sim2}ns^{0\sim2}$	镧系、锕系

各元素所在周期及族的具体情况详见书后的元素周期表。

4. 元素基本性质的周期性

原子的化学反应性取决于夹层电子的结构,因而原子核对价电子的吸引力是影响原子化学性质的主要因素。反映原子核对价电子吸引力的参数包括原子半径、电离能、电子亲和能、电负性等。

(1) 原子半径

元素性质的周期性决定于原子电子层结构的周期性。原子核外电子运动的区域是无边界的,因此原子半径只是一种相对的概念。由于元素的存在状态不同,其原子半径的含义也不同,常见的半径有以下三种:

① 共价半径:同核双原子分子中两个原子核间距的一半。

② 金属半径:金属晶体中相邻原子核间距的一半。

③ 范德瓦尔斯半径:两个原子只靠分子间作用力而靠近时,原子核间距的一半。范德瓦尔斯半径主要针对稀有气体元素。

对同一种元素来说,范德瓦尔斯半径>金属半径>共价半径。

原子半径在族中的变化:同族元素,自上而下,半径增大。自上而下,虽然核电荷逐渐增大,但电子层也逐渐增加,内层电子对外层电子的屏蔽作用使得外层电子感受到的有效核电荷增加不明显,电子层增加的影响占主导作用,因此,原子半径逐渐增大。第六周期镧之后的副族元素的原子半径与同族第五周期的元素几乎相同,这是由于镧系收缩的存在造成的。

原子半径在周期中的变化:同周期自左向右,原子半径逐渐减少,稀有气体元素(其半径为范氏半径)除外。同周期元素的电子层相同,自左至右,随着原子序数的增加,外层电子感受到的有效核电荷逐渐增加,因此,半径逐渐减小。但过渡元素由于最后的电子主要填充在内层轨道中,原子半径变化不如主族元素明显。对于镧系和锕系两个内过渡元素来说,由于电子最后主要填充在$(n-2)f$轨道中,原子半径的变化更小(详见表 6-3)。

表 6-3　　　　　元素的共价半径(稀有气体为范德瓦尔斯半径)

ⅠA	ⅡA	ⅢB	ⅣB	ⅤB	ⅥB	ⅦB		Ⅷ		ⅠB	ⅡB	ⅢA	ⅣA	ⅤA	ⅥA	ⅦA	0
H																	He
32																	93
Li	Be											B	C	N	O	F	Ne
123	89											82	77	70	66	64	112
Na	Mg											Al	Si	P	S	Cl	Ar
154	136											118	117	110	104	99	154
K	Ca	Sc	Ti	V	Cr	Mn	Fe	Co	Ni	Cu	Zn	Ga	Ge	As	Se	Br	Kr
203	174	144	132	122	118	117	117	116	115	117	125	126	122	121	117	114	169
Rb	Sr	Y	Zr	Nb	Mo	Tc	Ru	Rh	Pd	Ag	Cd	In	Sn	Sb	Te	I	Xe
216	191	162	145	134	130	127	125	128	134	148	144	140	141	137	133	190
Cs	Ba		Hf	Ta	W	Re	Os	Ir	Pt	Au	Hg	Tl	Pb	Bi	Po	At	Rn
235	198		144	134	130	128	126	127	130	134	144	148	147	146	146	145	220

镧系元素:

La	Ce	Pr	Nd	Pm	Sm	Eu	Gd	Tb	Dy	Ho	Er	Tm	Yb	Lu
169	165	164	164	163	162	185	162	161	160	158	158	158	170	158

(2)电离能与电子亲和能

元素的第一电离能是基态气体原子失去一个电子成为气态+1价离子所需要的能量,它反映了原子失去电子的倾向。同族元素,自上而下电离能逐渐减小;因为自上而下随着原子半径的增大,最外层电子受到原子核的吸引力逐渐减小,因此,电离外层电子所需能量逐渐降低。同周期元素,自左而右电离能逐渐增大;因为自左至右,原子的外层电子感受到的有效核电荷逐渐增强,半径又逐渐减小,所以电离能逐渐增大。

电子亲和能是元素的基态气体原子得到一个电子成为-1价的气体阴离子放出的能量,它反映了原子获得电子的倾向。总的来说,位于周期表右侧的卤素元素有较大的电子亲和能,而左侧的金属元素的电子亲和能很小甚至负值。

(3)电负性

电离能或电子亲和能,都可在一定程度上说明元素的金属活泼性和非金属活泼性大小。为统一衡量元素的金属性或非金属性的高低,人们引入了电负性的概念。

电负性：分子（或离子晶体）中原子（或离子）对成键电子的吸引力的大小。有关电负性的计算方法和数据有一百多种，目前最常用的是鲍林的电负性数值，列于表 6-4 中。

表 6-4　　　　　　　　鲍林的元素电负性（以 $X_{(F)}=3.98$ 为标度）

H																	
2.20																	
Li	Be											B	C	N	O	F	
0.98	1.57											2.04	2.55	3.04	3.44	3.98	
Na	Mg											Al	Si	P	S	Cl	
0.93	1.33											1.61	1.90	2.19	2.58	3.16	
K	Ca	Sc	Ti	V	Cr	Mn	Fe	Co	Ni	Cu	Zn	Ca	Ge	As	Se	Br	
0.82	1.00	1.36	1.54	1.63	1.66	1.55	1.83	1.88	1.91	1.90	1.65	1.81	2.01	2.18	2.55	2.96	
Rb	Sr	Y	Zr	Nb	Mo	Tc	Ru	Rh	Pd	Ag	Cd	In	Sn	Sb	Te	I	
0.82	0.95	1.22	1.33	1.6	2.16	1.9	2.2	2.28	2.20	1.93	1.69	1.78	1.96	2.05	2.1	2.66	
Cs	Ba	La	Hf	Ta	W	Re	Os	Ir	Pt	Au	Hg	Tl	Pb	Bi	Po		
0.79	0.89	1.10	1.3	1.5	2.36	1.9	2.2	2.20	2.28	2.54	2.00	2.04	2.33	2.02	2.0		
			U	Np	Pu												
			1.38	1.36	1.28												

Ce	Pr	Nd	Pm	Sm	Eu	Gd	Tb	Dy	Ho	Er	Tm	Yb	Lu
1.12	1.13	1.14	—	1.17	—	1.20	—	1.22	1.23	1.24	1.25	—	1.27

注：鲍林标度 X_p，录自 AllredALJ, Inorg NuclChem, 1961, 17, 215; LagowskiJJ, Modom Inorganic Chemistry, Marcel Dekker, New York(1973)。

同族元素，自上而下电负性逐渐减少；同周期元素，自左而右电负性逐渐增大（稀有气体除外）。

金属的电负性一般小于 2，非金属的电负性一般大于 2。

同一元素在不同氧化态中电负性不同，氧化态越高，电负性越大。例如，Fe 的电负性为 1.64，Fe^{2+} 的电负性为 1.83，Fe^{3+} 的电负性为 1.96。

电负性是反映原子核吸引成键电子相对能力的一个综合标度，也是最重要的一个元素参数。在化学反应和组成分子时，原子电负性大者吸引成键电子的能力强，反之就弱（见图 6-6）。因此，电负性可以用来：

① 预测化学反应中原子的电子得失能力。当一个电负性大的原子和一个

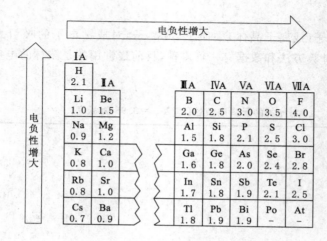

图 6-6　元素的电负性

电负性小的原子发生氧化还原反应时,电负性大的一方获得电子,电负性小的一方失去电子。因此,电负性大的原子氧化能力就强,而电负性小的原子还原能力就强。

② 推测与比较元素的金属性。金属元素的电负性小于 2,而非金属元素的电负性则大于 2。可见,从周期表的左下角到右上角,金属性递减而非金属性递增。不过,在金属和非金属间并没有严格的界限划分。

③ 判断形成化学键的性质。电负性接近的原子,其得失电子的能力接近,因而在反应时倾向于形成共价键,而共价键的极性随电负性差别的增加而增大,电负性差别较大的原子进行反应时,则倾向于完全的电子得失,从而形成离子和离子键化合物。对于电负性小的金属元素之间,一般形成金属键。

第三节　化学键理论

分子是由原子相互连接而成的,使原子相互连接的吸引力就是化学键。化学键的基本类型有离子键、共价键和金属键,但本质上都是一种静电吸引力,来源于原子核对核外电子的吸引作用。不同的化学键形成不同类型的化合物。

一、离子键理论

19 世纪末、20 世纪初,人们发现稀有气体具有特殊的稳定性,从而认识到 8 电子构型是一种稳定的外层电子构型。1916 年,德国化学家柯塞尔(A. Kossel)提出了离子键理论,并解释了 $NaCl$, $CaCl_2$, CaO 等化合物的形成。

1. 离子键的形成

当活泼的金属原子和活泼的非金属原子在一定反应条件下相互靠近时,金属原子易失去电子变成带正电荷的正离子,非金属原子易得到电子变成带负电荷的负离子,从而使它们达到 8 电子的稳定结构。正负离子通过静电引力结合在一起形成离子型化合物。

$$\text{Na·} + \text{·}\overset{\cdot\cdot}{\underset{\cdot\cdot}{\text{Cl}}}\text{:} \rightarrow \text{Na}^+ \left[\text{:}\overset{\cdot\cdot}{\underset{\cdot\cdot}{\text{Cl}}}\text{:}\right]^-$$

$$2\ \text{:}\overset{\cdot\cdot}{\underset{\cdot\cdot}{\text{F}}}\text{·} + \text{·Ca·} \rightarrow \left[\text{:}\overset{\cdot\cdot}{\underset{\cdot\cdot}{\text{F}}}\text{:}\right]^- \text{Ca}^+ + \left[\text{:}\overset{\cdot\cdot}{\underset{\cdot\cdot}{\text{F}}}\text{:}\right]^-$$

离子键的本质:正负离子间的静电吸引力。

2. 离子键的特点

(1)离子键没有方向性。由于离子键是带正、负电荷的离子通过静电引力结合而形成的,且带电离子的电荷分布是球形对称的,所以在任何方向上都可与带相反电荷的离子发生电性吸引作用。所以说离子键没有方向性。

(2)离子键没有饱和性。只要空间条件许可,一个离子可以和无数个带相反电荷的离子相互吸引,所以说离子键没有饱和性。当然在实际的离子晶体中,由于空间位阻的作用,每一个离子周围紧邻排列的带相反电荷的离子是有限的。例如:在 NaCl 中,每一个 Na^+ 离子周围有 6 个 Cl^- 离子紧邻,而在 CsCl 晶体中,每一个 Cs^+ 离子周围有 8 个 Cl^- 离子靠得最近。

3. 离子键的强度、晶格能

离子键的强度有两种表示方法:

一种是用离子键的键能 E_B 来表示。在 298 K 和标准状态下,将 1 mol 气态离子化合物断开离子键,使其分解成气态中性原子(或原子团)时所需的能量,称为该离子键的键能。例如:

$$\text{NaCl(g)} = \text{Na(g)} + \text{Cl(g)} \qquad E_B = 398 \text{ kJ/mol}$$

离子键的键能越大,键的稳定性越高。

第二种是用晶格能 U 表示。相互远离的气态正离子和气态负离子逐渐靠近并结合形成 1 mol 离子晶体时放出的能量,称为该离子晶体的晶格能。

$$m\text{M}^{n+}(\text{g}) + n\text{X}^{m-}(\text{g}) == \text{M}_m\text{X}_n(\text{s}) \qquad U = -\Delta H_m^{\ominus}$$

晶格能 U 值越大,离子键强度越高,晶体稳定性越高,熔沸点越高,硬度越大。晶格能 U 本身的数值是难以用实验直接测量的,一般都是用热力学的方法通过盖斯定律来求算。

4. 离子的特征及对离子键强度的影响

(1)离子的电荷

元素的原子失去或得到电子后所带的电荷称为离子的电荷。形成离子键的离子电荷越高,离子键的强度越大,晶格能越大。例如,MgO 的离子键强度远大于 NaF 离子键强度,因此,MgO 的熔沸点和硬度均高于 NaF。表 6-5 列出了几种离子型化合物的晶格能和物理常数。

表 6-5　　　　　　　　　　**几种离子晶体的晶格能及物理常数**

NaCl 型晶体	NaI	NaBr	NaCl	NaF	BaO	SrO	CaO	MgO	BeO
离子电荷	1	1	1	1	2	2	2	2	2
核间距/pm	318	294	279	231	277	257	240	210	165
晶格能/(kJ/mol)	686	732	786	891	3041	3 204	3 476	3 916	—
熔点/K	933	1 013	1 074	1 261	2 196	2 703	2 843	3 073	2 833
硬度(莫氏标准)	—	—	—	—	3.3	3.5	4.5	6.5	9.0

（2）离子的半径

从理论上讲,离子与原子一样,没有绝对的半径,因为核外电子的运动是无边界的,因此,离子半径也是相对概念。与原子的共价半径不同的是,离子半径难以确立一准确的参比数值。共价半径可以通过测量同核双原子分子的核间距确立(等于核间距的一半),而离子晶体中相邻的是带相反电荷的离子,尽管可以测量相邻离子的核间距,但只能得到正负离子的半径之和,却无法确立各自的准确半径。

目前人们使用的离子半径数值多数是以 $r_{F^-} = 133$ pm,$r_{O^{2-}} = 140$ pm 为参比通过理论计算结合实验得到的。

形成离子晶体的离子半径越小,正负离子间的距离越近,离子键的强度越高,晶格能越大(如表 6-5 所示)。

二、共价键理论

离子键理论很好地解释了许多离子型化合物的形成,但对于同种元素的原子组成的非金属单质分子(如 H_2),或电负性相近的元素的原子也能形成稳定的分子(如 HCl),它们的原子不能形成正、负离子以离子键结合,这些分子的形成用离子键理论无法解释。1916 年,美国化学家路易斯(G. N. Lewis)提出了共价学说,建立了经典的共价键理论。1927 年,德国物理学家海特勒(W. Heitler)和伦敦(F. London)首先用量子力学的理论处理 H_2 结构,初步揭示了共价键的本质。1931 年,鲍林(L. Pauling)提出了杂化轨道理论,发展了价键理论。

除了得失电子外,通过共用电子对的方式也可以形成 8 电子外层稳定结构,这种方式形成的化学键就是共价键。

1. 共价键的形成与本质

以 HF 为例，说明共价键的形成过程。

$$H\cdot + \cdot\ddot{\underset{\cdot\cdot}{F}}: \longrightarrow H:\ddot{\underset{\cdot\cdot}{F}}:$$

　　H 原子的单电子和 F 原子的单电子形成电子对，由两个原子共用。这一对形成共价键的共用电子，称为成键电子对（bonding pair），而其他的成对电子并不对共价键有贡献，称为孤对电子（lone pair）。为方便起见，成键电子对可以用"—"代替，写成

$$H-\ddot{\underset{\cdot\cdot}{F}}:$$

　　成键后，H 为类 He 的电子结构，而 F 为类 Ne 的电子结构，两者形成闭壳层的电子结构。原子如果是非闭壳层结构的，一般意味着原子核有一些正电荷没有完全得到利用，会使原子的能量处于较高位置；同样，如果在原子的闭壳层结构加入富余的电子，同样也会使原子的能量升高。通过形成共价键、共用电子，可使成键的原子双方都达到闭壳层结构。体系的能量降低而形成稳定的 HF 分子。值得强调的是，达到能量最低是原子自发形成化学键的根本原因。

　　成键原子相互靠近时，各自提供自旋相反的成单电子耦合配对形成共价键。

　　只有含成单电子的原子轨道相互重叠，才能形成共价键。

　　以 H_2 的形成为例。2 个 H 原子含成单电子的 $1s$ 轨道必须相互重叠才能成键，在轨道重叠区域 2 个电子共同存在，相当于在同一空间轨道运动。按照泡利不相容原理，这 2 个电子必须自旋方向相反才能够稳定共存。图 6-7 显示了当 2 个 H 原子相互靠近时体系能量的变化。

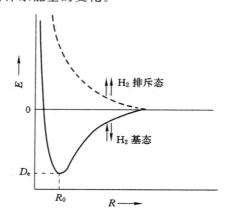

图 6-7　H_2 分子形成过程中体系能量随核间距的变化

由图 6-7 可见,当 2 个 H 原子的成单电子自旋方向相反时,随着 H 原子的相互靠近,体系能量逐渐降低,在核间距达到 R_0 时体系能量最低,如果核间距继续缩短,随着 2 个原子核排斥力的增大,体系能量又逐渐升高。因此,2 个 H 原子在核间距达到 R_0 的平衡距离时形成了稳定的 H_2 分子,此种状态称为 H_2 分子的基态。如果 2 个 H 原子的成单电子自旋方向相同,则随着原子的逐渐靠近,体系的能量不断升高,并不出现低能量的稳定状态,这种情况称为 H_2 分子的排斥态。

共价键仍然属于电性引力,只不过是成键原子的原子核对电子云重叠部分的吸引与离子键有明显区别。

2. 共价键的特点

共价键具有饱和性:由于共价键的形成基于成键原子价层轨道的有效重叠,每一个成键原子提供的成键轨道是有限的。因此每一个成键原子形成的共价(单)键也必然是有限的,即共价键具有"饱和"性。例如 H 原子只有 1 个 $1s$ 价层轨道,所以只能形成 1 个共价键;B,C,N 等第二周期的元素有 $2s^2p^4$ 个价层轨道,故最多可形成 4 个共价键,如 CH_4,NH_4^+;而第三周期的元素 Si,P,S 等,因有 $3s$、$3p$、$3d$ 共 9 个价层轨道,则可以形成多于 4 个的共价键,如 PCl_5,SF_6 等。

共价键具有方向性:由于原子轨道在空间都有一定的伸展方向,当核间距一定时,成键轨道只有选择固定的重叠方位才能满足最大重叠原理,使体系处于最低的能量状态(如图 6-8 所示)。也就是说,当一个(中心)原子与几个(配位)原子形成共价分子时,配位原子在中心原子周围的成键方位是一定的,这就是共价键的方向性。共价键的方向性决定了共价分子具有一定的空间构型。

3. 共价键的类型

图 6-8 绘出了 H_2、F_2、HF、N_2 分子成键时轨道的重叠情况。

由图 6-8 可见,H_2、F_2、HF 分子的成键有一个共同的特点,即 2 个含成单电子的原子轨道都是以"头碰头"的方式重叠,这样形成的共价键称为 σ 键。在 N_2 分子的成键过程中,假设 2 个 N 原子沿着 x 轴相互靠近,则 2 个 N 原子的 $2p_x$ 轨道以"头碰头"的方式重叠形成 1 个 σ 键;同时 2 个 N 原子的 $2p_y$ 和 $2p_z$ 轨道则只能以"肩并肩"的方式重叠成键,这样形成的共价键称为 π 键。σ 键和 π 键的区别如下:

σ 键:原子轨道以"头碰头"的形式重叠,重叠部分沿键轴成圆柱形对称,轨道重叠程度大,稳定性高。

π 键:原子轨道以"肩并肩"的形式重叠,重叠部分对于通过键轴的一个平面

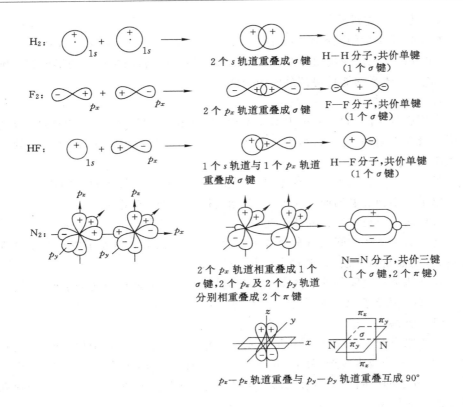

图 6-8　H_2，F_2，HF，N_2 分子成键示意图

呈镜面反对称性，轨道重叠程度相对较小。稳定性较低，是化学反应的积极参与者。

　4. 价键理论的缺陷

　　价键理论虽然解释了许多共价分子（特别是双原子分子）的形成，但对于一些多原子分子的空间结构和性能却难以说明。例如，按照价键理论 CH_4 分子的形成是通过中心 C 原子的 1 个 $2s$ 轨道和 3 个 $2p$ 轨道与 4 个 H 原子的 $1s$ 轨道重叠形成 4 个 σ 键而成的，由于 C 原子的 $2s$ 轨道和 $2p$ 轨道能量不同，因此，4 个 σ 键的键能应该有所区别；另外 C 原子的 3 个 $2p$ 轨道之间的夹角应为 $90°$，它们与 H 原子的 $1s$ 轨道重叠成键的夹角也应该是 $90°$，但实际发现 CH_4 分子的 4 个 C—H 键的键能是完全等同的，相互间的键角也相同，均为 $109°28'$，CH_4 分子的空间构型为正四面体形。价键理论对此无法解释。1931 年，鲍林在价键理论的基础上提出了杂化轨道理论，对共价键的方向性给出了很好的解释。

三、杂化轨道理论

根据量子力学的状态叠加原理,原子在形成共价键时可以采用原始的原子轨道,也可以采用由原始轨道线性组合形成新的轨道,目的是为了使形成的共价键更加牢固、体系的能量得到最大的降低。

1. 基本论点

在形成分子时,同一原子中不同类型、能量相近的原子轨道混合起来,重新分配能量和空间伸展方向,组成一组新的轨道的过程,称为杂化,新形成的轨道称为杂化轨道。

孤立原子的轨道不发生杂化,只有在形成分子时才能发生轨道的杂化;

原子中不同类型的原子轨道,只有能量相近的才能杂化;

杂化前后轨道的数目保持不变;

杂化后轨道在空间的分布使电子云更加集中,在与其他原子成键时重叠程度更大,成键能力更强,形成的分子更加稳定;

杂化轨道在空间的伸展满足相互间的排斥力最小,使形成的分子能量最低。

2. 杂化的类型及对分子空间构型的影响

(1) sp 杂化

中心原子的 1 个 ns 轨道和 1 个 np 轨道杂化形成 2 个 sp 杂化轨道,轨道夹角为 180°,分子成直线形,每个 sp 杂化轨道含有 $1/2s$ 轨道成分和 $1/2p$ 轨道成分,所成分子的空间构型为直线形。图 6-9 为 $BeCl_2$ 分子中 Be 原子轨道杂化和分子的空间构型。

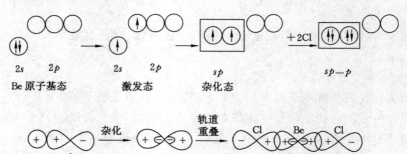

图 6-9　$BeCl_2$ 分子形成示意图

(2) sp^2 杂化

中心原子的 1 个 ns 轨道和 2 个 np 轨道杂化形成 3 个 sp^2 杂化轨道,轨道相互间的夹角为 120°,成平面三角形,每个 sp^2 杂化轨道含有 $1/3s$ 轨道成分和

$2/3p$ 轨道成分，分子的空间构型为平面三角形。图 6-10 给出了 BF_3 分子形成时中心 B 原子的轨道杂化情况和分子的空间构型。

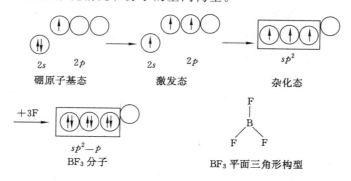

图 6-10　BF_3 分子中 B 原子的轨道杂化情况和分子的空间构型

（3）sp^3 杂化

中心原子的 1 个 ns 轨道和 3 个 np 轨道杂化形成 4 个 sp^3 杂化轨道，相互间的夹角为 $109°28'$，成四面体分布，每个 sp^3 杂化轨道含有 $1/4s$ 轨道成分和 $3/4p$ 轨道成分，分子的空间构型为正四面体形。图 6-11 给出了 CH_4 分子形成时中心 C 原子的轨道杂化情况和分子的空间构型。

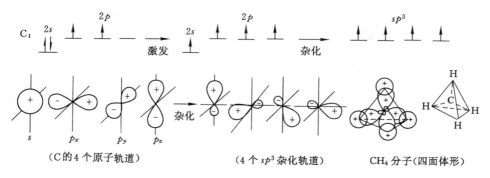

图 6-11　CH_4 分子中 C 原子的轨道杂化情况和分子的空间构型

（4）等性杂化和不等性杂化

前面介绍的几种杂化轨道都是能量和空间占有体积完全相同的杂化轨道，这样的杂化称为等性杂化。但在 H_2O 分子，虽然中心 O 原子也采取 sp^3 杂化，但有 2 个杂化轨道各含有 1 个成单电子，另外 2 个杂化轨道则各含有 1 对电子，因此，它们在能量和空间占有体积上有所不同，这样的杂化称为不等性杂化；O 原子的 2 个含成单电子的杂化轨道分别与 2 个 H 原子的 $1s$ 轨道重叠形成 2 个

σ键,由于成键电子对受到 O 原子核和 H 原子核的共同吸引,而 O 原子上的 2
对孤对电子则只受到 O 原子核的吸引,因此,相对于成键电子对来讲,孤对电子
靠 O 原子核更近,相互间的排斥力更大,从而使得 2 对孤对电子对 2 对成键电
子产生了额外的"压迫"作用,2 个 O—H 键之间的夹角从正四面体中的 109°28′
减小到 104.5°;H_2O 的空间构型为"V"形。

　　同样,在 NH_3 分子中,中心 N 原子也采取 sp^3 不等性杂化,其中 3 个杂化轨
道各含有 1 个成单电子,1 个杂化轨道含有 1 对电子,含成单电子的杂化轨道分
别与 3 个 H 原子的 $1s$ 轨道重叠形成 3 个 σ 键。由于 NH_3 分子中只有 1 对孤对
电子,它对 3 对成键电子的"压迫"作用相对于 H_2O 分子中的压迫作用要弱,因此,
NH_3 分子中 3 个 N—H 键相互间的夹角介于 109°28′ 和 104.5° 之间,为 107°18′ 左
右,NH_3 分子的空间构型为三角锥形。图 6-12 给出了 CH_4、NH_3 和 H_2O 分子的中
心原子杂化情况和分子的空间构型。

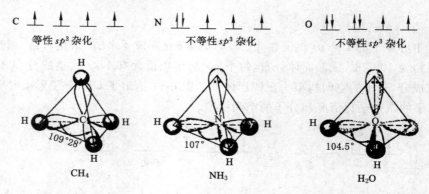

图 6-12　CH_4,NH_3,H_2O 中心原子杂化情况和分子的空间构型

四、键参数

描述化学键性质的物理量称为键参数。

1. 键能

在 0 K 时,将 1 mol 基态双原子分子拆开成为基态原子所需要的能量,称为
该分子的离解能 D,H_2 分子的离解能为 432 kJ/mol。对于双原子分子来说,键
能就等于离解能;对于多原子分子来说,每一个键的离解能并不相同,键能应等
于同种键的离解能的平均值。

　　例如,NH_3 分子中 N—H 键的离解能分别为

$$NH_3(g) \longrightarrow NH_2(g) + H(g) \qquad D_1 = 435.1 \text{ kJ/mol}$$

$$NH_2(g) \longrightarrow NH(g) + H(g) \qquad D_2 = 397.5 \text{ kJ/mol}$$

$$NH(g) \longrightarrow N(g) + H(g) \qquad D_3 = 338.9 \text{ kJ/mol}$$

NH$_3$分子中 N—H 键的键能为

$$D_{N-H} = \frac{(D_1 + D_2 + D_3)}{3} = 390.5 \text{ kJ/mol}$$

键能越大,化学键的稳定性越高。表 6-6 列出了部分化学键的键能和键焓。

表 6-6　　　　　　　　　**部分化学键的键能**　　　　　　　　kJ/mol

(a) 某些键的键能数据

H—H	432.0	B—B	293	N—F	283
F—F	154.8	F—H	565	P—F	490
Cl—Cl	239.7	Cl—H	428.02	As—F	406
Br—Br	190.16	Br—H	362.3	Sb—F	402
I—I	148.95	I—H	294.6	O—Cl	218
O—O	～142	O—H	458.8	S—Cl	255
O=O	493.59	S—H	363.5	N—Cl	313
S—S	268	Se—H	276	P—Cl	326
Se—Se	172	Te—H	238	As—Cl	321.7
Te—Te	126	N—H	386	C—Cl	327.2
N—N	167	P—H	～322	Si—Cl	381
N=N	418	As—H	～247	Ge—Cl	348.9
N≡N	941.69	C—H	411	N—O	201
P—P	201	Si—H	318	N=O	607
As—A	146	Ge—H	—	C—O	357.7
Sb—Sb	1 217	Sn—H	—	C=O	798.9
Bi—Bi	—	B—H	—	Si—O	452
C—C	345.6	C—F	485	C=N	615
C=C	602	Si—F	318	C≡N	887
C≡C	835.1	B—F	613.1	C=S	573
Si—Si	222	O—F	189.5		

(b) 某些键的离解能 D 和键焓 $\Delta H_B^\ominus$

	D	$\Delta H_B^\ominus$		D	$\Delta H_B^\ominus$		D	$\Delta H_B^\ominus$
H$_2$	432	436	HF	563	567	CO	1 072	1 077
F$_2$	154	159	HCl	428	431	N$_2$	942	946
Cl$_2$	240	242	HBr	363	366	O$_2$	494	498
Br$_2$	190	193	HI	295	298	OH	424	428
I$_2$	149	151	CN	750	754	P$_2$	483	486

2. 键长

成键原子的核之间的平均距离称为键长。几种 C—C 键和 N—N 键的键长如下：

	C—C	O=C	C≡C	N—N	N=N	N≡N
键长(pm):	154	134	120	145	125	110

键长越短,键的稳定性越高。

3. 键角

同一原子形成的两个化学键之间的夹角称为键角。键角是表示分子空间构型的主要参数,主要通过光谱等实验技术测定。例如 H_2O 分子中 2 个 O—H 键之间的夹角是 104.5°。

4. 键的极性

根据形成化学键的原子所属元素的种类,将化学键分成极性键和非极性键两种：

(1) 同种元素形成的化学键,正负电荷重心重合,属非极性键(O_3除外)；

(2) 异种元素形成的化学键,正负电荷重心不重合,属极性键。

分子的极性决定于分子中化学键的极性和对称性,极性分子中一定含有极性键,但含有极性键的分子不一定是极性分子。如 CH_4,BF_3,CO_2 等,虽然化学键是极性的,但由于键的对称性使得分子的正负电荷重心重合在一起,整个分子为非极性分子。

分子的极性大小常用偶极矩(μ)来衡量。偶极矩等于分子中正负电荷重心的距离乘以偶极所带的电量,即

$$\mu = q \times d$$

由于原子半径的数量级是 10^{-8} cm,电子电量的数量级是 10^{-18} esu(静电单位),因此,常把 10^{-18} esu·cm 作为偶极矩的量纲,称为德拜(Debye),表示为 D。例如 HF,HCl,HBr,HI 分子的偶极矩分别为 1.91D,1.08 D,0.8 D,0.42 D。

偶极矩是一矢量,双原子分子的偶极矩等于其键矩,多原子分子的偶极矩等于分子中所有键矩的矢量和。

五、金属键理论

在一百多种元素中,金属约占 80%。在常温下,除汞为液体外,其他金属都是晶状固体。金属的性质非常独特,都具有金属光泽,有优良的导电性、传热性和延展性等等。金属的通性表明,它们具有类似的内部结构。按照价键理论,元素的原子彼此结合时共用电子,以使每个原子成为稳定的电子构型。对于非金属元素的原子,它们都有足够多的价电子,互相结合时,共用电子可使其达到稳定的电子构型。但一些金属元素的价电子数少于 4,大多数仅为 1 或 2,而在金

属晶体的晶格中,每个金属原子周围有 8 个或 12 个相邻原子,这样少的价电子不足以使金属原子间形成共价键。金属晶格是由同种原子组成的,其电负性相同,不可能形成正、负离子而以离子键结合。

1. 金属键的自由电子理论

在固态或液态金属中,价电子可以自由地从一个原子脱落下来,这些价电子不是固定于某个金属原子或离子,它是公共化的,可以在整个金属晶格的范围内自由移动,称为自由电子。自由电子的运动是无秩序的,它们为许多原子或离子共用,因此在金属晶格内充满了自由电子。由于自由电子不断的自由运动,把金属的原子或离子联系起来形成的化学键称为金属键。

对金属键的改性共价键理论有两种非常形象的说法:

(1)金属原子和金属离子间存在着自由电子,金属原子和金属离子沉浸在电子"海洋"中;

(2)自由电子就像可以流动的胶水,将金属原子和金属离子"黏结"在一起。

2. 金属键的自由电子理论对金属特性的解释

(1)金属光泽

金属中自由电子可以吸收可见光,之后又把几乎所有的可见光释放出来,因此金属都不透明,具有特殊的金属光泽,绝大多数金属都呈现银白色(Cu 显紫红色、Au 显金黄色例外)。

(2)导电性

金属良好的导电性源于自由电子在外电场作用下可以从负极向正极自由运动。金属原子和金属离子的振动阻碍了电子的自由运动,因此金属均具有一定的电阻;随着温度的升高,金属原子、金属离子、自由电子的热运动加快,相互间的碰撞加剧,所以金属的电阻随温度的升高而增大。

(3)导热性

自由电子的运动、自由电子与金属原子及金属离子的高速碰撞可以快速传递热量,因此金属具有良好的导热性。

(4)延展性

在金属晶体中,自由电子无处不在,由于自由电子的"黏结"作用,一个位置的金属键被破坏,另一个位置的金属键随之生成,因此,金属具有良好的延展性。

第四节　分子间作用力

一、分子间作用力的类型

实际气体和稀有气体在低温高压下也能聚集成液体甚至固体,这说明在微观粒子(分子或原子)之间存在着一种比化学键弱的作用力,人们称之为分子间作用力。1873 年,荷兰物理学家范德瓦尔斯(van der Waals)首先提出了实际气体的状态方程,并发现方程中的压力修正项与分子间的作用力相关。因此,人们也常把分子间作用力称为范德瓦尔斯力。

1. 极性分子和非极性分子

在任何分子中,存在着带正电荷的原子核和带负电荷的电子,其正、负电荷总值相等,所以分子是电中性的。对于分子中所有电子来说,可以设想它们的负电荷集中于一点,称为负电荷重心;同样对分子中各个原子核来说,它们的正电荷也集中于一点,称为正电荷重心。如果正、负电荷重心重合,我们称此分子为非极性分子,如 H_2,O_2,N_2,CO_2,CCl_4;如果正、负电荷重心不重合,我们称此分子为极性分子,如 H_2O,NH_3,HCl。

2. 分子间作用力的类型

按分子间作用力起因的不同,一般将其分成三种类型:取向力、诱导力、色散力。

(1) 取向力

极性分子本身具有永久偶极,当两个极性分子相互靠近时,由于永久偶极的作用,同极相斥、异极相吸,分子发生相对旋转,以求相反的极相对,这种相对运动叫作"取向"。极性分子会产生一种定向排列,这样由于极性分子永久偶极的作用而产生的分子间作用力称为取向力。取向力只存在于极性分子与极性分子之间,如图 6-13(a)所示。

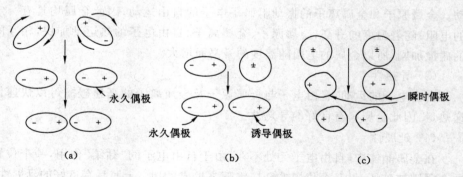

图 6-13　分子间作用力的产生
(a) 取向力;(b) 诱导力;(c) 色散力

(2) 诱导力

在外电场作用下,非极性分子的电子云会发生变形,使得分子的正负电荷重心发生偏离形成偶极,这种偶极称为诱导偶极。同样,极性分子在外电场作用下也会产生附加的诱导偶极。分子的体积越大,电子越多,变形性越大,越易产生诱导偶极。

分子间由于诱导偶极的作用而产生的作用力称为"诱导力",如图 6-13(b)所示。诱导力存在于极性分子与极性分子之间,也存在于极性分子与非极性分子之间。

（3）色散力

分子中由于电子的运动和核的运动,在某一瞬间也会发生正负电荷重心的偏离而产生偶极,这种偶极称为瞬时偶极（或瞬间偶极）,如图 6-13(c)所示。分子的变形性越大,瞬时偶极越容易产生。

分子间由于瞬时偶极的作用而产生的作用力,称为色散力。色散力的大小与分子的变形性及分子间距离的关系式类似于光散射的公式,因而得名"色散"力。色散力存在于所有分子之间。

3. 分子间作用力的特点

（1）分子间作用力属于静电引力,其作用能的大小在 2～20 kJ/mol,而化学键的键能一般在 100～600 kJ/mol。

（2）分子间作用力无方向性、无饱和性。

（3）分子间作用力是一种短程引力,其大小与分子间距离的 6 次方成反比。

（4）一般情况下,在三种分子间作用力中色散力为主,见表 6-7。例如 Br_2 是非极性分子,在此分子之间只存在色散力,但单质 Br_2 在常温常压下却是液体;HI 虽然是极性分子,在 HI 分子之间既存在取向力,也存在诱导力,还存在色散力,但常温常压下 HI 却是气体。原因就在于 Br_2 比 HI 的相对分子质量大、变形性大、色散力大。

表 6-7		分子间作用力的组成		kJ/mol
分子	取向力	诱导力	色散力	总分子间力
Ar	0.00	0.00	8.49	8.49
CO	0.002 9	0.008 4	8.745	8.756
HI	0.002 4	1.113	25.857	25.983
HBr	0.686	0.502	21.924	23.112
HCl	3.305	1.004	16.820	29.826
NH_3	13.305	1.548	14.937	29.826
N_2O	36.259	1.925	8.996	47.280

二、氢键

H_2O, H_2S, H_2Se, H_2Te 属于同一主族元素的氢化物,相对分子质量依次增大,分子间作用力也依次增大。由此推测,四种物质的熔沸点应该依次升高。但事实上,四种物质中 H_2O 的熔沸点最高。同样发现 HF 和 NH_3 在同族元素的氢化物中熔沸点也是最高的。

如图 6-14 所示,在 H_2O、HF 和 NH_3 各自的分子之间存在着一种超出正常范德瓦尔斯力之外的作用力。其产生的原因在于 O,F,N 均为电负性大、半径小的原子,当 H 原子与这些原子成键时,共用电子对远离 H 原子使其几乎成为一个带足够正电荷的"裸体"质子。这样的 H 原子与另一个带负电荷的 O、F、N 原子靠近时,就会产生超出范德瓦尔斯力之外的相互作用力,人们就将这种力称为氢键。氢键通常可用 X—H…Y 表示,X 和 Y 代表 O,F,N 原子,X 和 Y 可以是相同的元素,也可以是不相同的元素。

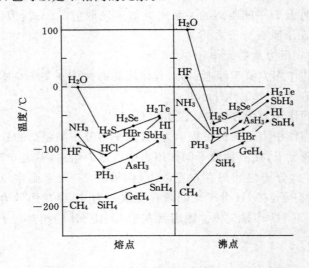

图 6-14　非金属氢化物的熔沸点变化

1. 氢键的形成条件

(1) 含 H 原子的分子中,与 H 相连的原子必须电负性大、半径小,使 H 原子几乎成为"裸体"质子。

(2) 必须有一个含孤对电子、带有较多负电荷、电负性大、半径小的原子。

符合这两个条件的原子主要就是 F,O,N 原子。

2. 氢键的特点

(1) 氢键具有方向性。氢键的方向性是指 Y 原子与 X—H 形成氢键时,使 X—H…Y 在同一直线上。因为这样成键,可使 X 与 Y 的距离最远,两原子的电子云之间斥力最小,因而形成的氢键越强,系统越稳定。

（2）氢键具有饱和性。氢键的饱和性是指每一个 X—H 只能与一个 Y 原子形成氢键。由于空间位阻的存在，与每个 H 形成氢键的其他原子是有限的，所以说氢键具有饱和性。一般情况下每个 H 原子只能形成 1 个氢键。

（3）氢键的强弱与形成氢键的非氢原子的电负性、原子半径、所带电荷有关。元素电负性越大，半径越小，氢键越强。部分氢键的键能和键长数据列于表 6-8 中。

（4）氢键的键能比化学键的键能小很多，与分子间作用力具有相同的数量级，可看作是具有方向性和饱和性的分子间作用力。

表 6-8　　　　　　　　　常见氢键的键能和键长数据

氢　　键	键能/(kJ/mol)	键长/pm	代表性化合物
F—H···F	28.1	255	(HF)$_n$
O—H···O	18.8	276	冰
	25.9	266	甲醇,乙醇
N—H···F	20.9	268	NH$_4$F
N—H···O	20.9	286	CH$_3$CONH$_2$
N···H···N	5.4	338	NH$_3$

3. 分子间氢键对化合物性质的影响

（1）氢键的形成使物质的熔、沸点升高（如图 6-14 所示），原因是分子间形成氢键时，分子间产生了较强的结合力，使分子形成缔合分子，要使液体化合物汽化或固体熔化，必须给予额外的能量去破坏分子间的氢键，因此物质的熔、沸点升高。

（2）当溶质与溶剂分子间形成氢键时，溶质的溶解度增大。

（3）氢键的形成可改变物质的密度。比如，常压下水在 4 ℃时密度最大。当水结成冰后，由于冰分子间氢键的作用，使分子发生定向有序排列，分子间的空隙增大（如图 6-15 所示），因此，冰的密度反而低于 4 ℃的水。

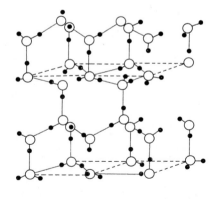

图 6-15　冰分子的空间排列

第五节　晶体结构

固体物质可以按照其原子排列的有序程度分为晶体和无定形体。自然界中绝大多数的固体物质是晶体，根据组成晶体的粒子的种类及粒子间的作用力不同，可将晶体分成四种基本类型：离子晶体、原子晶体、分子晶体和金属晶体。

晶体中微粒（离子、原子或分子）按一定方式有规则周期性地排列构成的几何图形叫作晶格，微粒在晶格中所占有的位置称为晶格节点。在晶格内，仍能表示晶格特征的最基本部分称为单位晶格或晶胞。晶胞的大小、形状和节点的种类（原子、分子或离子）以及节点间的作用力决定了晶体的结构和性质。

一、离子晶体

正负离子通过离子键结合形成的晶体称为离子晶体。离子晶体的硬度大但比较脆，熔沸点较高，在熔化时或溶于水时可导电。

AB 型离子晶体的晶格结构主要有三种，如图 6-16 所示。

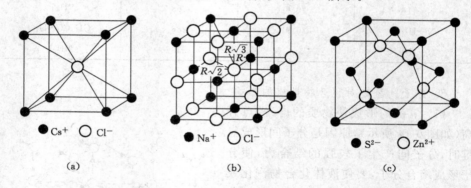

● Cs⁺　○ Cl⁻　　　　● Na⁺　○ Cl⁻　　　　● S²⁻　○ Zn²⁺

(a)　　　　　　　　　　(b)　　　　　　　　　　(c)

图 6-16　AB 型离子晶体的三种晶格结构
(a) CsCl 型；(b) NaCl 型；(c) 立方 ZnS 型

CsCl 型：正负离子构成了体心立方晶胞，每个晶胞中含有 1 个 Cs^+ 离子和 1 个 Cl^- 离子，正负离子的配位数都是 8，记作 8∶8。

NaCl 型：正、负离子分别构成面心立方晶格，正负离子交叉排布形成 NaCl 晶胞；每个晶胞中含有 4 个 Na^+ 离子和 4 个 Cl^- 离子，正负离子的配位数均为 6，记作 6∶6。

ZnS 型：正、负离子分别构成面心立方晶格，假如 S^{2-} 按面心立方排布，则 Zn^{2+} 均匀地填充在 4 个小立方体的体心上，构成 ZnS 晶胞，每个晶胞中含有 4 个 Zn^{2+} 离子和 4 个 S^{2-} 离子，正负离子的配位数均为 4，记作 4∶4。

　　AB 型离子晶体的晶格结构主要决定于正、负离子的半径比,其对应关系列于表 6-9 中。

表 6-9　　　AB 型离子晶体的晶格结构与正、负离子半径比的关系

负离子堆积方式	离子晶体类型	正离子所成构型	正负离子配位数	r^+/r^-	晶体实例
Ⅰ 简单立方堆积	CsCl 型	立方体	8∶8	0.732~1	CsCl, CsBr, CsI, TlCl, NH_4Cl, TlCN 等
Ⅱ 面心立方密堆积	NaCl 型	八面体	6∶6	0.414~0.732	大多数碱金属卤化物、某些碱土金属氧化物、硫化物,如 CaO,MgO, CaS,BaS 等
	立方 ZnS 型	四面体	4∶4	0.225~0.414	ZnS, ZnO, HgS, MgTe, BeO, BeS, CuCl,CuBr 等

二、原子晶体

　　原子相互间通过共价键结合形成的晶体称为原子晶体(或共价晶体)。原子晶体的硬度大,熔沸点高,多数不导电,难溶于一般溶剂。常见的原子晶体有金刚石、石墨、石英、金刚砂等。图 6-17 绘出了金刚石和石英晶体的晶胞。

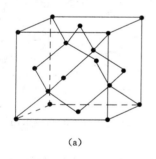 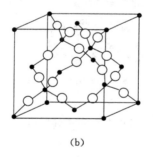

(a)　　　　　　　　　　　　　　(b)

图 6-17　金刚石和石英晶体的晶胞结构
(a) 金刚石晶胞;(b) 石英晶胞

三、金属晶体

　　金属原子、金属离子和自由电子通过金属键结合在一起形成的晶体称为金属晶体。金属的特性在金属键一节已有叙述,主要表现为特殊的金属光泽;优良的导电性、导热性和延展性;硬度和熔沸点变化较大。在金属晶体中,金属原子(和离子)均采取紧密堆积结构(简称紧堆结构)。常见的紧堆结构有体心立方、面心立方和六方,如图 6-18 所示。

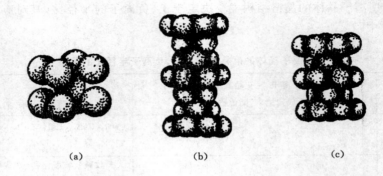

图 6-18　金属晶体的紧堆结构

(a) 体心立方；(b) 面心立方；(c) 六方

四、分子晶体

在分子晶体中,晶格节点上的质点是分子(极性分子和非极性分子),共价小分子通过分子间作用力或氢键结合而成。干冰、固体碘、冰都是典型的分子晶体(见图 6-19、图 6-20)。

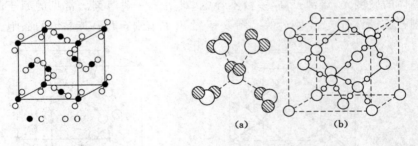

● C　○○ O

图 6-19　CO_2 的晶体结构

(a)　　　(b)

图 6-20　冰的晶体结构

由于分子晶体中粒子之间的作用力是弱的范德瓦尔斯力(和氢键),因此,分子晶体的硬度小、熔沸点低、不导电、延展性差。

第六节　物质结构理论的应用

一、扫描隧道显微镜(STM)

原子的存在及其结构是历代不少化学家们倾注心血终生探索的核心问题之一。直接观察原子,曾是人们的梦想。

17 世纪末,人们研制了光学显微镜,用它可以观察到生物细胞。若想观察到单个原子,需要把显微镜的精度再提高千倍。20 世纪 30 年代,E. Ruska 教授研制出电子显微镜,其精度达到原子级,但是所用的高能电子束很容易使样品受到损害。1981 年,IBM 公司瑞士苏黎世研究室的 G. Binning 和 H. Rohrer 两位博士共同研制出世界第一台扫描隧道显微镜(简称 STM)。它的问世,使人们梦想成真。人们能够适时地观察到原子在物质表面的排列状态,得知与表面电子行为有关的物理、化学性质,它对表面科学、材料科学、生命科学和信息科学的研究有着重大的意义,具有广阔的应用前景。为此,他们与电子显微镜的创造者共同获得 1986 年诺贝尔(Nobel)物理奖。

扫描隧道显微镜的基本原理是基于量子的隧道效应。将一个锐利的钨针尖和被研究物质的表面作为两个电极,当样品与针尖的距离接近到几个小的原子直径范围内时,在外加电场的作用下,电子会穿过两个电极之间的绝缘层流向另一电极,这种现象称为隧道效应。隧道电流强度对于两个电极之间的距离的反应非常敏感。如果距离减小到 100 pm,电流强度将增加到 1 000 倍。因此,用压电陶瓷材料控制针尖在样品表面扫描,利用电子反馈线路控制隧道电流恒定(保持两个电极之间的距离不变),则探针在垂直于样品方向上高低的变化就反映了样品表面的起伏,当探针沿着样品表面水平方向扫描时,数据由计算机存储,样品原子大小及其排列的三维图像在荧光屏上或记录纸上显示出来(见图 6-21)。使用 STM 技术,IBM 公司 Waston 研究中心的科学家观察到硅表面的原子排列(见图 6-22)。科学家们还观察到石墨、砷化镓的表面原子排列并鉴别了砷原子和镓原子,研究了配合物在晶体表面的吸附和扩散。总之,STM 为表面科学、催化机理要回答而又难回答的问题的研究提供了工具,因此,科学家们公认 STM 是表面科学和表面现象分析技术的一次革命。

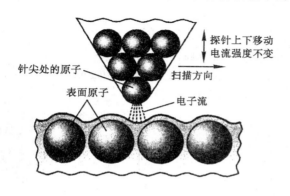

图 6-21　扫描隧道显微镜示意图

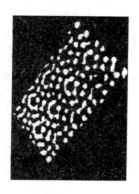

图 6-22　硅表面结构的 STM 像

二、光电子能谱(PES)

光电子能谱(Photoelectron Spectroscopy)是光电效应的一种应用技术。当可见光源照射物质时,可将价电子射出。短波光源(紫外或 X 射线)产生的高能光子能将分子或原子内层具有各种结合能的电子射出,通过这些结合能的大小可提供分子中能级的细节。

短波光源光子能量($h\nu$)大于电子结合能(I_e)时,剩余的能量会以动能(E_k)形式释放出来,此时

$$h\nu = I_e + E_k$$

式中,$h\nu$ 是已知的,E_k 可以测得,由此式可计算 I_e。

由光电子能谱实验(见图 6-23)数据得到谱图,它是具有一定动能的电子数(纵轴)对动能(横轴)的图,称为光电子能谱。图 6-24 是 N_2 分子的光电子能谱。此图的 4 个峰是 N_2 分子不同轨道,由光电子动能可进一步计算出各分子轨道的能量。光电子能谱实验结果与薛定谔方程计算的结果相当吻合。光电子能谱也用于测定原子轨道的能量,并可推测电子排布情况。

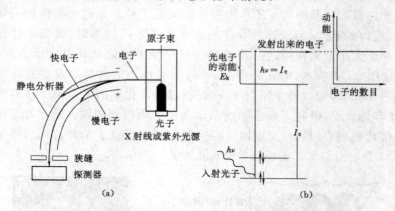

图 6-23　光电子能谱实验

能谱仪示意图;(b) 能级与谱图:入射光子(能量为 $h\nu$)从结合能为 I_e 的轨道上击出一个电子,
并使该电子获得动能 $h\nu - I_e$。相应的谱图如图右上方

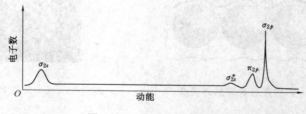

图 6-24　N_2 的光电子能谱

三、原子吸收分光光度计

原子在两个能级之间的跃迁伴随着能量的发射和吸收。原子可具有多种能级状态,当原子受外界能量激发时,其最外层电子可能跃迁到不同能级,因此可以有不同的激发态。电子从基态跃迁到能量最低的激发态(称为第一激发态)时要吸收一定频率的光,它在跃迁回基态时,则发射出同样频率的光(谱线),这种谱线称为共振发射线(简称共振线)。使电子从基态跃迁到第一激发态所产生的吸收谱线称为共振吸收线(也简称共振线)。

各种元素的原子结构和外层电子排布不同,不同元素的原子从基态激发至第一激发态时,吸收的能量不同,因而各种元素的共振线各不相同,都有其特征性,所以这种共振线是元素的特征谱线。这种从基态到第一激发态间的直接跃迁又最容易发生,因此对大多数元素来说,共振线是元素的灵敏线。在原子吸收分析中,就是利用处于基态的待测原子蒸气对从光源辐射的共振线的吸收来进行分析的。

原子吸收分光光度计有单光束型和双光束型两类。原子吸收分光光度计的构造原理如图 6-25 所示。

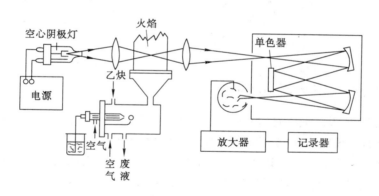

图 6-25 原子吸收分光光度计的构造原理图

分析测试时,首先将试样溶液喷射成雾状,使其进入火焰中;试样中的待测物质在火焰温度下,挥发并解离成原子蒸气。以能发射出待测元素特征谱线的空心阴极灯作为光源,此特征谱线在通过一定厚度的原子蒸气时,部分光被火焰中的基态原子吸收而减弱。通过单色器和检测器检测特征辐射减弱的程度,以求得待测元素的含量。

四、紫外及可见光分光光度计

分子和原子一样,也有它的特征分子能级,分子从外界吸收能量后,就能引起分子能级的跃迁,即从基态能级跃迁到激发态能级。分子吸收能量也具有量子化的特征,即只能吸收等于两个能级之间的能量。电子能级跃迁所需要的能量较大,由跃迁而产生的吸收光谱主要处于紫外及可见光区(200~780 nm),这种分子光谱称为电子光谱或紫外及可见光谱。

分子光谱比原子光谱要复杂许多,一般包含若干谱带系,一个谱带系含有若干谱带,同一谱带内又包含有若干光谱线,所以分子光谱是一种带状光谱。

紫外及可见光分光光度计的可测波长范围为 200~1 000 nm,图 6-26 是一种双光束、自动记录式紫外及可见光分光光度计的光程原理图。

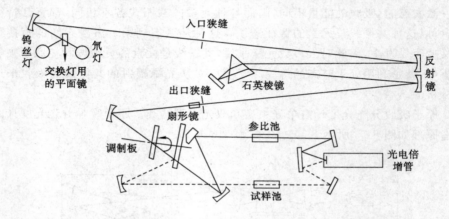

图 6-26 一种双光束、自动记录式紫外及可见光分光光度计的光程原理图

由光源(钨丝灯或氘灯,根据波长而变换使用)发出的光经入口狭缝及反射镜反射至石英棱镜或光栅,色散后经过出口狭缝而得到所需波长的单色光束。然后由反射镜反射至由马达转动的调制板及扇形镜上。当调制板以一定转速旋转时,时而使光束通过,时而挡住光束,因而调制成一定频率的交变光束。之后扇形镜在旋转时,将此交变光束交替地投射到参比溶液及试样溶液上,后面的光电倍增管接受通过参比溶液及为试样溶液所减弱的交变光通量,并使之转变为交流信号。此信号经适当放大并用解调器分离及整流。然后以电位器自动平衡此两直流信号的比率,并为记录器所记录而绘制吸收曲线。

习　题

一、是非题

1. 原子中某电子的各种波函数,代表了该电子可能存在的各种运动状态。

2. 原子序数为 37 的元素,其原子中价电子的四个量子数为 $5,0,0,+\frac{1}{2}$ 或 $-\frac{1}{2}$。

3. 一切非极性分子中的化学键都是非极性的。

4. 原子形成共价键的数目,等于基态原子未成对的电子数。

5. s 电子绕核旋转时,其轨道为一圆圈,而 p 电子走 ∞ 形。

6. 一般说来,离子晶体的晶格能越大,该晶体的热稳定性就越低。

7. C—C 键的键能为 348 kJ/mol,所以 C=C 双键的键能为 2×348 kJ/mol。

8. 凡是用 sp^3 杂化轨道成键的分子,其空间构型必定是正四面体。

9. 在微观粒子中,只有电子具有波粒二象性。原子中核外电子的运动没有经典式的轨道,并需用统计规律来描述。

10. s 电子与 s 电子之间配对形成的键一定是 σ 键,而 p 电子与 p 电子之间配对形成的键一定是 π 键。

11. 若某物质分子中的化学键为极性键,则此分子必为极性分子。

12. 多电子原子的核外电子的能量是由主量子数 n 和角量子数 l 来决定。

13. 因为当 $n=2$ 时,角量子数 l 可取 0、$+1$,所以 n、l、m 的组合方式有 $(2,0,0)$、$(2,1,0)$、$(2,1,-1)$、$(2,1,+1)$ 等四种。

14. 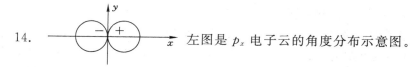 左图是 p_x 电子云的角度分布示意图。

15. 第四周期的金属原子失电子形成正离子时,是先失去能量较高的 $3d$ 电子,而后再失去 $4s$ 电子。

16. 在微观粒子中,只有电子具有波粒二象性。

17. BCl_3 分子中的化学键是极性共价键,所以它是极性分子。

18. 氢键只存在于 NH_3、H_2O、HF 的分子之间,其他分子间不存在氢键。

19. 元素的电负性是指原子在分子中吸引电子的能力。某元素的电负性越大,表明其原子在分子中吸引电子的能力越强。

20. 对多电子原子来说,其原子能级顺序为 $E(ns) < E(np) < E(nd) < E(nf)$。

二、选择题

1. 下列分子或离子中未经杂化而成键的是:

A. CO_2　　　　　　　　　　　B. H_2S

C. NH_4^+　　　　　　　　　　　D. H_2^+

2. 下列分子中,键角最大的是:

A. BF_3　　　　　　　　　　　B. H_2O

C. BeH_2　　　　　　　　　　　D. CCl_4

3. 下列说法中,正确的是:

A. 取向力仅存在于极性分子之间

B. 色散力仅存在于非极性分子之间

C. 非极性分子内的化学键总是非极性共价键

D. 凡是有氢原子的物质分子间一定有氢键

4. 下列各电子亚层不可能存在的是:

A. $7s$　　　　　　　　　　　B. $6d$

C. $5p$　　　　　　　　　　　D. $2f$

5. 原子中主量子数为3的电子所处的状态应有:

A. 16 种　　　　　　　　　　　B. 8 种

C. 32 种　　　　　　　　　　　D. 18 种

6. 原子轨道沿两核连线以"肩并肩"的方式进行重叠的键是:

A. σ 键　　　　　　　　　　　B. π 键

C. 氢键　　　　　　　　　　　D. 离子键

7. 极性分子与非极性分子之间存在有:

A. 色散力和诱导力　　　　　　　　B. 诱导力和取向力

C. 色散力和取向力　　　　　　　　D. 色散力、取向力和诱导力

三、填空题

1. 某元素的原子核外共有 5 个电子,其中对应于能级最高的电子的量子数 $n=$ _____,$l=$ _____。

2. 成键原子轨道重叠程度越大,所形成的共价键越 _____;两原子间形成共价键时,必定有一个 _____ 键。

3. BCl_3 分子,中心原子采用 _____ 杂化轨道成键,键角为 _____。

4. 干冰中分子间主要存在 _____ 力;I_2 的 CCl_4 溶液系统中分子间存在 _____ 力。

5. 铬原子的电子分布式为 _____,外层电子分布式为 _____,Mn^{2+} 外层电子分布式为 _____。

6. 填写出下列分子之间所存在的分子间作用力类型:

甲醇和水:_____,氮气和水 _____。

7. 在等性 sp^3 杂化轨道中,s 轨道的成分占_____。

8. 下列固态物质熔融时,各需克服什么力?(离子键,共价键,氢键,取向力,色散力,诱导力)

(1) CCl_4 _____,   (2) KCl _____,

(3) SiO_2 _____,   (4) HF _____。

9. 外层电子构型为 $3d^8 4s^2$ 的元素是_____,该元素在_____周期,该元素在_____族,该元素在_____分区。

10. $2p$ 原子轨道的角量子数 l 值＝_____;$4f$ 原子轨道的轨道数为_____;$3d$ 原子轨道的 n 值＝_____。

四、简答题

1. 玻尔氢原子模型的理论基础是什么?简要说明玻尔理论的基本论点。

2. 简要说明波函数、原子轨道、电子云和概率密度的意义、联系和区别。

3. 在原子的量子力学模型中,电子的运动状态要用几个量子数来描述?简要说明各量子数的物理含义、取值范围和相互间的关系。

4. 写出 $n＝4$ 的电子层中各电子的量子数组合及对应波函数的符号,指出各亚层中的轨道数和最多能容纳的电子数。

5. 试判断满足下列条件的元素有哪些?写出它们的电子排布式、元素符号和中英文名称。

(1) 有 6 个量子数为 $n＝3,l＝2$ 的电子,有 2 个量子数为 $n＝4,l＝0$ 的电子。

(2) 第五周期的稀有气体元素。

(3) 第四周期的第六个过渡元素。

(4) 电负性最大的元素。

(5) 基态 $4p$ 轨道半充满的元素。

(6) 基态 $4s$ 只有 1 个电子的元素。

6. 简述共价键的特点及其类型,并简要说明它们的成键方式。

7. 试用杂化轨道理论解释下列分子的成键情况。
$BeCl_2$,BF_3,$SiCl_4$,SF_6

8. 简要说明分子间作用力的类型和存在范围。

9. 简要说明氢键的形成条件、类型以及对物质性质的影响。

第七章　化学与社会

第一节　化学与能源

　　能源是工农业生产必需的物质基础,也是人类赖以生存发展的基本物质条件之一。有些能源是自然界中已经存在并能直接被人类利用的,例如太阳、风、流水、煤炭、树木、核燃料等,称为一次能源;另一些能源则不是自然界天然存在的,而是人类利用一次能源经过加工转化而得到的,例如煤气、焦炭、汽油、酒精、蒸气、电池等,称为二次能源。目前,全世界的能源仍以煤、石油和天然气等非再生能源为主。

　　能源离不开化学,人类对能源利用的历史,也就是人类了解和使用化学的历史。在能源历程上,就其划时代性革命转折而言,主要有三大转变:第一次是煤炭取代木材等成为主要能源;第二次是石油取代煤炭而居主导地位;第三次是目前正在出现的多能源结构。而这些转变,无论是火的发现和利用,或煤、石油和天然气的利用,还是新能源的开发,都离不开化学这一门自然学科的参与。

　　根据图 7-1 所示,中国现有的能源结构还是以煤炭、石油和天然气等不可再生的能源为主,总量约占我国能源总消耗量的 93%,而其他能源仅占总能源消耗量的 7%。从近几年的发展趋势看,如果消费量按平均每年 3% 的速度递增,可以预计再过 100 多年这些不可再生能源就将全部消耗殆尽。因此,发展可再生的新能源是十分迫切而有必要的。能源消耗给我们带来经济发展的同时,也带来了更多的污染和严峻的健康问题。

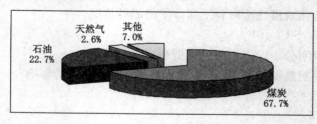

图 7-1　中国现有的能源结构

一、煤、石油和天然气

（一）当代能源世界的主力——煤

煤因为浑身乌黑，所以古人称其为"乌金石"。中国是世界上最早利用煤的国家。煤炭发热量高，标准煤的发热量为 7 000 kcal/kg。煤是古代植物遗体堆积在琥珀、海湾、浅海等地方，经过复杂的生物化学、物理化学和地球化学作用转变而成的一种具有可燃性的沉积岩。煤中有机质是复杂的高分子有机化合物，主要由碳、氢、氧、氮、硫和磷等元素组成，碳、氢、氧三者的质量总和约占有机质的 95％以上。一般认为，煤是由带脂肪侧链的大芳环和稠环组成的。

1. 煤的分类

常见的煤的分类有褐煤、烟煤、无烟煤等几种。煤的种类不同，其成分组成与质量不同，发热量也不同。

（1）褐煤：多为块状，呈黑褐色，光泽暗，质地疏松；挥发分为 40％左右，燃点低，容易着火，燃烧时上火快，火焰大，冒黑烟；含碳量与发热量较低（因产地煤级不同，发热量差异也大），燃烧时间短，需经常加煤。

（2）烟煤：一般为粒状、小块状，也有粉状的，多呈黑色而有光泽，质地细致，挥发分为 30％以上，燃点不太高，较易点燃；含碳量与发热量较高，燃烧时上火快，火焰长，有大量黑烟，燃烧时间较长；大多数烟煤有黏性，燃烧时易结渣。

（3）无烟煤：有粉状和小块状两种，呈黑色，有金属光泽而发亮；杂质少，质地紧密，固定碳含量高，可达 80％以上；挥发分含量低，在 10％以下，燃点高，不易着火；发热量高，刚燃烧时上火慢，火上来后较大，火力强，火焰短，冒烟少，燃烧时间长；黏结性弱，燃烧时不易结渣。

（4）泥煤：煤化程度最浅，含碳量少，水分多，所以需要露天风干后使用；发热量低，挥发分含量高；可燃性好，易燃烧，反应性强；含硫量低，灰分熔点低；机械强度较低。

2. 煤的干馏

煤的干馏是煤化工的重要过程之一，是指煤在隔绝空气条件下加热、分解，生成焦炭（或半焦）、煤焦油、粗苯、焦炉煤气等产物的过程。按加热终温的不同，煤的干馏可分为三种：900～1 100 ℃为高温干馏，即焦化；700～900 ℃为中温干馏；500～600 ℃为低温干馏。

低温干馏主要用于褐煤和部分烟煤，也可用于泥炭，所得焦炭的数量和质量都较差，但焦油产率较高，其中所含轻油部分经过加氢可制成汽油，所以在汽油不足的地方可采用低温干馏；中温干馏的主要产品是城市煤气；高温干馏主要用于烟煤。因此干馏使煤粉和劣质煤得到了合理利用，创造了可贵的经济效益。工业上应用最广、产品最多的是高温干馏。高温干馏的主要产品则是焦炭。焦炭的主要用途是炼铁,少量用做化工原料制造电石、电极等。

煤焦油约占焦化产品的 4%,是黑色黏稠的油状流体,其成分十分复杂,目前已验明的约 500 种,其中有苯、酚、萘、蒽、菲等含芳香环的化合物和吡啶、喹啉、噻吩等含杂环的化合物,它们是医药、农药、染料、炸药、助剂、合成材料等工业的重要原料,高温煤焦油中主要化合物的含量见表 7-1。

表 7-1   **高温煤焦油中主要化合物的含量**

名 称	含量/%	名 称	含量/%
沥青	54~56	荧蒽	2~3.5
苯及其同系物	0.5~1.4	酚	0.2~0.5
萘及其同系物	8~12	甲酚	0.4~0.8
芴	1.0~1.2	二甲酚	0.3~0.5
蒽	1.2~1.8	吡啶及其同系物	0.1~0.11
菲	4.5~5.0	喹啉及其同系物	0.3~0.5
咔唑	1.5~2.1	其他焦油碱类	0.7~0.8

3. 煤的气化

煤的气化是指在特定的设备内,在一定温度及压力下使煤中有机质与气化剂(如蒸气、空气或氧气等)发生一系列化学反应,将固体煤转化为含有 CO、H_2、CH_4 等可燃性气体和 CO_2、N_2 等非可燃性气体的过程。气化时得到的可燃性气体称为煤气,对于用做化工原料的煤气一般称为合成气。进行气化的设备称为煤气发生炉或气化炉。煤的气化包含一系列物理、化学变化。一般包括干燥、热解、气化和燃烧四个阶段。干燥属于物理变化,随着温度升高,煤中的水分受热蒸发;其他属于化学变化,燃烧也可认为是气化的一部分。煤在气化炉中干燥以后,随着温度的进一步升高,煤分子发生热分解反应,生成大量挥发性物质,同时煤黏结成半焦。煤热解后形成的半焦在更高温度下与通入气化炉的气化剂发生化学反应,生成 CO、H_2、CH_4 等可燃性气体和 CO_2、N_2 等非可燃性气体为主要成分的气态产物,即粗煤气。气化反应包括很多化学反应,主要是碳、水、氧、氢、一氧化碳、二氧化碳相互间的反应,其中碳与氧的反应又称燃烧反应,热量供给气化过程。

4. 煤的液化

煤的液化是把固体煤炭通过化学加工过程,使其转化为液体燃料、化工原料和产品的先进洁净煤技术。根据不同的加工路线,煤的液化可分为直接液化和间接液化两大类。

煤的直接液化是在高温(400 ℃以上)、高压(10 MPa以上),在催化剂和溶剂作用下使煤的分子进行裂解加氢,直接转化成液体燃料,再进一步加工精制成汽油、柴油等燃料油,又称加氢液化,其过程基本分为三大步骤:① 当温度升至300 ℃以上时,煤受热分解,即煤的大分子结构中较弱的桥键开始断裂,打碎了煤的分子结构,从而产生大量的自由基碎片。② 在具有供氢能力的溶剂环境和较高氢气压力条件下,自由基被加氢成为沥青烯及液化油分子。③ 沥青烯及液化油分子继续加氢裂化生成更小的分子。

煤的间接液化技术是先将煤全部气化成合成气,然后以煤基合成气(CO、H_2)为原料,在一定温度和压力下,将其催化合成为烃类燃料油及化工原料和产品的工艺,包括煤炭气化制取合成气、气体净化与交换、催化合成烃类产品以及产品分离等过程。煤的间接液化可分为高温合成与低温合成两类工艺。

(二) 工业的"血液"——石油

石油是当今世界的主要能源。1965年以后,在世界能源消费结构中,石油已超过煤炭跃居首位,成为推动现代化工业和经济发展的主要动力,在国民经济中占有非常重要的地位。目前世界上对石油的成因存在着不同观点,传统的成油理论认为是远古大型水体中的动、植物体历经漫长的复杂变化形成的。原油的组成很复杂,主要含碳(83%～87%)、氢(11%～14%)两种元素,氧、硫、氮等元素的含量均不超过1%。这些元素主要以烷烃、环烷烃、芳香烃、含硫化合物、含氮化合物、含氧化合物的形式存在。原油的产地不同,其组成也不尽相同。根据所含烃的主要成分,原油可分为以下4种。① 石蜡基:含有较多石蜡,凝固点高,主要成分为直链烷烃。我国大庆油田及许多地区的油田所产原油均属此种类型。② 环烷基:含有较多环烷烃,凝固点较低。我国克拉玛依油田所产石油属于此种类型。③ 芳香基:含有较多芳香烃、胶质及硫。④ 混合基:含有烷烃、环烷烃、芳香烃,而且数量相近。无论哪一种原油,组成元素主要都是C和H,此外还有少量O、S和N。

石油的组成很复杂,各种组分的性质和用途都不相同。为了将各组分分离,根据它们的沸点不同,常采用蒸馏的方法。石油分馏的产物包括轻油和重油。轻油主要是指沸程为30～180 ℃的汽油和沸程为180～280 ℃的煤油馏分。重油是指沸程为280～400 ℃的馏分,主要是润滑油、重质燃料油,剩余的残渣为沥青。

石油蒸馏收集到的气体,其中有乙烯、丙烯、丁烯等不饱和烃,也有饱和烃。乙烯、丙烯、丁二烯等分离后都是重要的化工原料。剩下的饱和烃中以丁烷为主,它的沸点为-0.5 ℃,稍加压力可液化,储存于高压钢瓶中。当打开阀门减压时即可气化,作为气体燃料。城市居民使用的液化石油气就是炼油厂的石油气分离出烯烃后剩下的低分子烷烃。

（三）清洁能源——天然气

天然气是一种优质气体燃料和重要的化工原料,天然气的主要成分是甲烷,还有少量的乙烷和其他碳氢化合物。常温加压下可以转化为液体,得到液化天然气。天然气的发热值与城市煤气相当,随着管道输配系统的建立,天然气将日趋成为住宅取暖和企业部门的主要燃料。我国蕴藏着丰富的天然气资源,今后肯定会在天然气的开采、开发利用方面有进一步的发展。但和石油一样,天然气的储量也是极有限的,迟早将面临资源枯竭的问题。

二、新能源的开发与利用

展望人类未来的能源,除合理地开发和利用煤、石油和天然气,重视水力的开发(主要是发展中国家,发达国家的水力资源大部分已开发)外,需要进一步开发新能源。新能源是指传统能源之外的各种能源形式。它的各种形式都是直接或间接来源于太阳或者是地球内部深处产生的热能(除去潮汐能)。这其中包括太阳能、氢能、核能、生物质能、地热能、水能以及海洋能。联合国开发计划署把新能源分成三类:大中型水电;新可再生能源:小水电、太阳能、风能、海洋能(潮汐能)、现代生物质能、地热能;传统生物质能。

（一）太阳能

太阳能就是太阳辐射能,是地球上最丰富的能源。据估计,每年可供人类利用的太阳能总量约为 5×10^{21} kJ,是目前地球上每年燃烧的化石燃料的3 000倍。

在我国,年日照大于2 200 h的地区超过2/3,年辐射量约为5 900 MJ/m^2,是世界上太阳能最丰富的地区之一。特别是西部地区,比如:内蒙古自治区、青藏高原、新疆维吾尔自治区等地区太阳能资源特别丰富,年日照时间可以达到3 000 h以上。除四川以及毗邻地区之外的全国大部分地区太阳能资源均相当于或者超过国外其他同纬度地区。所以我国非常适合太阳能的开发与利用。

太阳能具有以下优点:分布普遍,特别是对于交通不发达的边远地区、山村和海岛更具有利用价值;使用时间无限且可提供的能量又极其巨大;不产生污染,是一种清洁能源。

但是,地面上单位面积上所受辐射热不大,同时受到纬度、海拔高度、气候、昼夜交替等自然条件影响,地面上各处不同时间太阳能通量起伏很大,再加上大规模收集转换和贮存问题还没有解决,因此很长时间内对利用太阳能还不够重视。20世纪70年代以后,随着能源需求不断增加和使用化石燃料造成的污染日益严重,促使人类去开发新的清洁能源,因而对太阳能的利用引起各国重视,并取得一定进展。

太阳能具有间断性和不稳定性,受到昼夜、季节、地理纬度和天气变化等随机因素的影响。为了使太阳能成为连续、稳定的能源,就必须解决蓄能问题,也就是把晴朗白天的太阳辐射能储存起来,供夜间或者阴雨天使用。克服这一点的方法之一就是进行光—化学转换。

这种利用太阳能的方式还在探索之中,其中最引人关注的是,研究利用太阳能把水分解为氢气和氧气的方法,因为氢气被认为是一种很有前途的清洁能源。例如,有人研究了以 Ce(Ⅳ)—Ce(Ⅲ)系统催化阳光分解水,其过程为:

$$Ce^{4+} + \frac{1}{2}H_2O + 光 \longrightarrow Ce^{3+} + \frac{1}{4}O_2 + H^+ \tag{1}$$

$$Ce^{3+} + H_2O + 光(\lambda < 350 \text{ nm}) \longrightarrow Ce^{4+} + \frac{1}{2}H_2 + OH^- \tag{2}$$

$$H_2O + 光 \longrightarrow H_2 + \frac{1}{2}O_2$$

反应(1)很易进行,但反应(2)需在波长小于 350 nm 的紫外光照射下进行,而后者在地面阳光中所占比例很小,因而整个反应的能量转换效率将低于0.1%。如能找到适宜光敏剂促进反应,则有可能提高能量转换效率。

光催化剂一般经过再生处理后可以重新使用。太阳能制氢前景诱人,今后完全可以实现工业化制氢。

(二)氢能

氢是世界上最丰富的一种元素,它可以从水中提取。氢气是可燃的,用氢气作为燃料具有很多优点。氢能是指用氢作燃料,燃烧氢气所获得的能量。

1. 氢燃料的优点

(1)氢本身无毒,氢的燃烧过程,除了释放很高热能外,生成物是水,所以氢燃料是最清洁的能源。

(2)氢气可以通过水的分解制得,其燃烧产物还是水,所以氢燃料的资源很丰富,可以重复循环使用。

(3)氢的热效率高,燃烧一克氢,相当于三克汽油燃烧的热量。而且燃烧速率快,燃烧分布均匀,点火温度低。

(4)氢气既可以直接燃烧供应需要的热,还可以作为各种内燃机的燃料,是电厂的高效燃料,在很多方面比汽油和柴油更优越。

2. 氢的制备

目前制氢的方法很多。水煤气法是使水煤气通过水洗和冷却的方法把氢分离出来。或是让水煤气与水蒸气混合,以氧化铁催化生产氢气。用甲烷和水蒸气在 800 ℃反应,也能制得氢气。

（1）用煤和天然气制氢

工业上制氢常用煤和天然气为原料，水蒸气通过炽热的煤层或者在催化剂存在的情况下，让水蒸气和天然气在高温和一定压力下进行反应，然后将生成的 CO_2、CO 和随空气混入的 N_2 加入分离除去，就可以获得氢气。

（2）电解水制氢

电解水制氢是大家十分熟悉的方法，所得氢气很纯，但能耗高，电解效率低（约 $55\% \sim 60\%$），价格较昂贵，一般多用于冶金、化工、电子、医药行业，而不直接用做能源。电解水制氢的总反应是：

$$2H_2O(l) \longrightarrow O_2(g) + 2H_2(g) \quad \Delta_r H_m^{\ominus}(298\ K) = 572\ kJ/mol$$

电解水所需要的能量由电能供给。为了提高电解法制氢的效率，除了在水中加入 $10\% \sim 15\%$ 的氢氧化钾或者氢氧化钠之外，一般都在较高的温度和压力下进行。

（3）光解制氢

光解制氢是利用阳光分解水来制取氢气的方法。阳光中的紫外线的能量足以使水分子分解而直接制氢。但阳光到达地面时紫外线已很少，需要加入催化剂才能实现水的光分解。现已找到了几种催化剂，但效率还很低。不过科学家对光解制氢的潜在效率和发展前景普通持乐观态度。

（4）热化学分解水制氢

水的热分解制氢是通过外加高温使水分解来制氢。这是一种正在开发的制氢方法。这种方法主要是利用核电站的热量使水分解，从能源利用的角度讲，这种方法总的利用效率较高。但是水的热分解温度需在 $2\,500\ ℃$ 以上，核电站提供的热源没有这么高的温度。为此开发了水的热化学分解法，即在水中加入某种化合物作为中间体，在较低的温度下进行多级反应，最后制得氢气。例如：

$$CaBr_2 + 2H_2O \xrightarrow{1\,000\ K} Ca(OH)_2 + 2HBr$$

$$Hg + 2HBr \xrightarrow{520\ K} HgBr_2 + H_2$$

$$HgBr_2 + Ca(OH)_2 \xrightarrow{470\ K} CaBr_2 + HgO + H_2O$$

$$HgO \xrightarrow{870\ K} Hg + \frac{1}{2}O_2$$

$$H_2O \xrightarrow{催化剂} H_2 + \frac{1}{2}O_2$$

（三）生物质能

生物质能能蕴藏在动物、植物、微生物体内。它由太阳能转化而来，是可以再生的燃料。它可以是固态、液态或者气态。稻草、麦秆等农牧业废弃物是古老的传统燃料,在大部分农村仍然是主要获热能源。但是这种能源直接燃烧时,热量利用率很低,而且对环境有很大的污染。

目前把生物质能作为新能源考虑,也就是将生物质能转化为化学能,再利用燃烧放热。农牧业废料、高产作物和速生树木等经过发酵或者高温热分解等方法,可以制造甲醇、乙醇等干净的液体燃料。这类生物质若在密闭的容器内经过化学反应也可生成 CO、H_2、CH_4 等可燃性气体,这些气体可用做发电等,而且在厌氧条件下可以生成沼气,这种气化的效率不高,但其综合效益很好。沼气的主要成分是甲烷,作为燃料不仅热值高而且干净,沼渣、沼液是优质的肥料,用它们施肥的同时又处理了各种有机垃圾,清洁了环境。

第二节　化学与材料

一、材料科学概论

什么是材料?广义上说,材料是具有一定性能或功能,从而可为人类所使用的物质。材料是人类赖以生产和生活的物质基础,用来制造设施、工具、装备、器物和用品等。纵观人类社会利用材料的历史,从遥远的石器时代开始,到约公元前 5000 年进入青铜器时代,再到约公元前 1900 年的铁器时代、以钢铁为代表的近代文明以及当前的半导体和纳米时代,每一种重要的新材料的发现和应用,都把人类支配自然的能力提高到一个新的水平。材料更是科学技术发展的物质基础,重大的科技革新往往源于新材料的发明创新,而新技术的发展又会促进新材料的开发。人们把材料、信息和能源作为现代社会进步的三大支柱,而材料又是发展能源和信息技术的物质基础。

材料品种很多,其分类方法也有很多。目前,常用的分类法主要是依据材料的用途和材料的化学成分及特性进行分类。

按照材料的用途常将材料分为结构材料和功能材料两大类。结构材料大量用于机械制造、工程建设、交通运输及能源领域。功能材料主要利用材料的光、电、声、磁和热等特性,而广泛用于微电子、激光、通信和生物工程等许多高新技术领域。

根据材料的化学成分及特性,通常将材料分为金属材料、无机非金属材料、高分子材料和复合材料。

二、金属材料

金属是人类最早认识和开发利用的材料之一,在自然界有着广泛的分布。在人类已发现的 109 种元素中,金属元素约占 80%。金属原子很容易失去其外层价电子而形成带正电荷的阳离子,金属正是依靠阳离子和自由电子之间的相互吸引而结合起来的。金属键没有方向性,改变阳离子间的相对位置不会破坏电子与阳离子间的结合力,因而金属具有良好的塑性;金属之间具有溶解(固溶)能力,即金属阳离子被另一种金属阳离子取代时也不会破坏结合键。此外,金属的导电性、导热性以及金属晶体中原子的密集排列等也都是由金属键的特点所决定的。下面以钢铁和合金为例来介绍金属材料的特性。

(一)钢铁

铁是被人类发现和利用最早的金属之一。钢铁工业是一个国家一切工业的基础,它的产量标志着一个国家的工业水平与生产能力。钢铁的消耗量目前约占金属材料的 90% 左右,是应用最为广泛的一类黑色金属。钢铁的冶炼加工较容易,成本低;具有良好的物理、力学和工艺性能;可以利用钢铁制作性能更好的合金。

铁的冶炼方法是用焦炭在高炉内高温还原精选过的含铁氧化物矿石。焦炭燃烧生成 CO_2,并与 C 反应进一步生成还原性气体 CO 用以还原铁矿石为铁水。炼铁高炉内同时加入一些造渣助剂,如石灰石和二氧化硅等,作用是去除矿石里的杂质元素使之产生渣与铁水分离。主要反应式如下:

$$C(s) + O_2(g) \xrightarrow{\text{燃烧}} CO_2(g)$$

$$CO_2(g) + C(s) \xrightarrow{\text{高温}} 2CO(g)$$

$$Fe_2O_3(s) + 3CO(g) \xrightarrow{\text{高温}} 2Fe(l) + 3CO_2(g)$$

由于铁与碳相接触,这样生成的铁含碳质量分数高达 3%~4%,碳在铁水中以 Fe_3C 形式存在。当铁水缓慢冷却时,Fe_3C 分解为铁和石墨,这样所得的生铁的断口为灰色被称为灰口铁。若将铁水骤冷,Fe_3C 来不及分解,其断口为白色,称为白口铁。白口铁质硬、性脆,主要用来炼钢;灰口铁柔软、有韧性,可以进行切削加工或浇铸成型,故用于制造各种铸件。

(二)合金

由两种或两种以上的金属元素(或金属元素与非金属元素)组成的具有金属性质的材料。例如,工业上广泛使用的黄铜是由铜和锌组成的合金。硬铝是由铝、铜、镁组成的合金。与组成合金的纯金属相比,合金具有较高的力学性能和某些特殊的物理、化学性能。通过调节其组成的比例,可以获得一系列性能不同的合金,以满足不同使用要求。虽然合金的使用量远不及钢铁多,但是在某些特殊条件下合金表现出的性能是钢铁远不能及的。因此研究合金具有重要的生产实际意义。

合金中晶体结构和化学成分相同,与其他部分有明显分界的均匀区域称为相。只由一种相组成的合金称为单相合金,由两种或两种以上相组成的合金称为多相合金。用金相观察方法,在金属及合金内部看到的组成相的大小、形状、方向、分布及相间结合状态称为组织。合金的性能取决于它的组织,而组织的性能又取决于其组成相的性质。本节将着重讨论常用作结构材料且具有独特性能的合金。

1. 铝合金

铝是自然界储量最大的金属,约占地壳质量的 8% 左右。铝一直被用做轻质合金元素,其密度小(2.7 g/cm^3,约为钢的 1/3),具有优良的导电性、导热性和抗腐蚀性能。纯铝的强度和硬度都很低,不适宜作为结构材料使用,常被用做电线材料。在铝中加入适量的硅、铜、镁、锰等合金元素,可形成具有较高强度的铝合金。铝合金被大量用于飞机机体、火箭和导弹箭体的制造,近年来又被大量用于汽车、建材等工业制造中。

铝合金按加工方法可以分为变形铝合金和铸造铝合金两大类。变形铝合金能承受压力加工,可加工成各种形态、规格的铝合金材,主要用于制造航空器材、建筑用门窗等。变形铝合金按照性能特点分为防锈铝、硬铝、超硬铝和锻铝;其中,后三类铝合金可进行热处理强化。用来制作铸件的铝合金称为铸造铝合金。它的力学性能不如变形铝合金,但铸造性能好,适宜各种铸造成型,可生产形状复杂的铸件。铸造铝合金按化学成分可分为铝硅合金、铝铜合金、铝镁合金、铝锌合金和铝稀土合金。

2. 铜合金

铜及铜合金具有优异的物理化学性能、良好的加工性能以及特殊的使用性能,在电气、仪表、造船及机械制造等工业部门都获得了广泛的应用。

纯铜表面形成氧化铜膜后,外观呈紫红色,故工业纯铜常被称为紫铜。纯铜具有较高的化学稳定性、良好的导电性、优良的成型加工性、可焊接性以及良好的塑性,被大量用于制造电线、电缆、发电机及管、板、箔等铜材。

常见的铜合金有黄铜、白铜和青铜三大类。黄铜以锌为主要添加元素。黄铜中锌的含量越高,其强度越高,塑性越低。黄铜常被用于制造阀门、水管、散热器、冷凝器、海底运输管等。以镍为主要添加元素的铜基合金呈现银白色,称为白铜。工业用白铜根据性能特点和用途不同分为结构白铜和电工白铜两种。结构白铜的特点是机械性能和耐蚀性好,色泽美观,被广泛用于制造精密机械、眼镜配件、化工机械和船舶构件等。电工白铜一般有良好的热电性能,是制造精密电工仪器、变阻器、精密电阻、应变片、热电偶等的材料。青铜是人类历史上应用最早的一种合金,原指铜锡合金,后除黄铜、白铜以外的铜合金均称青铜,并常在青铜名字前冠以第一主要添加元素的名称。锡青铜有较高的机械性能,较好的耐腐蚀性、减摩性和可铸造性,适合制造轴承、蜗轮、齿轮等。

3. 钛合金

钛是一种银白色的过渡金属,其化学形式非常活泼,易与 O、N、H 等元素形成稳定的化合物从而呈现出优异的抗腐蚀性能。钛合金因具有比强度高、耐腐蚀性好、耐热性高等特点而被广泛应用于各个领域。

20 世纪 50~60 年代,全球主要是发展航空发动机用的高温钛合金和机体用的结构钛合金,70 年代开发出一批耐蚀钛合金,80 年代以来,耐蚀钛合金和高强钛合金得到进一步发展。钛合金主要用于制作飞机发动机压气机部件,其次为火箭、导弹和高速飞机的结构件。以 Ti—Ni、Ti—Ni—Fe、Ti—Ni—Nb 为代表的形状记忆合金在工程上获得日益广泛的应用。钛无毒、质轻、强度高且具有优良的生物相容性,是非常理想的医用金属材料;钛合金已作为植入物被植入人体,用于矫形术等医疗领域。

三、无机非金属材料

无机非金属材料的结构从存在形式上来说,是晶体结构、非晶体结构、孔结构以及它们不同形式且错综复杂的组合或复合。材料内部的结合力主要是离子键、共价键或离子与共价混合键。这些化学键的键能较大,因此赋予这一大类材料以高熔点、高强度、耐磨损、高硬度、耐腐蚀及抗氧化的基本属性和宽广的导电性、导热性、透光性以及良好的铁电性、铁磁性和压电性等特殊性能。构成无机非金属材料的元素占元素周期表所有元素的 75%,几乎覆盖所有的元素周期和族。传统的无机非金属材料主要有陶瓷、玻璃、水泥和耐火材料四类,其主要化学组成为硅酸盐类。随着新技术的发展,陆续涌现出了一系列高性能的新型无机非金属材料,如结构陶瓷、功能陶瓷、半导体、新型玻璃、人工晶体和超导材料等。

(一)陶瓷材料

传统的陶瓷主要是指各种氧化物的烧结体,其一般的制备方法是将黏土(主要分为 $Al_2O_3 \cdot 2SiO_2 \cdot 2H_2O$)加水成型,晾干后经过高温加热失水,有些硅氧骨架重新形成,称为硬陶瓷。烧结温度低时形成结构疏松的陶,烧结温度高时生成结构致密的瓷。随着材料科学的发展,陶瓷材料的组分由单一的硅酸盐烧结体变成了氧酸盐、氧化物、氮化物、碳化物、硼化物、硅、锗等精密陶瓷,其形态也发生了巨大的变化,有单晶、纤维、薄膜、超微粉末等。

陶瓷材料具有以下性能特点:① 弹性模量大,是各种材料中最大的。② 抗压强度比抗拉强度大。陶瓷的抗拉强度与抗压强度之比为 1:10(铸铁为 1:3)。③ 硬度高。陶瓷材料硬度一般为 1 000~5 000 HV,淬火钢为 500~8 000 HV,塑料为 20 HV。④ 熔点高,高温强度高,线性膨胀系数很小,是很有前途的高温材料。⑤ 导电能力在很大范围内变化。大部分陶瓷材料可作为绝缘材料,有的可作为半导体材料,还可以作为压电材料和磁性材料。⑥ 某些陶瓷材料具有光学特性,可用于激光、光色调节、光学纤维等领域。

精密陶瓷中的高温结构陶瓷比镍基合金更耐高温,比高熔点金属如钼、钨等更耐腐蚀,是空间技术和能源开发的重要材料。超硬陶瓷是比硬质合金性能更优的硬质材料。金刚石、立方氮化硼等都属于超硬陶瓷,它们主要用做加工高硬材料的切削工具。金属陶瓷是把金属的热稳定性和韧性与陶瓷的硬度、耐火度、耐腐蚀性综合起来而形成的具有高强度、高韧性、高耐蚀性和较高的高温强度的新型材料。半导体陶瓷的导电性介于导体和绝缘体之间,当温度、湿度、电场等条件发生变化时,其导电性会产生变化,常用于自动控制的传感器、高温发热元件等。

（二）玻璃材料

自然界中的固体物质存在晶态和非晶态两种状态。所谓非晶态是指以不同方法获得的以结构无序为主要特征的固体物质状态。玻璃是一种无机非晶态材料,是由熔体过冷而制得的非晶无机物。相对于晶体材料,非晶态的玻璃具有各向同性、介稳性、无固定熔点等特征。玻璃透明、坚硬、耐蚀、耐热,有良好的光学和电学特性以及较好的化学稳定性。按照使用原料的不同,可以把玻璃划分成石英玻璃、钠钙硅玻璃、硼酸盐玻璃和其他氧化物玻璃四大类

与其他无机材料一样,玻璃材料的发展非常迅速。传统的玻璃通过不断改进和创新,已研究开发出多种名目繁多的新型玻璃材料——特种玻璃。特种玻璃已从单纯的透光材料和包装材料发展成具有光、电、磁和声等特性的材料。从形状上来看,特种玻璃已经从传统的板状、块体发展至薄膜和纤维,即从三维发展到二维和一维。

四、高分子材料

高分子材料是指以高分子化合物为基本成分,加入适当的添加剂,经加工制成的一类材料的总称。高分子化合物有天然高分子和合成高分子之分。天然高分子化合物有蛋白质、淀粉、纤维素等。合成高分子由成千上万个有机小分子通过聚合反应连接而成,例如聚乙烯就是由乙烯为单体,经聚合反应制得。高聚物分子间的作用力很大,通常只能呈黏稠的液态或固态,不能呈气态。固态的高聚物具有一定力学强度,可抽丝和拉膜。

高聚物的分类有很多种。根据高聚物的主链结构分类有碳链高聚物、杂链高聚物(分子主链除碳原子外,还有其他原子)和元素高聚物(主链中不含有碳原子)三类。从高聚物的机械性能和用途来分,有塑料、橡胶、纤维、涂料和胶黏剂等五大类。根据高分子材料的热性质分类,有热塑性高分子材料和热固性高分子材料两类。

　　和金属材料及无机非金属材料不同,高分子材料隶属有机物范畴,其结构和物理化学性质也有较大差异。合成高分子材料的结构通常分为线型和体型两种类型。线型高分子化合物的许多链节相互连接成一条长的分子链,长度为直径的数万倍。分子链节与链节之间可以自由旋转,因此在受热时,硬的高聚物会逐渐变软,并有一定弹性,继续加热将会变成黏稠的液体。体型高分子材料通过分子链上的官能团反应成键,使分子链交联起来,得到体型结构。由于分子链节被固定不能自由旋转,其物理性质不再随温度变化而变化。当温度很高时,高分子内的化学键被破坏,高聚物直接热降解。

　　高聚物也会呈现出晶态和非晶态(见图 7-2)。与小分子不同,高聚物不容易形成完整的晶体,分子链的有序排列只能在某些局部范围,即高聚物晶体中含有晶态部分和非晶态部分。通常线型高分子材料在一定条件下可以形成晶态或部分晶态,而体型聚合物为非晶态。一般来说,结晶度高的高聚物分子间作用力会越强,其强度、硬度、刚度和熔点越高,耐热性和化学稳定性也越好。

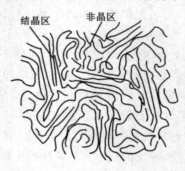

图 7-2　高聚物中晶区与非晶区分布图

(一) 塑料

　　塑料是高分子材料中最主要的品种之一,它具有可塑性,即在加热、加压条件下,可塑制成型。塑料是以高聚物为基料,加入各种添加剂(如增塑剂、防老剂、发泡剂、填料等)制成,其产量约占合成高分子材料总量的 70%～75%。塑料的质量很轻,密度约为 $0.9～2.2\ kg\cdot m^{-3}$,为钢铁的 1/4 至 1/8,铝的 1/2,常用在需要减轻自重的装备上(如飞机)。塑料耐化学腐蚀,还具有一定的机械强度,常用做包装材料。某些具有优良耐热性、耐磨性和尺寸稳定的塑料可以代替金属、玻璃、木材等,做各种机器零件、仪表外壳、家具、建材等。

(二) 橡胶

　　与塑料相比,橡胶在很宽的温度范围内(−50～150 ℃)具有显著的高弹性。由于其良好的柔顺性、变形性和复原性,被广泛用做弹性材料、密封材料、减磨材料、防震材料和传动材料。纯橡胶的性能随温度的变化会产生较大的差别,高温时发黏,低温时变脆。因此,纯橡胶必须添加其他组分且经过特殊处理后制成的橡胶材料才能使用。

　　橡胶包括天然橡胶和合成橡胶。天然橡胶以三叶橡胶树的汁液为原料,经炼制而成,其主要成分是聚异戊二烯。由于天然橡胶的产量受到地理、气候等条件的限制,远远不能满足经济发展的需要。而合成橡胶产量高,原料来源不受限制,因而发展得很快。目前,全球合成橡胶的产量远远超过天然橡胶,其中丁苯橡胶和顺丁橡胶的产量约占合成橡胶的 50% 和 15%。还有一些产量较小但具有特殊性能的合成橡胶,如耐油的丁腈橡胶、耐老化的乙丙橡胶等。

　　(三) 纤维

　　和橡胶一样,纤维也分为天然和人工两大类。常见的天然纤维有棉、麻、羊毛等。天然纤维素(芦苇、木材等)经化学处理和机械加工可以获得人造纤维,如粘胶纤维、醋酸纤维等。以煤、石油、天然气为原料,用化学合成的方法制成的纤维称为合成纤维。合成纤维种类繁多,常见的有涤纶、棉纶、维纶等。在室温下,纤维的轴向强度很大,受力后变形较小,在一定范围内力学性能变化不大,因此广泛被用在服装、编织物和工业生产中。

　　五、复合材料

　　复合材料是由两种或两种以上物理和化学性质不同的物质组合而成的一种多相固体材料。复合材料能够在保持各组分特性的基础上,得到组分间协同作用所产生的综合性能,可以通过材料设计使各组分的性能互相补充并彼此关联,从而获得新的优越特性。复合材料中连续的一相称为基体,还有一相为分散相,称为增强材料。基体的作用是将高强度的增强材料连接在一起,成为整体。按照基体材料的不同,复合材料可以分为金属基复合材料、陶瓷基复合材料、高聚物基复合材料等。增强材料具有较高的强度,能提高基体材料的性能。常见增强材料有颗粒、纤维、晶须和板状薄片等。

第三节　化学与环境

　　人类生活的环境是由自然环境和社会环境两部分组成的。社会环境包括工农业、交通、城市等。自然环境是指环绕在我们周围的各种自然因素的总和,包括大气、水、土壤、生物和各种矿物资源等。随着现代工业和都市的发展,出现了诸如大气污染、酸雨、全球气候变暖等环境问题,给人类社会造成了严重危害;人类由于大量使用化肥、农药,导致人体产生多种疾病;人类对土地资源的过度开发、过度放牧、填海造田等行为,也使得土地资源退化、土壤沙化日益严重;同时由于人类在自身的发展过程中,对各种水资源造成污染,使得森林、陆地和海洋很多动物及生物种群灭绝,破坏了生态系统的平衡。今天,人们已经意识到保护环境、治理污染对人类发展的重要性。

化学的研究与进步,是人类造成环境污染的一个重要方面。因此,对化学工作者而言,一方面要继续利用化学研究为人类社会创造更多的财富,另一方面要研究出更多的消除环境污染的方法与产品。现在形成的化学分支如环境化学及绿色化学学科,就是从事这方面研究的新学科。治理环境,保证人类社会健康与发展,将是化学家们新的重任。

一、化学工业对环境的污染

(一) 水污染

人类大规模的生产活动,在使用水的同时,也往往使某些有害的物质进入水体,引起天然水体发生物理上和化学上的变化。水污染有自然污染和人为污染两个方向。自然污染主要是自然原因造成的,如特殊地质条件使某种化学元素大量富集;天然植物腐烂产生毒物或降雨淋洗大气和地面后夹带各种有害物质流入水体。水污染对渔业危害显而易见,它不仅能毁坏农田,造成严重减产或颗粒无收,也影响到工业产品的质量。水污染给人类生命与健康也带来严重威胁,它可以引起急性或慢性中毒,也可以造成传染病的蔓延,危害子孙后代。

随着工业的发展,城市的高度集中,矿井的乱采滥挖,使污染物质大量进入天然水体中。化学工业的发展,人工合成物质的日益增多,如塑料、燃料、化纤、溶剂、洗涤剂、颜料、农药等新产品的出现,使水体的污染物大大复杂化。水中的污染物质按其物质种类可分为金属污染物质、非金属污染物质、有机污染物质、农药污染物质以及放射性污染物质;水中的污染物按照工业污染的来源分为金属制品工业污染、化学工业污染和食品工业污染。

固体、气体、液体、热和放射性等不同类型的物质,都能造成水污染,如天然产生的火山喷发、岩石天然风化产物(包括有机物和无机物在内的化学物质)以及大量生活和生产活动所排放的污染物。这些污染包括以下几个方面:

(1) 微生物污染。生活污水、医院污物、垃圾随地表水进入河、湖、塘污染了水体,这些物质带有大量的病原微生物,人、畜喝了污染的水便会生病,几次地区性、世界性的霍乱大暴发都是由于水污染所致。

(2) 有机污染。有机物在污水中是病原微生物的营养来源,其在生化作用时分解,消耗水中的氧,严重威胁水生生物,特别是鱼类的生命。

(3) 富营养化。生活用水中的有机物、洗涤剂、农药、化肥和工业垃圾、废水中,含许多氮、磷及有机碳等植物所需的营养物质,它们的存在促进藻类大量繁殖,是海洋形成"赤潮"的根源。

（4）恶臭。金属冶炼、石油化工、塑料、橡胶、造纸、制药、农药、化肥、皮革、油脂及肠骨加工产生的恶臭,污染大气及生活用水。

（5）酸碱污染。来自造纸、化纤、制革、采矿与炼油工业的废水,常给生活用水带来酸碱的污染,杀死鱼类和水生生物,抑制水中微生物,使水失去自净能力;空气的污染,使天然降水产生酸雨或酸雾,损害植物的生长,使土壤酸化,使钙、镁、磷、钾等营养元素流失。

（6）地下水硬度升高。生活垃圾、污水、土壤中有机质生化分解,产生二氧化碳,导致水中钙离子浓度升高,水质硬度升高,严重影响人类身体健康和工业锅炉用水。

（7）毒污染。非金属的无机毒物（氰、氮、硫等离子）、重金属和金属的无机毒物（汞、镉、铅、铬、锌等）、易分解的有机毒物（挥发性的酚、醛、苯）以及难分解的有机毒物（六六六农药及多氯联苯、多环芳烃、芳香胺等香烃类化合物）,各种毒物污染水后,通过食物链进入人体,使人体中毒。

（8）油污染。冲洗机件、油轮,工业排污,海滩及海上采油常常使油污染危害水生生物,严重影响鱼类及海边的生态环境。

（9）热污染。冶金、化工、机械和电力工业,特别是核电厂、热电厂排出的热,会导致水体发生化学、生化变化。水温升高会减少水中氧含量,加速水体的富营养化。

（10）放射性污染。天然放射性元素、核武器试验的沉降物、核工业以及其他工业的废弃物都会污染水体,使人类产生放射性疾病及癌症。

（二）大气污染

大气是多种气体的混合物,其总质量约为 6×10^{15} t,相当于地球质量的百万分之一。大气层的厚度约 1 000 km 以上,但没有明显的界线,其中我们赖以生存的空气主要是距地面 10~12 km 范围内的那部分。大气的组分较多,其中的有些组分如煤烟、硫氧化物、氮氧化物等是造成空气污染的主要原因。

1. 大气污染的形成

大气污染的形成,有自然原因和人为原因。前者如火山爆发、森林火灾、岩石风化等;后者如各类燃烧物释放的废气和工业排放的废气等。目前,世界各地的大气污染主要是人为因素造成的。其中化石燃料在燃烧过程中向大气释放大量的硫、氮等物质,这些物质影响了大气环境的质量,对人和物都可造成危害,尤其是在人口稠密的城市和工业区域,这种影响更大,从而造成各种形式的大气环境污染。

形成大气污染有两大要素:污染源、大气状态和受体。大气污染的三个过程是:污染物排放、大气运动的作用、相对受体的影响。因此,大气污染的程度与污染物的性质、污染源的排放、气象条件和地理条件等有关。污染源按其性质和排放方式可分为生活污染源、工业污染源、交通污染源。污染源有害物质对大气的污染程度既与污染源性质如排放方式、污染物的理化性质、污染物的排放量等内在因素有关,还与受体的性质如环境敏感、受体距污染源的距离有关,也与气象因素,如风和大气湍流、温度层结情况以及云、雾等有关。

2. 大气污染源

大气污染始于取暖和煮食,到 14 世纪,燃煤释放的烟气已成为主要问题。18 世纪产业革命后,工业用的燃料更多,燃煤对空气的污染更加严重。大气污染的危害,主要取决于污染物在空气中的浓度。由于城市人口集中,使局部空气中污染物的浓度提高,而且不容易稀释和分散到广大地区。大气污染源有以下三种类型:

(1) 工业污染源。这里包括燃料燃烧排放的污染物,生产过程中的排气(如炼焦厂向大气排放硫化氢、酚、苯、烃类等有毒害物质;各类化工厂向大气排放具有刺激性、腐蚀性、异昧性或恶臭的有机和无机气体;化纤厂排放的硫化氢、氨、二硫化碳、甲醇、丙酮等等)以及生产过程中排放的各类矿物和金属粉尘。

(2) 生活污染源(主要为家庭炉灶排气)。在我国这是一种排放量大、分布厂、危害性不容忽视的空气污染源。

(3) 汽车尾气。汽车尾气污染是由汽车排放的废气造成的环境污染。主要污染物为碳氢化合物、氮氧化合物、一氧化碳、二氧化硫、含铅化合物等,可以引起光化学烟雾。

3. 大气污染物

目前对环境和人类产生危害的大气污染物中,影响范围广、具有普遍性的污染物有颗粒物、二氧化硫、碳氧化物、氮氧化物、碳氢化合物等。主要的大气污染物有以下几种:

(1) 颗粒物。颗粒物是指除气体之外的包含于大气中的物质,包括各种各样的固体、液体和气溶胶,其中有固体的灰尘、烟雾以及液体的云雾和雾滴,其粒径范围主要在 $200 \sim 0.1\ \mu m$ 之间。

(2) 硫氧化物。硫常以二氧化硫和硫化氢的形态进入大气,也有一部分以亚硫酸及硫酸(盐)微粒的形式进入大气。大气中的硫约 2/3 来自自然界,其中经细菌活动产生的硫化氢最为重要。人为产生的硫排放的主要形式是二氧化硫,主要来自含硫煤和石油的燃烧、石油炼制以及有色金属冶炼和硫酸制造等。

(3) 碳氧化物。碳氧化物主要有两种物质,即一氧化碳和二氧化碳。一氧化碳主要是由含碳物质不完全燃烧产生的,而天然源较少。1970 年全世界排入大气中的一氧化碳约为 3.59 亿 t,而由汽车等交通车辆产生的一氧化碳占总排放量的 70%。一氧化碳在大气中不易与其他物质发生化学反应,可以在大气中停留较长时间。人为排放大量的一氧化碳对植物等会造成危害;高浓度的一氧化碳可以被血液中的血红蛋白吸收,而对人体造成致命伤害。

二氧化碳是大气中一种"正常"成分,参与地球上的碳平衡,它主要来源于生物的呼吸作用和化石燃料等的燃烧。然而,由于化石燃料的大量使用,使大气中的二氧化碳浓度逐渐增高,这将对整个地—气系统中的长波辐射收支平衡产生影响,并可能导致温室效应。

(4) 氮氧化物(NO_x)。氮氧化物的种类很多,主要是一氧化氮 NO 和二氧化氮 NO_2。

(5) 碳氢化合物。碳氢化合物主要由烷烃、烯烃和芳烃等物质组成。大气中大部分的碳氢化合物来源于植物的分解,人类排放的量虽然小,却非常重要。碳氢化合物的人为来源主要是石油燃料的不充分燃烧和石油类的蒸发过程。在石油炼制、石油化工生产中也产生多种碳氢化合物。燃油的机动车亦是主要的碳氢化合物污染源,交通线上的碳氢化合物浓度与交通密度密切相关。

碳氢化合物是形成光化学烟雾的主要成分。在活泼的氧化物如原子氧、臭氧、氢氧基等自由基的作用下,碳氢化合物将发生一系列链式反应,生成一系列的化合物(如醛、酮、烷、烯)以及重要的中间产物——自由基。自由基进一步促进 NO 向 NO_2 转化,形成光化学烟雾的重要二次污染物——臭氧、醛、过氧乙酰硝酸酯(PAN)。碳氢化合物中的多环芳烃化合物(如苯并芘)具有明显的致癌作用。

二、污染的治理方法

(一)水污染治理方法

1. 一般处理原则

废水中的污染物质是多种多样的,所以往往不可能用一种处理方法就能够把所有的污染物质去除干净。一般一种废水往往需要通过由集中方法和几个处理单元组成的系统处理后,才能够达到排放要求。

废水处理的主要原则是从清洁生产的角度出发,改革生产工艺和设备,减少污染物,防止废水外排,进行综合利用和回收。必须外排的废水,其处理方法随水质和要求而异。一级处理,主要分离水中的悬浮固体物、胶状物、浮油或重油等,可以采用水量调节、自然沉淀、上浮、隔油等方法。二级处理,主要是去除可生物降解的有机溶解物和部分胶状物的污染。通常采用生物化学法处理,这是化工废水处理的主体部分。化学混凝和化学沉淀池是二级处理的方法,如含磷酸盐废水和含胶体物质的废水必须用化学混凝法处理。三级处理,主要是去除生物难降解的有机污染物和废水中溶解的无机污染物。常用的方法有活性炭吸附和化学氧化,也可以采用离子交换或膜分离技术等。含多元分子结构污染物的废水,一般先用物理方法部分分离,然后用其他方法处理。各种不同的工业废水可以根据具体情况,选择不同的组合处理方法。

　　2. 废水处理方法分类

　　水体污染主要来自工农业生产的废水和生活废水,因此水体污染的防治主要是治理污染源。废水处理和利用的方法很多。处理方法的选择取决于废水中污染物的状态、性质、组成及对水质的要求。废水的一般处理方法大致可归纳为:物理法、化学法、生化法。

　　(1) 物理法

　　物理法是通过物理作用,以分离、回收废水中不溶解的呈悬浮状态污染物质(包括油膜和油珠)的废水处理法。根据物理作用的不同,物理法又可分为重力分离法、离心分离法和筛滤截流法等。属于重力分离法的处理单元有沉淀、上浮(气浮、浮选)等,相应使用的处理设备是沉砂池、沉淀池、除油池、气浮池及其附属装置等。离心分离法本身就是一种处理单元,使用的处理装置有离心分离机和水旋分离器等。筛滤截流法有截留和过滤两种处理单元,前者使用的处理设备是隔栅、筛网,而后者使用的处理设备是砂滤池和微孔滤池等。

　　(2) 化学法

　　化学法是通过化学反应和传质作用来分离、去除废水中呈溶解、胶体状态的污染物质或将其转化为无害物质的废水处理法。在化学法中,以投加药剂产生化学反应为基础的处理单元有混凝、中和、氧化还原等;而以传质作用为基础的处理单元有萃取、汽提、吹脱、吸附、离子交换以及电渗析和反渗透等。后两种处理单元又统称为膜处理技术。其中运用传质作用的处理单元既有化学作用,又有与之相关的物理作用,所以也可以从化学法中分离出来,成为另一种处理方法,称为物理化学法,即运用物理和化学的综合作用使污水得到净化的方法。

　　化学法处理单元所使用的处理设备,除相应的池、罐、塔外,还有一些附属装置。化学法主要用于处理各种工业废水。

　　(3) 生化法

　　生化法是通过微生物的代谢作用,使废水中呈溶液、胶体以及微细悬浮状态的有机性污染物质转化为稳定、无害物质的废水处理方法。根据起作用的微生物不同,生化法又可分为好氧生化法和厌氧生化法。

　　① 好氧生化法是好氧微生物在有氧条件下将复杂的有机物分解,并以释放出的能量来完成其机体的功能,如繁殖、增长和运动等。产生的部分有机物则转变成二氧化碳、水和氨等,其余的转变成新细胞(微生物的新肌体,如活性污泥或生物膜)。废水处理广泛使用的是好氧生化法。

② 厌氧生化法是厌氧微生物在无氧条件下将高浓度有机废水或污泥中的有机物分解,最后产生甲烷和一氧化碳等气体。

(二) 大气污染的治理方法

根据大气污染物的存在状态,其治理方法可概括为两大类:颗粒污染物控制方法和气态污染物治理方法。

1. 颗粒污染物控制方法

常称除尘法。除尘方法和设备种类很多,在治理颗粒污染物时要选择一种合适的除尘方法和设备,除需考虑当地大气环境质量、尘的环境容许标准、排放标准、设备的除尘效率及有关经济技术指标外,还必须了解尘的特性,如粒径、粒度分布、形状、密度、比电阻、亲水性、黏性、可燃性、凝集特性以及含尘气体的化学成分、温度、压力、湿度、黏度等。

2. 气态污染物治理方法

气态污染物治理方法很多,主要有吸收、吸附、催化、燃烧、冷凝、膜分离、电子束等,这里就前四种方法作简要介绍。

（1）吸收法

吸收是利用气体混合物中不同组分在吸收剂中溶解度不同,或者与吸收剂发生选择性化学反应,从而将有害组分从气流中分离出来的过程。该法具有捕集效率高、设备简单、一次性投资低等特点,因此,广泛地用于气态污染物的处理。例如含二氧化硫、硫化氢、氟化氢和氧氮化合物等污染物的废气,都可以采用吸收净化。

吸收分为物理吸收和化学吸收。由于在大气污染控制过程中,一般废气量大、成分复杂、吸收组分浓度低,单靠物理吸收难达到排放标准,因此大多采用化学吸收法。

（2）吸附法

气体混合物与多孔性固体接触,利用固体表面存在的未平衡的分子引力或化学键力,把混合物中某一组分或某些组分吸留在固体表面上。这种分离气体混合物的过程称为气体吸附。作为工业上的一种分离过程,吸附已广泛地应用于化工、冶金、石油、食品、轻工业高纯气体的制备等工业部门。由于吸附剂具有高的选择性和高的分离效果,能脱除痕量物质,所以吸附法常用于用其他方法难以分离的低浓度有害物质和排放标准要求严格的废气处理,例如,用吸附法回收或净化废气中有机污染物。

（3）催化法

用催化法净化气态污染物是利用催化剂的催化作用,将废气中的气体有害物质转变为无害物质或转化为易于去除物质的一种废气治理技术。催化法与吸收法、吸附法不同,应用催化法治理污染物过程中,无需将污染物与主气流分离,可直接将有害物转变为无害物,这不仅可避免产生二次污染,而且可简化操作过程。

（4）燃烧法

燃烧法是通过热氧化作用将废气中的可燃有害成分转化为无害物质的方法。例如,含烃废气在燃烧中被氧化成无害的二氧化碳和水。此外燃烧法还可消烟、除臭。

附录一　实　　验

一、化学实验须知

1. 学生实验守则

学生应遵守实验室的各项制度，实验时要保持肃静，集中思想认真操作。

（1）实验中使用仪器时，必须按照操作规程进行，要谨慎细致。如发现仪器有故障或损坏应立即停止使用，并及时报告指导教师，不得自行拿用其他位置上的仪器。

（2）实验中仔细观察各种现象，并如实详细地记录在实验记录本上。

（3）保持实验室的清洁和实验台的整齐，仪器安置有序，废纸应投入废纸篓。废酸、废碱液及污染性溶液应小心倒入废液缸内，切勿倒入水槽，以免腐蚀下水道和污染环境。实验教材中所规定的在实验做过后要回收的药品都应倒入回收瓶中。

（4）爱护财物，小心使用仪器和实验设备，应注意节约水、电。

（5）在使用药品时应注意以下几点：

① 药品应按规定量取用，注意节约；

② 取用固体药品时，注意不要撒落在实验台上；

③ 药品自瓶中取出后，不应倒回原瓶中，以免带入杂质而污染瓶中药品；

④ 药品瓶用过后应立即盖好，并放回原处，避免和其他试剂瓶上的盖搞错，混入杂质；

⑤ 同一滴管或吸管在未洗干净时不应在不同的药品瓶中吸取溶液。

（6）实验结束后，应将玻璃仪器洗刷干净，放回规定的位置，整理好桌面，打扫卫生，洗净双手。

（7）离开实验室之前，必须检查电插头或电闸刀是否断开、水龙头是否关闭，最后关好门窗。实验室内的一切物品不得带离实验室。

2. 学生安全守则

实验中可能发生的事故，大致可以分为 4 类：烧伤、中毒、火灾、爆炸。

（1）烧伤的预防

① 取用固体氢氧化钠和有腐蚀性药品时，严禁直接用手拿取，而应用药匙。

② 稀释浓酸，特别是浓硫酸时，只能在搅拌下将酸液慢慢注入水中，切不可

将水倒入酸液中,否则酸液溅出,会造成伤害。在稀释时,如溶液剧烈发热,则应等其冷却后再继续加酸。稀释操作必须在烧杯中进行。

③ 使用浓酸、强碱溶液时,严禁用嘴直接吸取,应该用洗耳球吸取。避免浓酸、强碱等腐蚀性药品溅到皮肤、衣服和鞋袜上。使用 HNO_3、HCl、$HClO_4$、H_2SO_4 时,操作应在通风橱中进行。在搬动浓酸、强碱溶液时,要特别小心,防止容器破碎而造成烧伤。

④ 加热试管时,不要将试管口指向自己或别人,也不要俯视正在加热的液体,以免溅出液体把人烫伤。试管夹应夹在试管上部 1/3 处,加热过程中应不断摇动试管,使其均匀加热。

⑤ 倾注药品和加热溶液时,不可俯视。

（2）中毒的预防

① 一切有毒性气体逸出的实验,都必须在通风橱中进行。例如:用硝酸溶解金属矿石和其他物质时,有氮氧化物逸出;用氯酸钾或其他氧化剂处理盐酸时会逸出氯气;酸与含砷物质作用将逸出砷化氢;将含有氰化物、硫氰化物、可溶性硫化物和溴化物的溶液进行酸化时,将逸出有毒气体;亚铁氰化钾与硫酸共同蒸发时,有剧毒的氰化氢逸出等。

② 汞盐、氰化物、氧化砷、钡盐、重铬酸盐等药品有毒,使用时应特别小心,严禁在酸性介质中加入氰化物。

③ 嗅闻气体时,应用手轻拂,将少量气体扇向自己再嗅。

④ 一切有毒药品必须妥善保管,按照实验规则取用。有毒的废液不可倒入下水道中,应集中存放,并及时加以处理。

⑤ 实验室中严禁饮食,使用有毒物质后和离开实验室前必须洗手。

⑥ 在处理有毒物品时,应戴防护目镜和橡皮手套。

（3）火灾的预防

① 实验楼内必须备有灭火器材、沙土等,每个实验人员都应知其放置的地点和使用方法。

② 一切电热设备,如马弗炉、烘箱、电炉等要有专人管理,并要定期检查,防止发生触电、漏电、失火等事故。

③ 使用四氯化碳、乙醚、苯、丙酮、三氯甲烷等有毒易燃有机溶剂时要远离火源,用过的药品应倒入回收瓶中,不得倒入水槽。

④ 使用酒精灯时,应随用随点,不用时盖上灯罩,不要用正点燃的酒精灯去点别的酒精灯,以免酒精流出而失火,也不要用嘴吹酒精灯以免回火而失火。

⑤ 离开实验室时,要关好电源开关。

（4）爆炸的预防

① 易分解的具有爆炸性的药品(如过氧化物、浓高氯酸等),必须防止光线直射和受潮。

② 遵守高压钢瓶的使用规则。

3. 实验室意外事故处理

(1)玻璃割伤 应先取出伤口中的碎片,并在伤口处擦碘伏,用纱布包扎好伤口。如伤口较大,应立即就医。

(2)烫伤 伤势不重时,可擦些烫伤油膏(如玉树油等);伤势重时,应立即就医。

(3)酸灼伤 酸溅在皮肤上,可先用水冲洗,然后擦碳酸氢钠油膏或凡士林。若酸溅入眼内或口内,先用水冲洗,再用 $3\%NaHCO_3$ 溶液洗眼睛或漱口,并应立即就医。

(4)碱溅伤 碱溅在皮肤上,应立即用水冲洗,然后用硼酸饱和溶液洗,再涂凡士林或烫伤油膏。若碱溅入眼内或口内,除冲洗外,应立即就医。

(5)吸入刺激性或有毒气体(如硫化氢)而感到不适时,应立即到室外呼吸新鲜空气。

(6)触电 应立即切断电源,必要时对伤员进行人工呼吸。

(7)火灾 实验室发生火灾时,一般用沙土或四氯化碳灭火器或二氧化碳泡沫灭火器扑灭(某些药品,如金属钠与水作用会燃烧或爆炸,因此不可用水扑灭)。如火势小,可用湿布或沙等扑灭。但如果是电气设备着火,则必须用四氯化碳灭火器,因为这种灭火方式不导电,不会损坏仪器或使人触电,此时绝不可用水或二氧化碳泡沫灭火器。

总之,在实验室工作时应保持冷静、沉着、细心,并严格遵守实验室的操作规程和安全制度,注意安全,预防事故的发生。

4. 实验报告撰写

要求按一定格式书写,字迹端正,叙述简明扼要,实验记录、数据处理使用表格形式,作图图形准确清楚,报告本整齐清洁。实验报告的书写,一般分 3 部分,即:

(1)预习部分(实验前完成),按实验目的、原理(扼要)、步骤(简明)几项书写。

(2)记录部分(实验时完成),包括实验现象、测定数据,这部分称为原始记录。

(3)结论部分(实验后完成),包括对实验现象的分析、解释、结论;原始数据的处理、误差分析以及讨论的情况。

示例：

实验　醋酸标准解离常数和解离度的测定

一、实验目的

二、实验原理

三、实验用品

四、实验步骤

五、数据记录与处理

（一）醋酸标准解离常数和解离度的测定

1. 配制不同浓度的醋酸溶液

实验室提供的 HAc 溶液浓度为 _____ mol/L。

HAc 溶液编号	1	2	3	4	5
加入 HAc 的体积/mL	5.00	10.00	25.00	50.00	25.00
加入 NaAc 的体积/mL	—	—	—	—	5.00
稀释至 50 mL 后 HAc 的浓度/(mol/L)					

2. 由稀到浓依次测定 HAc 溶液的 pH 值

3. 数据记录和结果处理

编号	$c(HAc)/(mol/L)$	pH 值	$c(H^+)/(mol/L)$	$c(Ac^-)/(mol/L)$	$K_a^{\ominus}$	α
1						
2						
3						
4						
5						

（二）未知弱酸标准解离常数的测定

取 10.00 mL 未知弱酸溶液，以酚酞作指示剂，用 NaOH 溶液滴定至终点，然后再加入 10.00 mL 该弱酸溶液。测得该溶液的 pH＝ _____ ，该弱酸标准解离常数为 _____ 。

六、思考与讨论

二、基础化学实验

实验一　化学反应焓变的测定

（一）实验目的

（1）了解测定化学反应焓变的原理和方法。

（2）学习用作图外推的方法处理实验数据。

（二）实验原理

化学反应通常是在等压条件下进行的，等压下进行化学反应的热效应称为等压热效应，在化学热力学中则用焓变 ΔH 来表示。放热反应 ΔH 为负值，吸热反应 ΔH 为正值。

例如：在等压下，金属锌从铜盐溶液中置换出 1 mol 铜时放出 216.8 kJ 热量，即反应的焓变 $\Delta H = -216.8$ kJ/mol。

放热反应的反应热测定方法很多，本实验是使反应物在量热计中进行绝热变化，量热计中溶液温度升高的同时也使量热计的温度相应地升高，故反应放出的热量可按下式计算：

$$\Delta H = -\frac{(V\rho c + C_p)\Delta T}{n \times 1\,000}$$

式中　　ΔH——反应的焓变，kJ/mol；

V——溶液的体积，mL；

ρ——溶液的密度，g/mL；

c——溶液的比热容，J/(g·K)；

ΔT——真实温升，K；

n——溶液中溶质的物质的量；

C_p——量热计的热容，J/K。

所谓"量热计的热容"，是指量热计的温度升高 1 ℃所需要的热量。在测定反应热之前必须先测定量热计的热容，其方法大致如下：在量热计中加入一定量的冷水 G（例如 50 g），测其温度为 T_1，加入相同量的热水（温度为 T_2），混合后水温为 T_3，已知水的比热容为 4.18 J/(g·K)，则：

热水失热＝$(T_2 - T_3)Gc$

冷水得热＝$(T_3 - T_1)Gc$

量热计得热＝$(T_3 - T_1)C_p$

因为热水失热与冷水得热之差即为量热计得热，故量热计的热容为：

$$C_p = \frac{(T_2 - T_3)Gc - (T_3 - T_1)Gc}{T_3 - T_1}$$

对于一般溶液反应的焓变,可用如附图 1-1 所示的简易量热计测定,由于它并非严格绝热,在实验时间内,量热计不可避免地会与环境发生少量热交换;采用作图外推的方法,可适当地消除这一影响,如附图 1-2 所示。

温度计

橡皮塞

搅拌器

附图 1-1　量热计装置

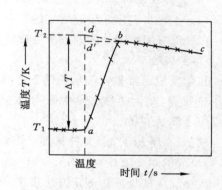

附图 1-2　温度—时间曲线

（三）实验用品

1. 仪器

台式天平(公用)　分析天平　烧杯(100 mL)　温度计$(0 \sim 50 \ ℃, \frac{1}{10} \ ℃)$　保温杯(杯口可配以大小合适的橡皮塞,并在塞中开 1 个插温度计的孔,孔的大小要适当,若使用磁力搅拌器,则塞中不必再开安插搅拌器的孔,参见附图 1-1)　移液管(50 mL)　量筒(100 mL)

2. 药品

硫酸铜 $CuSO_4 \cdot 5H_2O(s, A. R.)$　锌粉(C. P.)

（四）实验内容与步骤

1. 测定量热计的热容 C_p

用量筒取 500 mL 自来水,倒入量热计中,加上盖,适当加以搅拌 5～10 min 使体系达到热平衡,记录温度 T_1,精确到 0.1 ℃,同样取 50.0 mL 自来水放在烧杯中,小火加热到比 T_1 高 15～20 ℃(用同一只温度计测量)。让热水静置 1～2 min 后,迅速测量其温度 T_2,精确到 0.1 ℃,并迅速将其倒入量热计中,加上盖并加以搅拌,立即观察温度计读数 T_3,每 20 s 记录 1 次温度,直至温度上升到最高点后再继续测量 3 min。如附图 1-2 所示,做出温度—时间的曲线图,求出 ΔT(即 $T_3 - T_2$)。

2. 测定锌与硫酸铜的置换热

(1) 用台式天平称取 3 g 锌粉。

（2）在分析天平上称出配制 250 mL 0.200 0 mol/L CuSO₄ 溶液所需的 CuSO₄·5H₂O 晶体的质量，用 250 mL 容量瓶配制成溶液，正确计算出 CuSO₄ 溶液的浓度。

（3）用 50 mL 移液管准确量取 0.200 0 mol/L CuSO₄ 溶液 100 mL，注入干净的量热计中。

（4）不断搅拌溶液，每隔 20 s 记录 1 次温度。

（5）在测定开始 2～3 min 后迅速添加 3 g 锌粉（注意仍需不断搅拌溶液），并继续每隔 20 s 记录 1 次温度，记录温度至最高点后再继续测定 2～3 min。如附图 1-2 所示，做出温度—时间的曲线图，求出 ΔT。

（五）数据记录与处理

室温为 _____ ℃

量热计的热容 C_p 为 _____ J/K

温度随实验观察时间的变化：

时间 t/s	
温度 T/K	

注：上述计算中假设溶液的比热容 c 与水同为 4.18 J/(g·K)，溶液的密度 ρ 与水相同，为 1.00 g/mL。

（六）思考题

（1）为什么实验中锌粉用台式天平称取，而对于所用 CuSO₄ 溶液的浓度与体积则要求比较精确？

（2）如何配制 250 mL 0.200 0 mol/L 的 CuSO₄ 溶液？

实验二 醋酸解离度和解离平衡常数的测定

（一）实验目的

（1）学习测定醋酸的解离度和解离平衡常数的原理与方法。

（2）学会正确地使用 pH 计。

（3）练习和巩固容量瓶、移液管、滴定管等仪器的基本操作。

（二）实验原理

1. 弱酸溶液 pH 法

醋酸 CH₃COOH（简写为 HAc）是一元弱酸，在溶液中存在下列解离平衡：

$$HAc(aq) \Longrightarrow H^+(aq) + Ac^-(aq)$$

$$\alpha = \frac{c(H^+)}{c_0(HAc)} \times 100\%$$

$$K_a^{\ominus} = \frac{c(H^+) \cdot c(Ac^-)}{c(HAc)} = \frac{c_0 \alpha^2}{1-\alpha}$$

式中，$K_a^{\ominus}$ 为醋酸的解离常数；α 为醋酸的解离度；$c(H^+)$、$c(Ac^-)$、$c(HAc)$ 分别为 HAc 达到解离平衡时 H^+、Ac^-、HAc 的浓度；c_0 为 HAc 解离前的浓度。当 $\alpha < 5\%$ 时，$K_a^{\ominus} = c_0 \alpha^2$。

在一定温度下，用 pH 计测定一系列已知浓度的醋酸溶液的 pH 值，根据 $pH = -\lg c(H^+)$ 换算出 $c(H^+)$，求出解离度 α，可求得一系列对应的 $K_a^{\ominus}$ 值，取其平均值即为该温度下醋酸的解离常数。

2. 缓冲溶液 pH 法

醋酸（简写成 HAc）与醋酸钠（简写成 NaAc）组成的缓冲溶液，其 pH 值可用下式计算

$$pH = pK_a^{\ominus}(HAc) + \lg \frac{c(Ac^-)}{c(HAc)}$$

当 $c(Ac^-) = c(HAc)$ 时，$pK_a^{\ominus} = pH$。用酸度计测定该溶液的 pH 值，即为醋酸的 $pK_a^{\ominus}$ 值，进一步换算得出 $K_a^{\ominus}$。

（三）实验用品

1. 仪器

移液管　吸量管　容量瓶　碱式滴定管　锥形瓶　烧杯　量筒　酸度计

2. 药品

冰醋酸（或醋酸）　NaOH 标准溶液（0.1 mol/L）　标准缓冲溶液　酚酞溶液（1%）

（四）实验内容与步骤

1. 弱酸溶液 pH 法

（1）配置 250 mL 浓度为 0.1 mol/L 的醋酸溶液。

用量筒量取 4 mL 36%（约 6.2 mol/L）的醋酸溶液置于烧杯中，加入 250 mL 蒸馏水稀释，混匀即得 250 mL 浓度约为 0.1 mol/L 的醋酸溶液，将其储存于试剂瓶中备用。

（2）醋酸溶液的标定

用移液管准确移取 25.00 mL 醋酸溶液（V_1）于锥形瓶中，加入 1 滴酚酞指示剂，用标准 NaOH 溶液（c_2）滴定，边滴边摇，待溶液呈浅红色，且半分钟内不褪色即为终点。由滴定管读出所消耗的 NaOH 溶液的体积 V_2，根据公式 $c_1 V_1 = c_2 V_2$ 计算出醋酸溶液的浓度 c_1。平行做三份，计算出醋酸溶液浓度的平均值。

（3）pH 值的测定

分别用吸量管或移液管准确量取 2.50、5.00、10.00、25.00 mL 上述醋酸溶

液于四个 50 mL 的容量瓶中,用蒸馏水定容,得到一系列不同浓度的醋酸溶液。将四溶液及 0.1 mol/L 原溶液按浓度由低到高的顺序,分别用 pH 计测定它们的 pH 值。

(4) 由测得的醋酸溶液 pH 值计算醋酸的解离度、解离平衡常数。

数据记录与处理

编号	V_{HAc}/mL	c_{HAc}/(mol/L)	pH	c_{H^+}/(mol/L)	α	K_a
1	2.50					
2	5.00					
3	10.00					
4	25.00					
5	50.00					

2. 缓冲溶液 pH 法

(1) 等浓度的 HAc—NaAc 缓冲溶液配制

用移液管分别准确量取 25.00 mL 0.1 mol/L HAc 待测溶液于 2 个洁净的锥形瓶中,各加入 2 滴酚酞指示剂,用 0.1 mol/L NaOH 标准溶液分别滴定至终点。再用大肚移液管分别准确量取 25.00 mL 0.1 mol/L HAc 待测溶液于 2 个锥形瓶中与上述滴定后的溶液混合,振荡锥形瓶,使之混合均匀后就形成了 HAc—NaAc 缓冲溶液。

(2) HAc—NaAc 缓冲溶液 pH 值的测定

取上述 HAc—NaAc 缓冲溶液于洁净的 100 mL 小烧杯中,按照 pH 计的操作步骤测定其 pH 值。记录下实验环境温度,并计算出 HAc 的解离常数 K_a 和解离度 α。

平行 3~5 次实验,最后求得测量结果的平均值。

数据记录与处理

实验温度 T/K		
HAc—NaAc 缓冲溶液 pH 值		
HAc—NaAc 缓冲溶液 $c(H^+)$		
HAc 的解离常数 K_a		
K_a 平均值		
HAc 的解离度 α/%		
α 平均值		

（五）注意事项

（1）测定醋酸溶液 pH 值用的小烧杯，必须洁净、干燥，否则，会影响醋酸起始浓度以及所测得的 pH 值。

（2）pH 计使用时按浓度由低到高的顺序测定 pH 值，每次测定完毕，都必须用蒸馏水将电极头清洗干净，并用滤纸擦干。

（六）思考题

（1）用 pH 计测定醋酸溶液的 pH 值，为什么要按浓度由低到高的顺序进行？

（2）所用的烧杯、吸量管、容量瓶各用什么润洗，为什么？

（3）醋酸的解离度和解离平衡常数是否受醋酸浓度变化的影响？

（4）若所用醋酸溶液的浓度极稀，是否还可用公式 $K_a = \dfrac{c^2(H^+)}{c}$ 计算解离常数？

实验三　水的硬度的测定

（一）实验目的

（1）了解水的硬度的测定意义和常用的硬度表示方法。

（2）了解 EDTA 法测定水的硬度的原理和方法。

（3）了解铬黑 T 和钙指示剂的应用以及金属指示剂的特点。

（二）实验原理

一般含有钙、镁盐类的水叫硬水，不含或含有少量钙、镁盐类的水叫软水（软硬水界限尚不明确，硬度小于 5～6 度的，一般可称为软水）。

水的硬度又有暂时硬度和永久硬度之分，这两项的总和称为总硬度。

暂时硬度是指水中含有 Ca^{2+}、Mg^{2+} 的酸式碳酸盐，遇热即生成碳酸盐沉淀而失去其硬性。如下述反应：

$$Ca(HCO_3)_2 \longrightarrow CaCO_3 + H_2O(l) + CO_2(g)$$
$$Mg(HCO_3)_2 \longrightarrow MgCO_3 + H_2O(l) + CO_2(g)$$
$$MgCO_3 + H_2O \longrightarrow Mg(OH)_2 + CO_2(g)$$

永久硬度是指水中含 Ca^{2+}、Mg^{2+} 的硫酸盐、氯化物、硝酸盐，在加热时亦不沉淀（但在锅炉运行温度下，溶解度低的可析出而成为锅垢）。

另外，由钙离子形成的硬度称为"钙硬"，由镁离子形成的硬度称为"镁硬"。

测定水的总硬度实际上是测定水中 Ca^{2+}、Mg^{2+} 离子的含量。配位滴定法测定 Ca^{2+}、Mg^{2+} 离子的含量，一般是用铬黑 T 作指示剂，以 NH_3—NH_4Cl 缓冲溶液控制溶液的 pH 值为 10 左右，用 EDTA 标准溶液滴定。然后由 EDTA 标准溶液的浓度及用量计算水的总硬度。EDTA 配合剂与金属离子(以 Me^{2+} 表示)的配合反应可表示为：

$$Me^{2+} + [H_2Y]^{2-} \rightleftharpoons [MeY]^{2-} + 2H^+$$

测定水中钙的硬度的指示剂用钙指示剂,控制溶液的 pH 值为 12 以上,用 EDTA 标准溶液滴定。然后由 EDTA 标准溶液浓度及用量计算水的钙硬。由总硬度减去钙硬即为水的镁硬。

常以氧化钙的量来表示水的硬度。各国对水的硬度表示不同,我国沿用的硬度表示方法是以度(°)计,1 硬度单位表示 10 万份水中含 1 份 CaO(每升水中含 10 mg CaO),即 $1° = 10 \text{ mg CaO/L}$。

$$CaO \text{ 含量} = \frac{cV_2 \cdot M(CaO)}{50} \times 1\,000 (mg/L)$$

$$硬度 = \frac{cV_2 \cdot M(CaO) \times 1\,000}{50 \times 10} (°)$$

$$Ca^{2+} \text{ 含量} = \frac{cV_1 \cdot M(Ca)}{50} \times 1\,000 (mg/L)$$

$$Mg^{2+} \text{ 含量} = \frac{c(V_2 - V_1) \times M(Mg)}{50} \times 1\,000 (mg/L)$$

（三）实验用品

1. 仪器

锥形瓶(250 mL)　酸式滴定管　大肚移液管(50 mL)

2. 试剂

0.01 mol/L EDTA 标准溶液　NH_3—NH_4Cl 缓冲溶液(pH$\approx$10)　10% NaOH 溶液　钙指示剂　铬黑 T 指示剂(钙指示剂和铬黑 T 指示剂均用中性盐 NaCl、KNO_3 1∶100 混合使用)　三乙醇胺(1∶2)

（四）实验内容与步骤

1. 总硬度的测定

用 50 mL 大肚移液管量取澄清的水样 50.00 mL 放入 250 mL 锥形瓶中,加入 5 mL NH_3—NH_4Cl 缓冲溶液,加 1∶2 三乙醇胺 3 mL,摇匀,再加入约 0.01 g(绿豆大小)铬黑 T 指示剂,再摇匀,此时溶液呈酒红色,以 0.01 mol/L EDTA 标准溶液滴定至溶液呈纯蓝色,即为终点。记 V_2。

2. 钙硬的测定

量取澄清的水样 50 mL,放入 250 mL 锥形瓶中,加 2 mL10%NAOH 溶液,加 1∶2 三乙醇按 3 mL,摇匀,再加入约 0.01 g 钙指示剂,再摇匀。此时溶液呈淡红色,用 0.01 mol/L EDTA 标准溶液滴至溶液呈纯蓝色,即为终点。记 V_1。

3. 镁硬的计算

由总硬度减去钙硬即是镁硬。

（五）思考题

（1）水的总硬度是指什么？

（2）如果对硬度测定中的数据要求保留两位有效数字，应如何量取 100 mL 水样？

（3）如何能测出镁硬？

（4）本实验中加入三乙醇胺的作用是什么？

（5）当水样中 Mg^{2+} 含量低时，以铬黑 T 作指示剂测定其 Ca^{2+}、Mg^{2+} 总量，终点不清晰，因此常在水样中先加少量 $[MgY]^{2-}$ 配合物，再用 EDTA 标准溶液滴定，终点就敏锐。这样做对测定结果有无影响？说明其原理。

（6）量取水样的量器和承接水样的锥形瓶是否都要用纯水洗净？为什么？

（六）注意事项

（1）实验水样的用量与硬度有关，例如量取 100 mL 的量适于硬度按 $CaCO_3$ 计算为 10～250 mg/L 的水样。若硬度大于 250 mg/L $CaCO_3$，则取样量应相应减少。

（2）硬度较大的水样，在加 NH_3—NH_4Cl 缓冲溶液后常析出 $CaCO_3$、$Mg(OH)_2$ 微粒，使滴定终点不稳定。遇此情况，可于水样中加适量稀 HCl 溶液，摇匀后，再调至近中性，然后加缓冲溶液，则终点稳定。

（3）若水样不澄清必须过滤，如水样中有少量 Fe^{3+}、Al^{3+} 等离子存在，可加 1～3 mL 1：2 三乙醇胺溶液掩蔽；如有 Cu^{2+} 离子存在会使滴定终点不明显，可加 1 mL2％Na_2S 溶液，使之生成 CuS 沉淀而过滤除去；Mn^{2+} 的影响可加入盐酸羟胺溶液使之还原消除。

实验四　化学平衡常数的测定（分光光度法）

（一）实验目的

（1）了解用比色法测定化学平衡常数的原理和方法。

（2）学习分光光度计的使用方法。

（二）实验原理

通常对于一些能生成有色离子的反应，可利用比色法测定离子的平衡浓度，从而求得反应的平衡常数。

比色法的原理：当一束波长一定的单色光通过有色溶液时，溶液对光的吸收程度与溶液中有色物质（如有色离子）的浓度和液层厚度的乘积成正比。这就是朗伯—比尔定律，其数学表达式为：

$$D = kcl$$

式中,k 为一个常数,称吸光系数,当波长一定时,它是有色物质的一个特征常数。

若同一种有色物质的两种不同浓度的溶液厚度相同,则可得:

$$\frac{D_1}{D_2} = \frac{c_1}{c_2} \ \text{或} \ c_2 = \frac{D_2}{D_1} c_1$$

如果已知标准溶液中有色物质的浓度 c_1,并测得标准溶液的吸光度 D_1、未知溶液的吸光度 D_2,则由上式即可求出未知溶液中有色物质的浓度 c_2,这就是比色分析的依据。本实验通过分光光度法测定下列化学反应的平衡常数:

$$Fe^{3+} + HSCN \rightleftharpoons [Fe(SCN)]^{2+} + H^+$$

$$K^{\ominus} = \frac{\{c^{eq}([Fe(SCN)]^{2+})/c^{\ominus}\}\{c^{eq}(H^+)/c^{\ominus}\}}{\{c^{eq}(Fe^{3+})/c^{\ominus}\}\{c^{eq}(HSCN)/c^{\ominus}\}}$$

由于反应中 Fe^{3+}、HSCN 和 H^+ 都是无色的,只有$[Fe(SCN)]^{2+}$呈红色,所以平衡时溶液中$[Fe(SCN)]^{2+}$的浓度可以用已知浓度的$[Fe(SCN)]^{2+}$标准溶液通过比色法测得,然后根据反应方程式和 Fe^{3+}、HSCN、H^+ 的初始浓度,求出平衡时各物质的浓度,即可根据上式算出化学平衡常数 $K^{\ominus}$。

本实验中,已知浓度的$[Fe(SCN)]^{2+}$标准溶液可根据下面的假设配制:当浓度 $c(Fe^{3+}) \gg c(HSCN)$时,反应中 HSCN 可假设全部转化为$[Fe(SCN)]^{2+}$。故$[Fe(SCN)]^{2+}$的标准浓度就是所用 HSCN 的初始浓度。实验中标准溶液的初始浓度为:

$$c(Fe^{3+}) = 0.100 \ \text{mol/L}, \quad c(HSCN) = 0.000\,200 \ \text{mol/L}$$

由于 Fe^{3+} 的水解会产生一系列有色离子,例如棕色 $FeOH^{2+}$,因此,必须保持较大的 $c(H^+)$以阻止 Fe^{3+} 的水解,较大的 $c(H^+)$还可以使 HSCN 基本保持未解离状态。

本实验的溶液用 HNO_3 保持 $c(H^+)$为 0.5 mol/L。

(三)实验用品

1. 仪器

721 型分光光度计　吸液管(10 mL)　烧杯(50 mL,洁净干燥)　洗耳球

2. 药品

Fe^{3+} 溶液(0.200 mol/L,用 $Fe(NO_3)_3 \cdot 9H_2O$ 溶解在1 mol/L HNO_3 溶液中配成,HNO_3 溶液的浓度必须标定)　KSCN(0.002 mol/L)

(四)实验内容与步骤

1. $[Fe(SCN)]^{2+}$ 标准溶液的配制

在 1 号干燥洁净的烧杯中加入 10.0 mL 0.200 mol/L Fe^{3+} 溶液,2.00 mL

0.002 mol/L KSCN 溶液和 8.00 mL H_2O，充分混合得 $c\{[Fe(SCN)]_{标准}^{2+}\}=$ 0.000 2 mol/L。

2. 待测溶液的配制

在 2~5 号烧杯中，分别按下表中的用量配制并混合均匀：

烧杯编号	0.002 mol/L Fe^{3+}/mL	0.002 mol/L KSCN/mL	H_2O/mL
2	5.00	5.00	0
3	5.00	4.00	1.00
4	5.00	3.00	2.00
5	5.00	2.00	3.00

3. 测定吸光度

在分光光度计上，用波长 447 nm、1 cm 比色皿测定 1~5 号溶液的吸光度。测量顺序：空白，溶液由稀到浓。

（五）数据记录与处理

将溶液的吸光度、初始浓度和计算得到的各平衡浓度和 $K^{\ominus}$ 值记录在下表中：

烧杯编号	吸光度	初始浓度/(mol/L)		平衡浓度/(mol/L)				$K^{\ominus}$
		Fe^{3+} 溶液	SCN^- 溶液	H^+ 溶液	$[Fe(SCN)]^{2+}$ 溶液	Fe^{3+} 溶液	SCN^- 溶液	
1								
2								
3								
4								
5								

1. 求各平衡浓度

$$c^{eq}(H^+) = \frac{1}{2}c(HNO_3)$$

$$c^{eq}\{[Fe(SCN)]^{2+}\} = \frac{D_2}{D_1}c\{[Fe(SCN)]_{标准}^{2+}\}$$

$$c^{eq}(Fe^{3+}) = c(Fe^{3+})_始 - c^{eq}\{[Fe(SCN)]^{2+}\}$$

$$c^{eq}(HSCN) = c(HSCN)_始 - c^{eq}\{[Fe(SCN)]^{2+}\}$$

2. 计算 $K^{\ominus}$ 值

将上面求得的各平衡浓度代入平衡常数公式,求出 $K^\ominus$:

$$K^\ominus = \frac{\{c^{eq}([Fe(SCN)]^{2+})/c^\ominus\}\{c^{eq}(H^+)/c^\ominus\}}{\{c^{eq}(Fe^{3+})/c^\ominus\}\{c^{eq}(HSCN)/c^\ominus\}}$$

（六）思考题

（1）如何正确使用分光光度计？

（2）为什么计算所得的 $K^\ominus$ 为近似值？怎样求得准确的 $K^\ominus$？

（3）$K^\ominus$ 文献值为 104,分析产生误差的原因。

（4）在配制 Fe^{3+} 溶液时,用纯水和用 HNO_3 溶液来配制有何不同？本实验中 Fe^{3+} 溶液为何要维持很大的 $c(H^+)$？

实验五 食品添加剂中硼酸含量的测定

（一）实验目的

（1）掌握间接滴定法测量硼酸含量的方法原理。

（2）了解指示剂的使用。

（3）掌握空白试验过程。

（二）实验原理

H_2BO_3 的 $K_a^\ominus = 7.3 \times 10^{-10}$,故不能用 NaOH 标准溶液直接滴定,在 H_3BO_2 中加入甘油溶液,生成甘油硼酸,其 $K_a^\ominus = 3 \times 10^{-7}$,可用 NaOH 标准溶液滴定,反应如下:

$$\begin{array}{l} CH_2-OH \\ | \\ CH-OH + H_3BO_3 == \\ | \\ CH_2-OH \end{array} \quad \begin{array}{l} CH_2-OH \\ | \\ CH-O \\ \quad\quad\backslash \\ CH_2-O \end{array} BOH + 2H_2O$$

$$\begin{array}{l} CH_2-OH \\ | \\ CH-O \\ \quad\quad\backslash \\ CH_2-O \end{array} BOH + NaOH == \begin{array}{l} CH_2-OH \\ | \\ CH-O \\ \quad\quad\backslash \\ CH_2-O \end{array} BONa + H_2O$$

化学计量点时,溶液呈弱碱性,可选用酚酞作指示剂。

（三）实验用品

1. 仪器

分析天平 酸式滴定管 碱式滴定管 锥形瓶 烧杯

2. 试剂

稀中性甘油[甘油-水(1:2)] 酚酞指示剂(0.2%) NaOH(0.1 mol/L)
邻苯二甲酸氢钾(s) 硼酸(s)

（四）实验步骤

1. 0.1 mol/L NaOH 标准溶液的配制及浓度标定

配制 0.1 mol/L NaOH 溶液 500 mL。在分析天平上准确称取 3 份已在 105～110 ℃烘过 1 h 以上的分析纯的邻苯二甲酸氢钾，每份质量为 0.5～0.7 g。放入 250 mL 锥形瓶或烧杯中，用 25 mL 煮沸后刚刚冷却的蒸馏水使之溶解（如没有完全溶解，可稍微加热）。冷却后加入 2 滴酚酞指示剂，用待标定的 NaOH 溶液滴定至溶液呈微红色且半分钟内不褪色，即为终点。3 份测定的平均偏差应小于 0.2%，否则应重复测定。计算 NaOH 溶液的浓度。

2. 样品分析

准确称取 0.15 g 左右硼酸样品，加 25 mL 沸水溶解，冷却后加中性甘油溶液 12 mL，摇匀，然后加酚酞指示剂 2～3 滴，用 0.1 mol/L NaOH 标准溶液滴定至溶液呈微红色即为终点，记下消耗 NaOH 标准溶液的体积。平衡测定 3 次。

3. 空白试验

取与上述相同质量的甘油，溶解在 25 mL 蒸馏水中，加入 1 滴 1%酚酞指示剂，记录滴定到溶液呈微红色时消耗的 NaOH 标准溶液的体积，平行测定两份。根据滴定试样所消耗的 NaOH 体积与空白平均值，计算试样中 H_3BO_3 的含量。

（五）注意事项

（1）硼酸易溶于热水，所以硼酸试样需加沸水溶解。

（2）为了防止硼酸与甘油生成的配位酸水解，溶液的体积不宜过大。

（3）配位酸形成的反应是可逆反应，因此加入的甘油须大大过量，以使所有的硼酸定量地转化为配位酸。

（六）思考题

（1）硼酸的共轭碱是什么？可否用直接酸碱滴定法测定硼酸共轭碱的含量？

（2）用 NaOH 测定 H_3BO_3 时，为什么要用酚酞作指示剂？

（3）什么是空白试验？从实验结果说明本实验进行空白试验的必要性。

实验六　氧化还原反应与电化学

（一）实验目的

（1）了解原电池的组成及其电动势的粗略测定。

（2）了解电极电势与氧化还原反应的关系以及浓度、介质的酸碱性对电极电势、氧化还原反应的影响。

（3）了解一些氧化还原电对的氧化还原性。

二、实验原理

1. 原电池组成和电动势

利用氧化还原反应产生电流的装置叫作原电池。原电池中必须有电解质（常为溶液）及不同的电极，还要有盐桥。对于用两种不同金属电极所组成的原电池，一般来说，较活泼的金属为负极，相对来讲不活泼的金属为正极。放电时，负极上发生氧化反应，不断给出电子，通过外电路流入正极；正极上发生还原反应，不断得到电子。在外电路上接上伏特计，可粗略地测得原电池的电动势 E（此时，测定过程中有电流通过）。要精确地测定原电池的电动势，需用补偿法（又称为对消法；此时，测定过程中无电流通过），可借电势（差）计来测量。原电池电动势 E 正是正、负电极的电极电势的代数差：

$$E = E_{正} - E_{负}$$

2. 浓度、介质对电极电势和氧化还原反应的影响

（1）浓度对电极电势的影响

可用能斯特方程式表示。在 298.15 K 时有：

$$E = E^{\ominus} + \frac{0.059\ 17}{n} \lg \frac{[c(氧化态)/c^{\ominus}]^a}{[c(还原态)/c^{\ominus}]^b}$$

式中 a、b 分别为电极反应中氧化态物质和还原态物质的化学计量数。以铅铁原电池为例：

铅半电池　　$Pb^{2+} + 2e^- \Longrightarrow Pb$

铁半电池　　$Fe^{2+} + 2e^- \Longrightarrow Fe$

当增大 Pb^{2+}、Fe^{2+} 浓度时，它们的电极电势 E 值都分别增大；反之，则 E 值减小。

如果在原电池中改变某一半电池的离子浓度，而保持另一半电池的离子浓度不变（或者反之），则会发生电动势 E 的改变。尤其是加入某种沉淀剂（如 OH^-、S^{2-} 等）或配合剂（如氨水）时，会使金属离子浓度大大降低，从而使 E 值发生改变，甚至能导致反应方向和电极正、负符号的改变。

（2）介质的酸碱性对电极电势和氧化还原反应的影响

介质的酸碱性对含氧酸盐的电极电势和氧化性影响较大。例如，氯酸钾能被还原成 Cl^-，在酸性介质中，其电极电势 E 值较大，表现出强氧化性，但在中性或碱性介质中，其电极电势 E 值显著变小，氧化性也变弱。它的半电池反应为：

$$ClO_3^- + 6H^+ + 6e^- \Longrightarrow Cl^- + 3H_2O \quad E^{\ominus} = 1.45\ V$$

$$E_{ClO_3^-/Cl^-} = E^{\ominus}_{ClO_3^-/Cl^-} + \frac{0.059\ 17}{6} \lg \frac{c(ClO_3^-)/c^{\ominus} \cdot [c(H^+)/c^{\ominus}]^6}{c(Cl^-)/c^{\ominus}}$$

又如，高锰酸钾在酸性介质中能被还原为 Mn^{2+}（无色和浅红色），其半电池反应为：

$$MnO_4^- + 8H^+ + 5e^- \Longrightarrow Mn^{2+} + 4H_2O \quad E^\ominus = 1.491 \ V$$

$$E_{MnO_4^-/Mn^{2+}} = E^\ominus_{MnO_4^-/Mn^{2+}} + \frac{0.059\ 17}{5} \lg \frac{c(MnO_4^-)/c^\ominus \cdot [c(H^+)/c^\ominus]^8}{c(Mn^{2+})/c^\ominus}$$

但在中性或碱性介质中，MnO_4^- 能被还原为褐色或黄褐色二氧化锰沉淀，其半电池反应为：

$$MnO_4^- + 2H_2O + 3e^- \Longrightarrow MnO_2(s) + 4OH^- \quad E^\ominus = 0.588 \ V$$

$$E_{MnO_4^-/MnO_2} = E^\ominus_{MnO_4^-/MnO_2} + \frac{0.059\ 17}{3} \lg \frac{c(MnO_4^-)/c^\ominus}{[c(OH^-)/c^\ominus]^4}$$

而在强碱性介质中，MnO_4^- 则可被还原为绿色的 MnO_4^{2-}，其半电池反应为：

$$MnO_4^- + e^- \Longrightarrow MnO_4^{2-} \quad E^\ominus = 0.564 \ V$$

$$E_{MnO_4^-/MnO_4^{2-}} = E^\ominus_{MnO_4^-/MnO_4^{2-}} + 0.059\ 17 \lg \frac{c(MnO_4^-)/c^\ominus}{c(MnO_4^{2-})/c^\ominus}$$

由此可见，高锰酸钾的氧化性随介质酸性减弱而减弱，在不同介质中其还原产物也有所不同。

3. 氧化还原电对的氧化还原性和氧化还原反应的方向

(1) 氧化还原电对的电极电势和氧化还原反应的方向

根据反应的吉布斯函数变 ΔG 的数值，可以判别氧化还原反应能否进行。当 $\Delta G < 0$ 时，反应能自发进行。而吉布斯函数变 ΔG 与原电池电动势之间存在下列关系：

$$\Delta G = - nEF$$

当 $\Delta G < 0$，则 $E > 0$，即 $E = \varphi_正 - \varphi_负 > 0$，于是 $\varphi_正 > \varphi_负$。这就是说，作为氧化剂物质的电对的电极电势应大于作为还原剂物质的电对的电极电势。

(2) 中间价态物质的氧化还原性

中间价态物质（如 H_2O_2、I_2 等）既可以与其低价态物质成为氧化还原电对（如 H_2O_2/H_2O、I_2/I^-）而用作氧化剂，又可以与其高价态物质成为氧化还原电对（如 O_2/H_2O_2、IO_3^-/I_2）而用作还原剂。以 H_2O_2 为例，它常用作氧化剂而被还原为 H_2O 或 OH^-。

$$H_2O_2 + 2H^+ + 2e^- \Longrightarrow 2H_2O \quad E^\ominus = 1.77 \ V$$

但 H_2O_2 遇到强氧化剂如 $KMnO_4$ 或 KIO_3（在酸性介质中）时，则作为还原剂而被氧化，放出氧气。

$$O_2 + 2H^+ + 2e^- \Longrightarrow H_2O_2 \quad E^\ominus = 0.682 \ V$$

H_2O_2 还能在同一反应系统中扮演双重角色（氧化剂和还原剂）。

例如，在 Mn^{2+} 和丙二酸 $CH_2(COOH)_2$ 存在条件下，过氧化氢（还原剂）与酸性介质中的碘酸钾（氧化剂）发生氧化还原反应而生成游离碘 I_2，I_2 和溶液中的淀粉形成蓝色配合物;此时,过量的过氧化氢(氧化剂)又能将反应生成的 I_2 (还原剂)氧化成为碘酸根离子,溶液蓝色消失;当碘酸根离子再次被过氧化氢还原生成 I_2 时,溶液又变为蓝色[①]。反应如此"摇摆"发生,颜色也随之反复变化,直到过氧化氢等物质含量消耗至一定程度方才结束。主要反应式为:

$$2IO_3^- + 2H^+ + 5H_2O_2 === I_2 + 5O_2\uparrow + 6H_2O$$

$$5H_2O_2 + I_2 === 2IO_3^- + 2H^+ + 4H_2O$$

应当指出,实验所涉及的反应机理较为复杂,有些情况尚不清楚,一些副反应这里不作介绍。

(三) 实验用品

1. 仪器

常用仪器:表面皿(2块) 烧杯(50 mL,3 个) 试管 试管架 滴管 量筒(10 mL,50 mL,100 mL) 洗瓶 滤纸碎片 砂纸

其他:锌片 小锌条 铜片 铜丝(粗、细) 铁片 小铁钉 一头连有鳄鱼夹的导线 直流伏特计(0~3 V) 盐桥[②]

2. 药品

酸:盐酸 HCl(0.1 mol/L,浓)　　　硫酸 H_2SO_4(1 mol/L,3 mol/L)

碱:氢氧化钠 NaOH(3 mol/L)

盐:硫酸铜 $CuSO_4$(0.1 mol/L)　　　三氯化铁 $FeCl_3$(0.1 mol/L)

　　硫酸亚铁 $FeSO_4$(0.1 mol/L)　　　溴化钾 KBr(0.1 mol/L)

　　氯酸钾 $KClO_3$(0.1 mol/L)　　　碘化钾 KI(0.1 mol/L)

　　铁氰酸钾 $K_3[Fe(CN)_6]$(0.01 mol/L)

　　高锰酸钾 $KMnO_4$(0.01 mol/L)　　硫氰酸钾 KSCN(0.1 mol/L)

　　氯化钠 NaCl(0.1 mol/L)　　　　硫化钠 Na_2S(0.1 mol/L,饱和)

　　亚硫酸钠 Na_2SO_3(0.1 mol/L)　　硝酸铅 $Pb(NO_3)_2$(0.1 mol/L)

　　硫酸锌 $ZnSO_4$(0.1 mol/L)

其他:溴 Br_2 水(饱和)　　　　　过氧化氢 H_2O_2(3%)

　　　碘 I_2 水(饱和)　　　　　锌粒(纯)

　　　乌洛托品$(CH_2)_6N_4$(20%)　酚酞(1%)

　　　苯 C_6H_6

试液(Ⅰ) 取 410 mL 3% H_2O_2 溶液,倒入大烧杯中,加水稀释至 1 000

---

① 反应过程中,溶液的颜色会发生依次为无色→琥珀色→蓝色的反复变化。

② 将 2 g 琼胶和 30 g KCl 溶于 100 mL 水中,加热煮沸后,趁热倒入 U 形管中,冷却后,即为"盐桥"。不用时,可将 U 形管倒置,使管口浸在饱和 KCl 溶液中。

mL,并搅匀,贮存于棕色瓶中。

试液(Ⅱ) 称取 42.8 g KIO₃,置于烧杯中,加入适量水,加热使其完全溶解。待冷却后,加入 40 mL 1 mol/L H₂SO₄,将混合液加水稀释至 1 000 mL,并搅匀,贮存于棕色瓶中。

试液(Ⅲ) 称取 0.3 g 可溶性淀粉,置于烧杯中,用少量水调成糊状,加入盛有沸水的烧杯中,然后加入 3.4 g MnSO₄ · 2H₂O 和 15.6 g 丙二酸 CH₂(COOH)₂①,不断搅拌使它们全部溶解。冷却后,加水稀释至 1 000 mL,贮存于棕色瓶中。

(四) 实验内容与步骤

若时间不够,可考虑做本实验内容 1(1),2,3(2)、(3),4。

1. 原电池组成和电动势的粗略测定

(1) 在 2 个 50 mL 烧杯中,分别倒入适量 0.1 mol/L CuSO₄ 和 0.1 mol/L FeSO₄ 溶液,按附图 1-3 装配成原电池,接上伏特计(注意正、负极),观察伏特计指针偏转方向,并记录伏特计读数。

(2) 分别用锌电极、铅电极等代替上述原电池中的任一电极,重新测定电动势并记录之(注意保留 CuSO₄、ZnSO₄、Pb(NO₃)₂和 FeSO₄ 溶液,待用)②。

根据上述实验写出其中任一个原电池的符号、电极反应式及原电池总反应式,并比较各电极的电势大小。

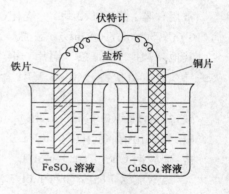

附图 1-3 原电池装置

2. 浓度、介质对电极电势和氧化还原反应的影响

(1) 浓度对电极电势的影响

从实验内容 1 中挑选一个电动势 E 较小的原电池。按实验内容 1(1)操作,在任一电极中加水稀释,或选择适当的物质(如 OH⁻、S²⁻、NH₃)加入某一电极中,使生成难溶物质或难离解的物质(如配离子)。观察伏特计指针偏转的变化(包括指针偏转的方向及变化程度)。

(2) 介质对电极电势和氧化还原反应的影响

(a) 介质对氯酸钾氧化性的影响 将少量 0.1 mol/L KClO₃ 和 KI 溶液在

① 欲使琥珀色明显,丙二酸的用量可适当加大。
② 可供本实验 2(1)、3(1) 及 4(3)(b)用。

试管中混匀,观察现象。若加热,有无变化? 若用 3 mol/L H_2SO_4 酸化,又如何?

(b) 介质对高锰酸钾氧化性的影响 往 0.01 mol/L $KMnO_4$ 溶液中分别加入 3 mol/L H_2SO_4 溶液或 3 mol/L NaOH 溶液或 H_2O,使高锰酸钾溶液在不同介质(酸性、碱性、中性)条件下,分别与少量 0.1 mol/L Na_2SO_3 溶液作用。观察有何不同现象(注意碱性条件下 0.1 mol/L Na_2SO_3 溶液的用量要尽量少,同时碱溶液用量不宜过少。为什么?)。写出有关反应方程式。

3. 氧化还原电对的氧化还原性

(1) 金属及其离子的氧化还原性

利用实验内容 1 的一些金属及其离子溶液,进行一些置换反应以确定这些金属还原性的相对强弱。在实验时,金属表面应用砂纸擦净。观察现象,写出结论及有关反应方程式。

(2) 卤素及其离子的氧化还原性

将少量 0.1 mol/L KI 溶液与 0.1 mol/L $FeCl_3$ 溶液在试管中混匀,能观察到反应发生吗? 若能反应,产物是什么? 如何用实验验证?

提示:Cl_2、Br_2、I_2 在水中通常由于浓度较小,颜色不易显出。但它们易溶于苯或四氯化碳 CCl_4 中(为什么?)。所以可加入少量(为什么?)苯或 CCl_4,使卤素单质溶解并浓缩于有机溶剂中(这一方法称为萃取)以显色。

对于 Fe^{2+} 和 Fe^{3+} 的鉴别,一般可利用下列反应:

$$3Fe^{2+} + 2[Fe(CN)_6]^{3-} =\!=\!= Fe_3[Fe(CN)_6]_2 \downarrow (蓝色)$$

$$Fe^{3+} + [Fe(CN)_6]^{3-} =\!=\!= Fe[Fe(CN)_6] (棕色)$$

根据上述实验,可以知道氧化还原电对 Fe^{3+}/Fe^{2+} 与 I_2/I^- 的电极电势的相对大小以及这些氧化剂、还原剂的相对强弱。若再有饱和溴水及 0.1 mol/L KBr 溶液,试设计并进行一些简单实验,以比较 I_2/I^-、Fe^{3+}/Fe^{2+}、Br_2/Br^- 三电对的电极电势大小,并指出它们当中作为氧化剂、还原剂的相对强弱。

(3) 中间价态物质的氧化还原性

(a) H_2O_2 的氧化还原性 往 1 只试管中加入少量 0.1 mol/L $Pb(NO_3)_2$ 和 0.1 mol/L Na_2S 溶液,有何现象发生? 往另 1 只试管中加入少量 0.01 mol/L $KMnO_4$ 溶液,并用 3 mol/L H_2SO_4 溶液酸化。然后往上述 2 只试管中各加入少量 3% H_2O_2 溶液,摇匀。仔细观察现象,并加以解释。

(b) H_2O_2 与 KIO_3 溶液的摇摆反应 取 10 mL 试液(Ⅰ),倒入 50 mL 烧杯

中,然后加入试液(Ⅱ)和试液(Ⅲ)各 10 mL,搅拌均匀,观察溶液颜色的反复变化①。

（五）思考题

（1）本实验中伏特计上读数是原电池的电动势吗？其数值是否可以作为比较电极电势大小的依据？为什么？

（2）如何通过实验比较下列各组物质的氧化性或还原性强弱？

① 氧化性

(a) Cu^{2+}、Fe^{2+}、Pb^{2+}、Zn^{2+}；

(b) Br_2、I_2、Fe^{3+}。

② 还原性

(a) Cu、Fe、Pb、Zn；

(b) Br^-、I^-、Fe^{2+}。

（3）介质对 $KMnO_4$ 的氧化性有何影响？如何用实验验证？试根据电极电势予以说明。

（4）在 H_2O_2 与 KIO_3 溶液的摇摆反应中，H_2O_2 起什么作用？主要是什么物质导致反应系统的颜色发生反复的变化？

实验七 配位化合物的生成及其性质

（一）实验目的

（1）理解配离子与简单离子的区别。

（2）比较配离子的相对稳定性,掌握配位平衡与沉淀、氧化还原反应和溶液酸度的关系。

（3）了解螯合物的形成。

（二）实验原理

1. 配位化合物组成

内界(中心离子＋配体)＋外界。

2. 配离子的稳定平衡常数

配位化合物为强电解质,在水溶液中完全电离成内界(配离子)和外界,如：

$$[Cu(NH_3)_4]SO_4 \Longrightarrow [Cu(NH_3)_4]^{2+} + SO_4^{2-}$$

配离子是弱电解质,在水溶液中部分电离,如：

$$[Cu(NH_3)_4]^{2+} \Longleftrightarrow Cu^{2+} + 4NH_3$$

---

① 该反应亦可在大试管或量筒中进行。可沿器壁慢慢倒入试液(Ⅰ)、(Ⅱ)、(Ⅲ),不要搅拌(尽量不混匀),使溶液分层,观察反应的进行。

平衡常数表达式：

$$K_{不稳} = \frac{[Cu^{2+}][NH_3]^4}{[Cu(NH_3)_4^{2+}]}$$

3. 配离子的离解平衡

配离子的离解是一种化学平衡，当改变某物质的浓度时，平衡会发生移动。

配位体多为酸根离子或弱碱，当溶液中 $c(H^+)$ 增大时，配位体与 H^+ 结合成弱酸分子，配位平衡发生移动，配合物的稳定性下降，这种作用称为配位体的酸效应。

一些难溶盐在溶液中可通过形成配离子而溶解，有些配离子也可通过加入沉淀剂生成沉淀，这样配位平衡与沉淀平衡可以相互转换。

在一种配离子溶液中，加入能与中心离子形成更稳定配离子的配位剂，可以发生配离子的转化，向着生成 $K_稳$ 更大（更难离解）的配离子方向移动。

4. 螯合物的形成和特性

一个配位体中有两个或多个原子（多基配体）同时与一个中心离子进行配位，所形成的环状结构化合物叫作螯合物。

常见的多基配体：

乙二胺（en）：$H_2N—CH_2—CH_2—NH_2$

乙二胺四乙酸根（EDTA）：

$$\left[\begin{array}{c} OOC—H_2C \\ \\ OOC—H_2C \end{array} \!\! \begin{array}{c} \\ N—CH_2—CH_2—N \\ \end{array} \!\! \begin{array}{c} CH_2—COO \\ \\ CH_2—COO \end{array} \right]^{4-}$$

丁二肟：$CH_3—C\!=\!HOH$
　　　　$CH_3—C\!=\!NOH$

（三）实验用品

1. 仪器

离心机　试管　离心试管

2. 药品

$CuSO_4$(0.1 mol/L)　　NH_3(2 mol/L,6 mol/L,0.1 mol/L)　　无水乙醇　$HgCl_2$(0.1 mol/L)　　$NiSO_4$(0.2 mol/L)　　KI(0.1 mol/L)　　$BaCl_2$(0.1 mol/L)　$NaOH$(0.1 mol/L)　　$FeCl_3$(0.1 mol/L)　　$KSCN$(0.1 mol/L)　　$K_3[Fe(CN)_6]$(0.1 mol/L)　　$AgNO_3$(0.1 mol/L)　　KBr(0.1 mol/L)　　$Na_2S_2O_3$(0.1 mol/L)　　$CoCl_2$(0.1 mol/L)　　H_2SO_4(2 mol/L)　　Na_2H_2edta(0.1 mol/L)　　丁二肟(10 g/L)

（四）实验内容与步骤

1. 配合物的生成和配合物的组成

（1）取一支试管，加入 1 mL 0.1 mol/L 的 $CuSO_4$ 溶液，滴加 2 mol/L 的 NH_3 溶液，溶液变为深蓝色。取出 1 mL 溶液于一支试管中，加入 1 mL 无水乙醇，发现产生蓝色沉淀。说明铜铵配合物在乙醇中溶解度较小。

（2）取一支试管，加 4 滴 0.1 mol/L 的 $HgCl_2$ 溶液，滴加 0.1 mol/L 的 KI 溶液，观察到有红色沉淀生成。再滴加过量的 KI 溶液，红色沉淀溶解。

$$HgCl_2 + 2KI = HgI_2 \downarrow + 2KCl$$

$$HgI_2 + 2KI = K_2[HgI_4]$$

（3）取两支试管 A、B，各加 1 mL 0.2 mol/L 的 $NiSO_4$ 溶液，在 A 试管中滴加 0.1 mol/L 的 $BaCl_2$ 溶液，在 B 试管中滴加 0.1 mol/L 的 NaOH 溶液。A、B 试管中都产生白色沉淀。

$$BaCl_2 + NiSO_4 = BaSO_4 \downarrow + NiCl_2$$

$$NiSO_4 + 2NaOH = Ni(OH)_2 \downarrow + Na_2SO_4$$

另取一支试管，加 2 ml 的 0.2 mol/L 的 $NiSO_4$ 溶液，滴加 6 mol/L 的 NH_3 溶液，边加边振荡，待生成的沉淀完全溶解后，把溶液分在两支试管 C、D 中。在 C 试管中滴加 0.1 mol/L 的 $BaCl_2$ 溶液，在 D 试管中滴加 0.1 mol/L 的 NaOH 溶液，C 试管有白色沉淀生成，D 管无明显现象。

$$BaCl_2 + NiSO_4 = BaSO_4 \downarrow + NiCl_2$$

D 管中镍离子以 $[Ni(NH_3)_4]^{2+}$ 存在，不与 OH^- 发生反应。

（4）取一支试管，加 10 滴 0.1 mol/L 的 $FeCl_3$ 溶液，滴加 0.1 mol/L 的 KSCN 溶液，溶液变成血红色。

$$FeCl_3 + 6KSCN = K_3[Fe(SCN)_6] + 3KCl$$

另取一支试管，加 10 滴 0.1 mol/L 的 $K_3[Fe(CN)_6]$ 溶液，滴加 0.1 mol/L 的 KSCN 溶液，无明显现象。说明 $K_3[Fe(CN)_6]$ 比 $K_3[Fe(SCN)_6]$ 更稳定。

2. 配合物的稳定性的比较

取两支试管 A、B，各加 4 滴 0.1 mol/L 的 $AgNO_3$ 溶液和 2 滴 0.1 mol/L 的 KBr 溶液，观察到有浅黄色的 AgBr 沉淀生成。在 A 试管中滴加 0.1 mol/L 的 $Na_2S_2O_3$ 溶液，边滴边振荡，直至沉淀刚好溶解；在 B 试管中滴加相同体积的 0.1 mol/L 的 NH_3 溶液，观察到沉淀溶解。

$$AgBr + 2NH_3 = Ag(NH_3)_2Br$$

3. 配位平衡的移动

（1）取一支试管，加 3 滴 0.1 mol/L 的 $FeCl_3$ 溶液和 3 滴 0.1 mol/L 的 KSCN 溶液，加入 10 ml 水稀释，将溶液分装在三支试管 A、B、C 中。在 A 试管中加 5 滴 0.1 mol/L 的 $FeCl_3$ 溶液,在 B 试管中加 5 滴 0.1 mol/L 的 KSCN 溶液,C 试管留作比较。观察实验现象,A 试管红色变深,B 试管红色变深。

加入反应物,使 $Fe^{3+} + 6SCN^- == [Fe(SCN)_6]^{3-}$ 平衡正向移动,生成物增加,溶液颜色变深。

(2) 取一支试管,加 10 滴 0.1 mol/L 的 $CoCl_2$ 溶液和 3 滴 0.1 mol/L 的 KSCN 溶液,溶液无明显变化。再加入少量 KSCN 晶体,溶液呈蓝紫色(生成 $[Co(SCN)_4]^{2-}$)。然后加蒸馏水稀释,观察发现溶液颜色变浅。

溶液混合时,有 $K < K^\ominus$,不产生 $[Co(SCN)_4]^{2-}$ 络合物。加入少量 KSCN 晶体后,使 $K > K^\ominus$,因此反应 $[Co(SCN)_4]^{2-} == Co^{2+} + 4SCN^-$ 逆向移动,生成了蓝紫色的络合物。用水稀释后,K 减小,因此反应正向移动,蓝紫色变浅。

(3) 取一支试管,加 10 滴 0.1 mol/L 的 $CuSO_4$ 溶液,再滴加 6 mol/L 的 NH_3 溶液至生成的沉淀恰好溶解,观察到溶液为蓝紫色。然后将此溶液加水稀释,观察沉淀又重新生成。

$Cu^{2+} + 4NH_3 == [Cu(NH_3)_4]^{2+}$ 加水稀释后,K 增大,反应逆向移动,Cu^{2+} 增多,使 $Cu^{2+} + 2OH^- == Cu(OH)_2\downarrow$ 反应正向移动,生成氢氧化铜沉淀。

(4) 按上述实验方法制取 $[Cu(NH_3)_4]^{2+}$ 溶液,然后滴加 2 mol/L 的 H_2SO_4 溶液,无明显现象产生。说明 $[Cu(NH_3)_4]^{2+}$ 稳定性较高。

4. 螯合物的生成

(1) 取两支试管 A、B,在 A 试管中加 10 滴自己配制的 $[Fe(NCS)_6]^{3-}$ 溶液,在 B 试管中加 10 滴自己制备的 $[Cu(NH_3)_4]^{2+}$ 溶液,然后向两支试管中滴加 0.1 mol/L 的 Na_2H_2edta 溶液。A 试管中红色变为黄色,B 试管中蓝紫色变深。因为 A 试管中生成了黄色的 $[Fe(edta)]^-$,B 试管中生成了深蓝色的 $[Cu(edta)]^{2-}$。

(2) 取一试管,加 10 滴 0.2 mol/L 的 $NiSO_4$ 溶液、10 滴 0.1 mol/L 的 NH_3 溶液和 10 滴 10 g/L 的丁二肟溶液,振荡试管,发现生成鲜红色沉淀。

(五) 注意事项

(1) 实验过程中取用后的试剂要放回原处,以方便他人取用。

(2) 滴加试剂时滴管不能伸入试管内部,以免污染公用试剂。

(3) 注意记录实验现象和反常现象。

(4) 使用离心机时要注意离心试管的对称放置,若 1 个试管离心应在对称位置放置加有相同体积水的试管以保持离心机转动时的平衡。另外还要注意离心过程中不要打开机盖,以免发生危险。

(5) 保持实验室的安静整洁,每个人要负责保持自己实验台的物品整齐和台面清洁,实验结束后将试管清洗干净,倒置于试管架上摆放整齐。

（六）思考题

（1）影响配位平衡的因素主要有哪些？

（2）简述 Na_2H_2edta 与金属离子所形成的配离子的特点。

附录二　各种数据表

附表 1　一些常见单质、离子及化合物的热力学函数

(298.15 K, 100 kPa)

物质 B 化学式	状　态	$\dfrac{\Delta_f H_m^{\ominus}}{kJ \cdot mol^{-1}}$	$\dfrac{\Delta_f G_m^{\ominus}}{kJ \cdot mol^{-1}}$	$\dfrac{S^{\ominus}}{J \cdot mol^{-1} \cdot K^{-1}}$
Ag	cr	0	0	42.55
Ag^+	ao	105.579	77.107	72.68
AgBr	cr	−100.37	−96.90	107.1
AgCl	cr	−127.068	−109.789	96.2
$AgCl_2^-$	ao	−245.2	−215.4	231.4
Ag_2CO_3	cr	−505.8	−436.8	167.4
$Ag_2C_2O_4$	cr	−673.2	−584.0	209
Ag_2CrO_4	cr	−731.74	−641.76	217.6
AgF	cr	−204.6	—	—
AgI	cr	−61.84	−66.19	115.5
AgI_2^-	ao	—	−87.0	
$AgNO_3$	cr	−124.39	−33.41	140.92
$Ag(NH_3)_2^+$	ao	−111.29	−17.12	245.2
Ag_2O	cr	−31.05	−11.20	121.3
Ag_3PO_4	cr	—	−879	—
Ag_2S	cr(α-斜方)	−32.59	−40.69	144.01
Al	cr	0	0	28.33
Al^{3+}	ao	−531	−485	−321.7
$AlCl_3$	cr	−704.2	−628.8	110.67
AlF_3	cr	−1 504.1	−1 425.0	66.44
AlN	cr	−318.0	−287.0	20.17
AlO_2^-	ao	−930.9	−830.9	−36.8

物质 B 化学式	状　态	$\dfrac{\Delta_f H_m^{\ominus}}{kJ \cdot mol^{-1}}$	$\dfrac{\Delta_f G_m^{\ominus}}{kJ \cdot mol^{-1}}$	$\dfrac{S^{\ominus}}{J \cdot mol^{-1} \cdot K^{-1}}$
Al_2O_3	cr(刚玉)	$-1\,675.7$	$-1\,582.3$	50.92
$Al(OH)_4^-$	ao$[AlO_2^-$(ao)$+2H_2O(l)]$	$-1\,502.5$	$-1\,305.3$	102.9
$Al_2(SO_4)_3$	cr	$-3\,440.84$	$-3\,099.94$	239.3
As	cr(灰)	0	0	35.1
AsO_4^{3-}	ao	-888.14	-648.41	-162.8
As_4O_6	cr	$-1\,313.94$	$-1\,152.43$	214.2
$HAsO_4^{2-}$	ao	-906.34	-714.60	-1.7
$H_2AsO_4^-$	ao	-909.56	-753.17	117
H_3AsO_4	ao	-902.5	-766.0	184
H_3AsO_3	ao	-742.2	-639.80	195.0
As_2O_5	cr	-924.87	-782.3	105.4
As_2S_3	cr	-169.0	-168.6	163.6
Au	cr	0	0	47.40
$AuCl$	cr	-34.7	—	—
$AuCl_2^-$	ao	—	-151.12	
$AuCl_3$	cr	-117.6	—	—
$AuCl_4^-$	ao	-322.2	-235.14	266.9
B	cr	0	0	5.86
BBr_3	g	-205.64	-232.50	324.24
BCl_3	g	-403.76	-388.72	290.10
BF_3	g	$-1\,137.00$	$-1\,120.33$	254.12
BF_4^-	ao	$-1\,574.9$	$-1\,486.9$	180
B_2H_6	g	35.6	86.7	232.11
BI_3	g	71.13	20.72	349.18
B_2O_3	cr	$-1\,272.77$	$-1\,193.65$	53.97
H_3BO_3	cr	$-1\,094.33$	-968.92	88.83
H_3BO_3	ao	$-1\,072.32$	-968.75	162.3
$B(OH)_4^-$	ao	$-1\,344.03$	$-1\,153.17$	102.5
BN	cr	-254.4	-228.4	14.81
Ba	cr	0	0	62.8
Ba^{2+}	ao	-537.64	-560.77	9.6

续表

物质 B 化学式	状 态	$\dfrac{\Delta_f H_m^{\ominus}}{kJ \cdot mol^{-1}}$	$\dfrac{\Delta_f G_m^{\ominus}}{kJ \cdot mol^{-1}}$	$\dfrac{S^{\ominus}}{J \cdot mol^{-1} \cdot K^{-1}}$
$BaCl_2$	cr	-858.6	-810.4	123.68
$BaCO_3$	cr	$-1\,216.3$	$-1\,137.6$	112.1
$BaCrO_4$	cr	$-1\,446.0$	$-1\,345.22$	158.6
$Ba(NO_3)_2$	cr	-992.07	-796.59	213.8
BaO	cr	-553.5	-525.1	70.42
$Ba(OH)_2$	cr	-944.7	—	—
BaS	cr	-460	-456	78.2
$BaSO_4$	cr	$-1\,473.2$	$-1\,362.2$	132.2
Be	cr	0	0	9.50
Be	g	324.3	286.6	136.269
Be^{2+}	ao	-382.8	-379.73	-129.7
$BeCl_2$	cr(α)	-490.4	-445.6	82.68
BeO	cr	-609.6	-580.3	14.14
$Be(OH)_2$	cr(α)	-902.5	-815.0	51.9
$BeCO_3$	cr	$-1\,025$	—	—
Bi	cr	0	0	56.74
Bi^{3+}	ao	—	82.8	—
$BiCl_3$	cr	-379.1	-315.0	117.0
Bi_2O_3	cr	-573.88	-493.7	151.5
$BiOCl$	cr	-366.9	-322.1	120.5
Bi_2S_3	cr	-143.1	-140.6	200.4
Br^-	ao	-121.55	-103.96	82.4
Br_2	l	0	0	152.231
Br_2	ao	-2.59	3.93	130.5
Br_2	g	30.907	3.110	245.436
BrO^-	ao	-94.1	-33.4	42
BrO_3^-	ao	-67.07	18.60	161.71
BrO_4^-	ao	13.0	118.1	199.6
HBr	g	-36.40	-53.45	198.695
$HBrO$	ao	-113.0	-82.4	142

物质 B 化学式	状　态	$\dfrac{\Delta_f H_m^{\ominus}}{kJ \cdot mol^{-1}}$	$\dfrac{\Delta_f G_m^{\ominus}}{kJ \cdot mol^{-1}}$	$\dfrac{S^{\ominus}}{J \cdot mol^{-1} \cdot K^{-1}}$
C	cr(石墨)	0	0	5.740
C	cr(金刚石)	1.895	2.900	2.377
CH_4	g	−74.81	−50.72	186.264
CH_3OH	g	−200.66	−161.96	239.81
CH_3OH	l	−238.66	−166.27	126.8
CH_2O	g	−115.9	−110	218.7
$HCOOH$	ao	−425.43	−372.3	163
C_2H_2	g	226.73	209.20	200.94
C_2H_4	g	52.26	68.15	219.56
C_2H_6	g	−84.68	−32.82	229.60
CH_3CHO	g	−116.19	−128.86	250.3
CH_3CHO	l	−192.2	−127.6	160.2
C_2H_5OH	g	−235.1	−168.49	282.70
C_2H_5OH	l	−277.69	−174.78	160.78
C_2H_5OH	ao	−288.3	−181.64	148.5
CH_3COO^-	ao	−486.01	−369.31	86.6
CH_3COOH	l	−484.5	−389.9	124.3
CH_3COOH	ao	−485.76	−396.46	178.7
$(CH_3)_2O$	g	−184.05	−112.59	266.38
$C_6H_5CH_2CH_3$	g	—	130.6	—
$C_6H_5CHCH_2$	g	147.9	213.8	—
$C_6H_5CHCH_2$	l	103.8	—	—
$C_6H_{12}O_6$	s	−1 274.4	−910.5	212
$C_{12}H_{22}O_{11}$	s	−2 222	—	360.2
$CHCl_3$	l	−134.47	−73.66	201.7
CCl_4	l	−135.44	−65.21	216.40
CN^-	ao	150.6	172.4	94.1
HCN	ao	107.1	119.7	124.7
SCN^-	ao	76.44	92.71	144.3
$HSCN$	ao	—	97.56	—

物质 B 化学式	状 态	$\dfrac{\Delta_f H_m^\ominus}{kJ \cdot mol^{-1}}$	$\dfrac{\Delta_f G_m^\ominus}{kJ \cdot mol^{-1}}$	$\dfrac{S^\ominus}{J \cdot mol^{-1} \cdot K^{-1}}$
CO	g	−110.525	−137.168	197.674
CO_2	g	−393.509	−394.359	213.74
CO_2	ao	−413.80	−385.98	117.6
CO_3^{2-}	ao	−677.14	−527.81	−56.9
HCO_3^-	ao	−691.99	−586.77	91.2
H_2CO_3	ao$[CO_2(ao)+H_2O(l)]$	−699.65	−623.08	187.4
$C_2O_4^{2-}$	ao	−825.1	−673.9	45.6
$HC_2O_4^-$	ao	−818.4	−698.34	149.4
CS_2	l	89.70	65.27	151.34
Ca	cr	0	0	41.42
Ca^{2+}	ao	−542.83	−553.58	−53.1
CaC_2	cr	−59.8	−64.9	69.96
$CaCl_2$	cr	−795.8	−748.1	104.6
$CaCO_3$	cr(方解石)	−1 206.92	−1 128.79	92.9
CaC_2O_4	cr	−1 360.6	—	—
$CaC_2O_4 \cdot H_2O$	cr	−1 674.86	−1 513.87	156.5
CaH_2	cr	−186.2	−147.2	42.0
CaF_2	cr	−1 219.6	−1 167.3	68.87
CaO	cr	−635.09	−604.03	39.75
$Ca(OH)_2$	cr	−986.09	−898.49	83.39
$Ca_3(PO_4)_2$	cr(β,低温型)	−4 120.8	−3 884.7	236.0
$Ca_3(PO_4)_2$	cr(α,高温型)	−4 109.9	−3 875.5	240.91
$Ca_{10}(PO_4)_6(OH)_2$	cr(羟基磷灰石)	−13 477	−12 677	780.7
$Ca_{10}(PO_4)_6F_2$	cr(氟磷灰石)	−13 744	−12 983	775.7
$CaSO_4 \cdot 2H_2O$	cr(石膏)	−2 022.63	−1 797.28	194.1
Cd	cr	0	0	51.76
Cd^{2+}	ao	−75.9	−77.612	−73.2
$CdCO_3$	cr	−750.6	−669.4	92.5
$Cd(NH_3)_4^{2+}$	ao	−450.2	−226.1	336.4
CdO	cr	−258.2	−228.4	54.8

物质 B 化学式	状　态	$\dfrac{\Delta_f H_m^{\ominus}}{kJ \cdot mol^{-1}}$	$\dfrac{\Delta_f G_m^{\ominus}}{kJ \cdot mol^{-1}}$	$\dfrac{S^{\ominus}}{J \cdot mol^{-1} \cdot K^{-1}}$
$Cd(OH)_2$	cr(沉淀)	-560.7	-473.6	96
CdS	cr	-161.9	-156.5	64.9
Ce	cr	0	0	72.0
Ce^{3+}	ao	-696.2	-672.0	-205
Ce^{4+}	ao	-537.2	-503.8	-301
Cl^-	ao	-167.159	-131.228	56.5
Cl_2	g	0	0	223.066
Cl_2	ao	-23.4	6.94	121
ClO^-	ao	-107.1	-36.8	42
ClO_2^-	ao	-66.5	17.2	101.3
ClO_3^-	ao	-103.97	-7.95	162.3
ClO_4^-	ao	-129.33	-8.52	182.0
HCl	g	-92.307	-95.299	186.908
$HClO$	g	-78.7	-66.1	236.67
$HClO$	ao	-120.9	-79.9	142
Co	cr(六方)	0	0	30.04
Co^{2+}	ao	-58.2	-54.4	-113
Co^{3+}	ao	92	134	-305
$CoCl_2$	cr	-312.5	-269.8	109.16
$Co(NH_3)_4^{2+}$	ao	—	-189.3	—
$Co(NH_3)_6^{3+}$	ao	-584.9	-157.0	146
$Co(OH)_2$	cr(蓝,沉淀)	—	-450.6	—
$Co(OH)_2$	cr(桃红,沉淀)	-539.7	-454.3	79
$Co(OH)_3$	cr	-716.7	—	—
Cr	cr	0	0	23.77
Cr^{2+}	ao	-143.5	—	—
$CrCl_3$	cr	-556.5	-486.1	123.0
CrO_4^{2-}	ao	-881.15	-727.75	50.21
Cr_2O_3	cr	$-1\,139.7$	$-1\,058.1$	81.2
$Cr_2O_7^{2-}$	ao	$-1\,490.3$	$-1\,301.1$	261.9

物质 B 化学式	状 态	$\dfrac{\Delta_f H_m^{\ominus}}{kJ \cdot mol^{-1}}$	$\dfrac{\Delta_f G_m^{\ominus}}{kJ \cdot mol^{-1}}$	$\dfrac{S^{\ominus}}{J \cdot mol^{-1} \cdot K^{-1}}$
Cs	cr	0	0	85.23
Cs^+	ao	-258.28	-292.02	133.05
CsCl	cr	-443.04	-414.53	101.17
CsF	cr	-553.5	-525.5	92.80
Cu	cr	0	0	33.150
Cu^+	ao	71:67	49.98	40.6
Cu^{2+}	ao	64.77	65.49	-99.6
CuBr	cr	-104.6	-100.8	96.11
CuCl	cr	-137.2	-119.86	86.2
$CuCl_2^-$	ao	—	-240.1	—
CuI	cr	-67.8	-69.5	96.7
$Cu(NH_3)_4^{2+}$	ao	-348.5	-111.07	273.6
CuO	cr	-157.3	-129.7	42.63
CuS	cr	-53.1	-53.6	66.5
$CuSO_4$	cr	-771.36	-661.8	109
$CuSO_4 \cdot 5H_2O$	cr	$-2\,279.65$	$-1\,879.745$	300.4
F^-	ao	-332.63	-278.79	-13.8
F_2	g	0	0	202.78
HF	ao	-320.08	-296.82	88.7
HF	g	-271.1	-273.2	173.779
HF_2^-	g	-649.94	-578.08	92.5
Fe	cr	0	0	27.28
Fe^{2+}	ao	-89.1	-78.9	-137.7
Fe^{3+}	ao	-48.5	-4.7	-315.9
$FeCl_2$	cr	-341.79	-302.30	117.95
$FeCl_3$	cr	-399.49	-334.00	142.3
Fe_2O_3	cr(赤铁矿)	-824.2	-742.2	87.4
Fe_3O_4	cr(磁铁矿)	$-1\,118.4$	$-1\,015.4$	146.4
$Fe(OH)_2$	cr(沉淀)	-569.0	-486.5	88
$Fe(OH)_3$	cr(沉淀)	-823.0	-696.5	106.7

物质 B 化学式	状态	$\dfrac{\Delta_f H_m^{\ominus}}{kJ \cdot mol^{-1}}$	$\dfrac{\Delta_f G_m^{\ominus}}{kJ \cdot mol^{-1}}$	$\dfrac{S^{\ominus}}{J \cdot mol^{-1} \cdot K^{-1}}$
$Fe(OH)_4^{2-}$	ao	—	-769.7	—
FeS_2	cr(黄铁矿)	-178.2	-166.9	52.93
$FeSO_4 \cdot 7H_2O$	cr	$-3\,014.57$	$-2\,509.87$	409.2
H^+	ao	0	0	0
H_2	g	0	0	130.684
H_2O	g	-241.818	-228.575	188.825
H_2O	l	-285.830	-237.129	69.91
H_2O_2	g	-136.31	-105.57	232.7
H_2O_2	l	-187.78	-120.35	109.6
H_2O_2	ao	-191.17	-134.03	143.9
Hg	l	0	0	76.02
Hg	g	61.317	31.820	174.96
Hg^{2+}	ao	171.1	164.40	-32.2
Hg_2^{2+}	ao	172.4	153.52	84.5
$HgCl_2$	ao	-216.3	-173.2	155
$HgCl_2$	cr	-224.3	-178.6	146.0
$HgCl_4^{2+}$	ao	-554.0	-446.8	293
Hg_2Cl_2	cr	-265.22	-210.745	192.5
HgI_2	cr(红色)	-105.4	-101.7	180
HgI_4^{2-}	ao	-235.6	-211.7	360
HgO	cr(红色)	-90.83	-58.539	70.29
HgO	cr(黄色)	-90.46	-58.409	71.1
HgS	cr(红色)	-58.2	-50.6	82.4
HgS	cr(黑色)	-53.6	-47.7	88.3
$Hg(NH_3)_4^{2+}$	ao	-282.8	-51.7	335
I^-	ao	-55.19	-51.57	111.3
I_2	cr	0	0	116.135
I_2	g	62.438	19.327	260.69
I_2	ao	22.6	16.40	137.2
I_3^-	ao	-51.5	-51.4	239.3

续表

物质 B 化学式	状 态	$\dfrac{\Delta_f H_m^{\ominus}}{kJ \cdot mol^{-1}}$	$\dfrac{\Delta_f G_m^{\ominus}}{kJ \cdot mol^{-1}}$	$\dfrac{S^{\ominus}}{J \cdot mol^{-1} \cdot K^{-1}}$
IO^-	ao	−107.5	−38.5	−5.4
IO_3^-	ao	−221.3	−128.0	118.4
IO_4^-	ao	−151.5	−58.5	222
HI	g	26.48	1.70	206.549
HIO	ao	−138.1	−99.1	95.4
HIO_3	ao	−211.3	−132.6	166.9
K	cr	0	0	64.18
K^+	ao	−252.38	−283.27	102.5
KBr	cr	−393.798	−380.66	95.90
KCl	cr	−436.747	−409.14	82.59
$KClO_3$	cr	−397.73	−296.25	143.1
$KClO_4$	cr	−432.75	−303.09	151.0
KCN	cr	−113.0	−101.86	128.49
K_2CO_3	cr	−1 151.02	−1 063.5	155.52
$KHCO_3$	cr	−963.2	−863.5	115.5
K_2CrO_4	cr	−1 403.7	−1 295.7	200.12
$K_2Cr_2O_7$	cr	−2 061.5	−1 881.8	291.2
KF	cr	−567.27	−537.75	66.57
$K_3[Fe(CN)_6]$	cr	−249.8	−129.6	426.06
$K_4[Fe(CN)_6]$	cr	−594.1	−450.3	418.8
KHF_2	cr(α)	−927.68	−859.68	104.27
KI	cr	−327.900	−324.892	106.32
KIO_3	cr	−501.37	−418.35	151.46
$KMnO_4$	cr	−837.2	−737.6	171.71
KNO_2	cr(正交)	−369.82	−306.55	152.09
KNO_3	cr	−494.63	−394.86	133.05
KO_2	cr	−284.93	−239.4	116.7
K_2O_2	cr	−494.1	−425.1	102.1
K_2O	cr	−361.5	—	—
KOH	cr	−424.764	−379.08	78.9

物质 B 化学式	状 态	$\dfrac{\Delta_f H_m^{\ominus}}{kJ \cdot mol^{-1}}$	$\dfrac{\Delta_f G_m^{\ominus}}{kJ \cdot mol^{-1}}$	$\dfrac{S^{\ominus}}{J \cdot mol^{-1} \cdot K^{-1}}$
KSCN	cr	−200.16	−178.31	124.26
K_2SO_4	cr	−1 437.79	−1 321.37	175.56
$K_2S_2O_8$	cr	−1 961.1	−1 697.3	278.7
$KAl(SO_4)_2 \cdot 12H_2O$	cr	−6 601.8	−5 141.0	687.4
La^{3+}	ao	−707.1	−683.7	−217.6
$La(OH)_3$	cr	−1 410.0	—	—
$LaCl_3$	cr	−1 071.0	—	—
Li	cr	0	0	29.12
Li^+	ao	−278.49	−293.31	13.4
Li_2CO_3	cr	−1 215.9	−1 132.06	90.37
LiF	cr	−615.97	−587.71	35.65
LiH	cr	−90.54	−68.05	20.008
Li_2O	cr	−597.94	−561.18	37.57
LiOH	cr	−484.93	−438.95	42.80
Li_2SO_4	cr	−1 436.49	−1 321.70	115.1
Mg	cr	0	0	32.68
Mg^{2+}	ao	−466.85	−454.8	−138.1
$MgCl_2$	cr	−641.32	−591.79	89.62
$MgCO_3$	cr(菱镁矿)	−1 095.8	−1 012.1	65.7
$MgSO_4$	cr	−1 284.9	−1 170.6	91.6
$MgSO_4 \cdot 7H_2O$	cr	−3 388.71	−2 871.5	372
MgO	cr(方镁石)	−606.70	−569.43	26.94
$Mg(OH)_2$	cr	−924.54	−833.51	63.18
Mn	cr(α)	0	0	32.01
Mn^{2+}	ao	−220.75	−228.1	−73.6
$MnCl_2$	cr	−481.29	−440.59	118.24
MnO_2	cr	−520.03	−466.14	53.05
MnO_4^-	ao	−541.4	−447.2	191.2
MnO_4^{2-}	ao	−653	−500.7	59
$Mn(OH)_2$	am	−695.4	−615.0	99.2

物质 B 化学式	状　态	$\dfrac{\Delta_f H_m^\ominus}{kJ \cdot mol^{-1}}$	$\dfrac{\Delta_f G_m^\ominus}{kJ \cdot mol^{-1}}$	$\dfrac{S^\ominus}{J \cdot mol^{-1} \cdot K^{-1}}$
MnS	cr(绿色)	-214.2	-218.4	78.2
$MnSO_4$	cr	$-1\,065.25$	-957.36	112.1
Mo	cr	0	0	28.66
MoO_3	cr	-745.09	-667.97	77.74
MoO_4^{2-}	ao	-745.09	-667.97	—
N_2	g	0	0	191.61
N_3^-	ao	275.14	348.2	107.9
HN_3	ao	260.08	321.8	146
NH_3	g	-46.11	-16.45	192.45
NH_3	ao	-80.29	-26.50	111.3
NH_4^+	ao	-132.52	-79.31	113.4
N_2H_4	l	50.63	149.34	121.21
N_2H_4	g	95.40	159.35	238.47
N_2H_4	ao	34.31	128.1	138.0
NH_4Cl	cr	-314.43	-202.87	94.6
NH_4HCO_3	cr	-849.4	-665.9	120.9
$(NH_4)_2CO_3$	cr	-333.51	-197.33	104.60
NH_4NO_3	cr	-365.56	-183.87	151.08
$(NH_4)_2SO_4$	cr	$-1\,180.5$	-901.67	220.1
$(NH_4)_2S_2O_8$	cr	$-1\,648.1$	—	—
NH_4Ac	ao	-618.5	-448.6	200.0
NO	g	90.25	86.55	210.761
NO_2	g	33.08	51.31	240.06
NO_2^-	ao	-104.6	-32.0	123.0
NO_3^-	ao	-205.0	-108.74	146.4
HNO_2	ao	-119.2	-50.6	135.6
HNO_3	l	-174.10	-80.71	155.6
N_2O_4	l	-19.50	97.54	209.2
N_2O_4	g	9.16	97.89	304.29
N_2O_5	cr	-43.1	113.9	178.2

物质 B 化学式	状　态	$\dfrac{\Delta_f H_m^{\ominus}}{kJ \cdot mol^{-1}}$	$\dfrac{\Delta_f G_m^{\ominus}}{kJ \cdot mol^{-1}}$	$\dfrac{S^{\ominus}}{J \cdot mol^{-1} \cdot K^{-1}}$
N_2O_5	g	11.3	115.1	355.7
NOCl	g	51.71	66.08	261.69
Na	cr	0	0	51.21
Na^+	ao	−240.12	−261.905	59.0
HCOONa	cr	−666.5	−599.9	103.7
NaAc	cr	−708.81	−607.18	123.0
$Na_2B_4O_7$	cr	−3 291.1	−3 096.0	189.54
$Na_2B_4O_7 \cdot 10H_2O$	cr	−6 288.6	−5 516.0	586
NaBr	cr	−361.062	−348.983	86.82
NaCl	cr	−411.153	−384.138	72.13
Na_2CO_3	cr	−1 130.68	−1 044.44	134.98
$NaHCO_3$	cr	−950.81	−851.0	101.7
NaF	cr	−573.647	−543.494	51.46
NaH	cr	−56.275	−33.46	40.016
NaI	cr	−287.78	−286.06	98.53
$NaNO_2$	cr	−358.65	−284.55	103.8
$NaNO_3$	cr	−467.85	−367.00	116.52
Na_2O	cr	−414.22	−375.46	75.06
Na_2O_2	cr	−510.87	−447.7	95.0
NaO_2	cr	−260.2	−218.4	115.9
NaOH	cr	−425.609	−379.494	64.455
Na_3PO_4	cr	−1 917.4	−1 788.80	173.80
NaH_2PO_4	cr	−1 536.8	−1 386.1	127.49
Na_2HPO_4	cr	−1 478.1	−1 608.2	150.50
Na_2S	cr	−364.8	−349.8	83.7
Na_2SO_3	cr	−1 100.8	−1 012.5	145.94
Na_2SO_4	cr(斜方晶体)	−1 387.08	−1 270.16	149.58
Na_2SiF_6	cr	−2 909.6	−2 754.2	207.1
Ni	cr	0	0	29.87
Ni^{2+}	ao	−54.0	−45.6	−128.9

续表

物质 B 化学式	状　态	$\dfrac{\Delta_f H_m^{\ominus}}{kJ \cdot mol^{-1}}$	$\dfrac{\Delta_f G_m^{\ominus}}{kJ \cdot mol^{-1}}$	$\dfrac{S^{\ominus}}{J \cdot mol^{-1} \cdot K^{-1}}$
NiCl$_2$	cr	-305.332	-259.032	97.65
NiO	cr	-239.7	-211.7	37.99
Ni(CN)$_4^{2-}$	ao	367.8	472.1	218
Ni(CO)$_4$	g	-602.91	-587.23	410.6
Ni(CO)$_4$	l	-633.0	-588.2	313.4
Ni(OH)$_2$	cr	-529.7	-447.2	88
NiSO$_4$	cr	-872.91	-759.7	92
NiSO$_4$	ao	-949.3	-803.3	-18.0
NiSO$_4 \cdot 7H_2O$	cr	$-2\,976.33$	$-2\,461.83$	378.49
NiS	cr	-82.0	-79.5	52.97
O	g	249.170	231.731	161.055
O$_2$	g	0	0	205.138
O$_3$	g	142.7	163.2	238.9
O$_3$	ao	125.9	174.6	146
OF$_2$	g	24.7	41.9	247.43
OH$^-$	ao	-229.994	-157.244	-10.75
P	cr(白磷)	0	0	41.09
P	cr 红磷(三斜)	-17.6	-121.1	22.80
PF$_3$	g	-918.8	-897.5	273.24
PF$_5$	g	$-1\,595$	—	—
PCl$_3$	g	-287.0	-267.8	311.78
PCl$_3$	l	-319.7	-272.3	217.1
PCl$_5$	g	-374.9	-305.0	364.58
PCl$_5$	cr	-443.5	—	—
PH$_3$	g	5.4	13.4	210.23
PO$_4^{3-}$	ao	$-1\,277.4$	$-1\,018.7$	-222
P$_2$O$_7^{4-}$	ao	$-2\,271.1$	$1\,919.0$	$-1\,018.7$
P$_4$O$_6$	cr	$-1\,640.1$	—	—
P$_4$O$_{10}$	cr(六方)	$-2\,984.0$	$-2\,697.7$	$-2\,397.7$
HPO$_4^{2-}$	ao	$-1\,292.14$	$-1\,089.15$	-33.5

物质 B 化学式	状　态	$\dfrac{\Delta_f H_m^{\ominus}}{kJ \cdot mol^{-1}}$	$\dfrac{\Delta_f G_m^{\ominus}}{kJ \cdot mol^{-1}}$	$\dfrac{S^{\ominus}}{J \cdot mol^{-1} \cdot K^{-1}}$
$H_2PO_4^-$	ao	$-1\ 271.9$	$-1\ 123.6$	—
H_3PO_4	l	$-1\ 271.9$	$-1\ 123.6$	150.8
H_3PO_4	cr	$-1\ 279.0$	$-1\ 119.1$	110.50
H_3PO_4	ao	$-1\ 288.34$	$-1\ 142.54$	158.2
P_4O_{10}	cr	$-2\ 984.0$	$-2\ 697.7$	228.86
Pb	cr	0	0	64.81
Pb^{2+}	ao	-1.7	-24.43	10.5
$PbCl_2$	cr	-359.41	-314.10	136.0
$PbCl_3^-$	ao	—	-426.3	—
$PbCO_3$	cr	-699.1	-625.5	131.0
PbI_2	cr	-175.48	-173.64	174.85
PbI_4^{2-}	ao	—	-254.8	—
PbO	cr(黄色)	-217.32	-187.89	68.70
PbO	cr(红色)	-218.9	-188.93	66.5
PbO_2	cr	-277.4	-217.33	68.6
Pb_3O_4	cr	-718.4	-601.2	211.3
$Pb(OH)_3^-$	ao	—	-575.6	—
PbS	cr	-100.4	-98.7	91.2
$PbSO_4$	cr	-919.94	-813.14	148.57
$PbAc^+$	ao	—	-406.2	—
$Pb(Ac)_2$	ao	—	-779.7	—
Rb	cr	0	0	76.78
Rb^+	ao	-251.17	-283.98	121.50
S	cr(正交)	0	0	31.80
S_8	g	102.3	49.63	430.98
S^{2-}	ao	33.1	85.8	-14.6
HS^-	ao	-17.06	12.08	62.8
H_2S	g	-20.63	-33.56	205.79
H_2S	ao	-39.7	-27.83	121
SF_4	g	-774.9	-731.3	292.03

续表

物质 B 化学式	状 态	$\dfrac{\Delta_f H_m^{\ominus}}{kJ \cdot mol^{-1}}$	$\dfrac{\Delta_f G_m^{\ominus}}{kJ \cdot mol^{-1}}$	$\dfrac{S^{\ominus}}{J \cdot mol^{-1} \cdot K^{-1}}$
SF_6	g	$-1\ 209$	$-1\ 105.3$	291.83
SO_2	g	-296.830	-300.194	248.22
SO_2	ao	-322.980	-300.676	161.9
SO_3	g	-395.72	-371.06	256.76
SO_3^{2-}	ao	-635.5	-486.5	-29
SO_4^{2-}	ao	-909.27	-744.53	20.1
HSO_4^-	ao	-887.34	-755.91	131.8
HSO_3^-	ao	-626.22	-527.73	139.7
H_2SO_3	ao	-608.81	-537.81	232.2
H_2SO_4	l	-831.989	-609.003	156.904
$S_2O_3^{2-}$	ao	-648.5	-522.5	67
$S_4O_6^{2-}$	ao	$-1\ 224.2$	$-1\ 040.4$	257.3
SCN^-	ao	76.44	92.71	144.3
$SbCl_3$	cr	-382.11	-323.67	184.1
Sb_2S_3	cr(黑)	-174.9	-173.6	182.0
Sc	cr	0	0	34.64
Sc^{3+}	ao	-614.2	-586.6	-255
Sc_2O_3	cr	$-1\ 908.82$	$-1\ 819.36$	77.0
Se	cr(六方,黑色)	0	0	42.442
Se^{2-}	ao	$-$	129.3	$-$
H_2Se	ao	19.2	22.2	163.6
Si	cr	0	0	18.83
$SiBr_4$	l	-457.3	-443.9	277.8
SiC	cr(β-立方)	-65.3	-62.8	16.61
$SiCl_4$	l	-680.7	-619.84	239.7
$SiCl_4$	g	-657.01	-616.98	330.73
SiF_4	g	$-1\ 614.9$	$-1\ 572.65$	282.49
SiF_6^{2-}	ao	$-2\ 389.1$	$-2\ 199.4$	122.2
SiH_4	g	34.3	56.9	204.62
SiI_4	cr	-189.5	$-$	$-$

物质 B 化学式	状 态	$\dfrac{\Delta_f H_m^{\ominus}}{kJ \cdot mol^{-1}}$	$\dfrac{\Delta_f G_m^{\ominus}}{kJ \cdot mol^{-1}}$	$\dfrac{S^{\ominus}}{J \cdot mol^{-1} \cdot K^{-1}}$
SiO_2	α-石英	−910.49	−856.64	41.84
H_2SiO_3	ao	−1 182.8	−1 079.4	109
H_4SiO_4	ao[H_2SiO_3(ao)+H_2O(l)]	−1 468.6	−1 316.6	180
Sn	cr(白色)	0	0	51.55
Sn	cr(黑色)	−2.09	0.13	44.14
Sn^{2+}	ao	−8.8	−27.2	−17
$Sn(OH)_2$	cr	−561.1	−491.6	155
$SnCl_2$	ao	−329.7	−299.5	172
$SnCl_4$	l	−511.3	−440.1	258.6
SnS	cr	−100	−98.3	77.0
Sr	cr(α)	0	0	52.3
Sr^{2+}	ao	−545.80	−559.48	−32.6
$SrCl_2$	cr(α)	−828.9	−781.1	114.85
$SrCO_3$	cr(菱锶矿)	−1 220.1	−1 140.1	97.1
SrO	cr	−592.0	−561.9	54.5
$SrSO_4$	cr	−1 453.1	−1 340.9	117
Ti	cr	0	0	30.63
$TiCl_3$	cr	−720.9	−653.5	139.7
$TiCl_4$	l	−804.2	−737.2	252.34
TiO_2	cr(金红石)	−944.7	−889.5	50.33
Tl	cr	0	0	64.18
Tl^+	ao	0	0	64.18
Tl^+	ao	5.36	−32.40	125.5
Tl^{3+}	ao	196.6	214.6	−192
$TlCl_3$	ao	−315.1	−274.4	134
UO_2	cr	−1 084.9	−1 031.7	77.03
UO_2^{2+}	ao	−1 019.6	−953.5	−97.5
UF_6	g	−2 147.4	−2 063.7	377.9
UF_6	cr	−2 197.0	−2 068.5	227.6
V	cr	0	0	28.91

续表

物质 B 化学式	状 态	$\dfrac{\Delta_f H_m^{\ominus}}{kJ \cdot mol^{-1}}$	$\dfrac{\Delta_f G_m^{\ominus}}{kJ \cdot mol^{-1}}$	$\dfrac{S^{\ominus}}{J \cdot mol^{-1} \cdot K^{-1}}$
VO^{2+}	ao	−486.6	−446.4	−133.9
VO_2^+	ao	−649.8	−587.0	−42.3
V_2O_5	cr	−1 550.6	−1 419.5	131.0
W	cr	0	0	32.64
WO_3	cr	−842.87	−764.03	75.90
WO_4^{2-}	ao	−1 075.7	—	—
Zn	cr	0	0	41.63
Zn^{2+}	ao	−153.89	−147.06	−112.1
$ZnBr_2$	ao	−397.0	−355.0	52.7
$ZnCl_2$	cr	−415.05	−396.398	111.46
$ZnCl_2$	ao	−488.2	−409.5	0.8
$Zn(CO_3)_2$	cr	−812.78	−731.52	82.4
ZnF_2	ao	−819.1	−704.6	−139.7
ZnI_2	ao	−264.3	−250.2	110.5
$Zn(NH_3)_4^{2+}$	ao	−533.5	−3 301.9	301
$Zn(NO_3)_2$	ao	−568.6	−369.6	180.7
$Zn(OH)_2$	cr(β)	−641.91	−553.52	81.2
$Zn(OH)_4^{2-}$	ao		−858.52	—
ZnS	闪锌矿	−205.98	−201.29	57.7
$ZnSO_4$	cr	−982.8	−871.5	110.5
$ZnSO_4$	ao	−1 063.2	−891.6	−92.0

注:cr 为结晶固体;am 为非晶态固体;l 为液体;g 为气体;ao 为水溶液,非电离物质,标准状态,$b=$ 1 mol/kg 或不考虑进一步解离时的离子。

数据摘自《NBS 化学热力学性质表》[美]国家标准局,刘天珂,赵梦月译,中国标准出版社,1998。

附表 2　弱电解质的解离常数

酸	温度/℃	级	$K_a^{\ominus}$	$pK_a^{\ominus}$
砷酸(H_3AsO_4)	18	1	5.62×10^{-3}	2.25
	18	2	1.70×10^{-7}	6.77
	18	3	3.95×10^{-12}	11.60
亚砷酸(H_3AsO_3)	25		6.00×10^{-10}	9.23
亚硼酸(H_3BO_3)	20	1	7.30×10^{-10}	9.14
	20	2	1.80×10^{-14}	12.74
	20	3	1.60×10^{-14}	13.80

酸	温度/℃	级	$K_a^{\ominus}$	$pK_a^{\ominus}$
碳酸(H_2CO_3)	25	1	4.30×10^{-7}	6.37
	25	2	5.61×10^{-11}	10.25
铬酸(H_2CrO_4)	25	1	1.80×10^{-4}	0.74
	25	2	3.20×10^{-7}	6.49
氢氰酸(HCN)	25		4.93×10^{-10}	9.31
氢氟酸(HF)	25		3.53×10^{-4}	3.45
氢硫酸(H_2S)	18	1	9.10×10^{-8}	7.04
	18	2	1.10×10^{-12}	11.96
次溴酸(HBrO)	25		2.06×10^{-9}	8.69
次氯酸(HClO)	18		2.95×10^{-6}	7.53
次碘酸(HIO)	25		2.30×10^{-11}	10.64
碘酸(HIO_3)	25		1.69×10^{-4}	0.77
亚硝酸(HNO_2)	12.5		4.60×10^{-4}	3.37
高碘酸(HIO_4)	25		2.30×10^{-2}	1.64
正磷酸(H_3PO_4)	25	1	7.52×10^{-3}	2.12
	25	2	6.23×10^{-8}	7.21
	18	3	2.20×10^{-12}	12.67
亚磷酸(H_3PO_3)	18	1	1.00×10^{-2}	2.00
	18	2	2.60×10^{-7}	6.59
硫酸(H_2SO_4)	25	2	1.20×10^{-2}	1.92
亚硫酸(H_2SO_3)	18	1	1.54×10^{-2}	1.81
	18	2	1.02×10^{-7}	6.91
甲酸(HCOOH)	20		1.77×10^{-4}	3.75
醋酸(HAC)	25		1.76×10^{-5}	4.75
草酸($H_2C_2O_4$)	25	1	5.90×10^{-2}	1.23
弱碱电离常数	25	2	6.40×10^{-5}	4.19

碱	温度/℃	级	$K_b^{\ominus}$	$pK_b^{\ominus}$
氨水($NH_3 \cdot H_2O$)	25		1.79×10^{-5}	4.75
氢氧化铍($Be(OH)_2$)	25	2	5.00×10^{-11}	10.30
氢氧化钙($Ca(OH)_2$)	25	1	3.74×10^{-3}	2.43
	30	2	4.00×10^{-2}	1.40
联氨(NH_2-NH_2)	20		1.70×10^{-6}	5.77
羟胺(NH_2OH)	20		1.07×10^{-8}	7.97
氢氧化铅($Pb(OH)_2$)	25		9.60×10^{-4}	3.02
氢氧化银(AgOH)	25		1.10×10^{-4}	3.96
氢氧化锌($Zn(OH)_2$)	25		9.60×10^{-4}	3.02

附表3　一些难溶电解质的溶度积

化合物	溶度积(温度/℃)	化合物	溶度积(温度/℃)
Al		Pb	
氢氧化铝	$4 \times 10^{-13}(15)$	碳酸铅	$3.3 \times 10^{-14}(18)$
	$1.1 \times 10^{-13}(18)$	铬酸铅	$1.77 \times 10^{-14}(18)$
	$3.7 \times 10^{-15}(25)$	氟化铅	$2.7 \times 10^{-8}(9)$
Ba			$3.2 \times 10^{-8}(18)$
碳酸钡	$7 \times 10^{-9}(16)$		$3.7 \times 10^{-8}(26.6)$
	$8.1 \times 10^{-9}(25)$	碘酸铅	$5.3 \times 10^{-14}(9.2)$
铬酸钡	$1.6 \times 10^{-10}(18)$		$1.2 \times 10^{-13}(18)$
	$2.4 \times 10^{-10}(18)$		$2.6 \times 10^{-13}(25.8)$
	$2.4 \times 10^{-10}(28)$	碘化铅	$7.47 \times 10^{-9}(15)$
氟化钡	$1.6 \times 10^{-6}(9.5)$		$1.39 \times 10^{-8}(25)$
	$1.7 \times 10^{-6}(18)$	草酸铅	$2.74 \times 10^{-11}(18)$
	$1.73 \times 10^{-6}(25.6)$	硫酸铅	$1.06 \times 10^{-8}(18)$
碘酸钡($BaIO_3$)·$2H_2O$	$8.4 \times 10^{-11}(10)$	硫化铅	$3.4 \times 10^{-25}(18)$
	$6.5 \times 10^{-10}(25)$	Ca	
草酸钡($BaC_2O_4 \cdot 3\frac{1}{2}H_2O$)	$1.62 \times 10^{-17}(18)$	碳酸钙(方解石)	$0.99 \times 10^{-8}(15)$
$BaC_2O_4 \cdot 2H_2O$	$1.2 \times 10^{-7}(18)$		$0.87 \times 10^{-8}(25)$
$BaC_2O_4 \cdot \frac{1}{2}H_2O$	$2.18 \times 10^{-7}(18)$	氟化钙	$3.4 \times 10^{-11}(18)$
硫酸钡	$0.87 \times 10^{-10}(18)$		$3.95 \times 10^{-11}(26)$
	$1.08 \times 10^{-10}(25)$	碘酸钙($Ca(IO_3)_2 \cdot 6H_2O$)	$22.2 \times 10^{-8}(10)$
	$1.08 \times 10^{-10}(50)$		$64.4 \times 10^{-8}(18)$
Cd		草酸钙($CaC_2O_4 \cdot H_2O$)	$2.57 \times 10^{-9}(25)$
草酸镉($CdC_2O_4 \cdot 3H_2O$)	$1.53 \times 10^{-18}(18)$		$1.78 \times 10^{-9}(18)$
硫化镉	$3.6 \times 10^{-29}(18)$	硫酸钙	$2.45 \times 10^{-5}(25)$
Co		Li	
硫化钴(Ⅱ)	$3 \times 10^{-26}(18)$	碳酸锂	$1.7 \times 10^{-3}(25)$
Cu		Mg	
碘酸铜	$1.4 \times 10^{-7}(25)$	磷酸铵镁	$2.5 \times 10^{-13}(25)$
草酸铜	$2.87 \times 10^{-8}(25)$	碳酸镁	$2.6 \times 10^{-5}(12)$
硫化铜	$8.5 \times 10^{-45}(18)$	氟化镁	$7.1 \times 10^{-9}(18)$
溴化亚铜	$4.15 \times 10^{-8}(18 \sim 20)$		$6.4 \times 10^{-9}(27)$

化合物	溶度积(温度/℃)	化合物	溶度积(温度/℃)
氯化亚铜	$1.02×10^{-6}(18～20)$	氢氧化镁	$1.2×10^{-11}(18)$
碘化亚铜	$5.06×10^{-12}(18～20)$	草酸镁	$8.57×10^{-5}(18)$
硫化亚铜	$2×10^{-47}(16～18)$	Mn	
硫氰酸亚铜	$1.6×10^{-11}(18)$	氢氧化锰	$4×10^{-14}(18)$
Ag		硫化锰	$1.4×10^{-15}(18)$
溴酸银	$3.97×10^{-5}(20)$	Hg	
碘化银	$0.32×10^{-1}(13)$	硫化汞	$4×10^{-53}～2×10^{-49}(18)$
	$1.5×10^{-16}(25)$	溴化亚汞	$1.3×10^{-21}(25)$
	$1.6×10^{-19}(18)$	氯化亚汞	$2×10^{-18}(25)$
硫氰酸银	$0.49×10^{-12}(18)$	碘化亚汞	$1.2×10^{-28}(25)$
	$1.16×10^{-12}(25)$	Ni	
溴酸银	$5.77×10^{-5}(25)$	硫化镍(Ⅱ)	$1.4×10^{-24}(18)$
溴化银	$4.1×10^{-13}(18)$	Sr	
碳酸银	$6.15×10^{-12}(25)$	碳酸锶	$1.6×10^{-1}(25)$
氯化银	$0.21×10^{-10}(4.7)$	氟化锶	$2.8×10^{-9}(18)$
	$0.37×10^{-10}(9.7)$	草酸锶	$5.61×10^{-8}(18)$
	$1.56×10^{-10}(25)$	硫酸锶	$2.77×10^{-7}(2.9)$
	$13.2×10^{-10}(50)$		$3.81×10^{-7}(17.4)$
	$2.5×10^{-10}(100)$	Zn	
铬酸银	$1.2×10^{-12}(14.8)$	氢氧化锌	$1.8×10^{-14}(18～20)$
	$9×10^{-12}(25)$	草酸锌($ZnC_2O_4·2H_2O$)	$1.35×10^{(20)-9}(18)$
重铬酸银	$2×10^{-7}(25)$	硫化锌	$1.2×10^{-23}(18)$
氢氧化银	$1.52×10^{-8}$	Fe	
碘酸银	$0.92×10^{-8}(9.4)$	氢氧化铁	$1.1×10^{-36}(18)$
		氢氧化亚铁	$1.64×10^{-14}(18)$
		草酸亚铁	$2.1×10^{-7}(25)$
		硫化亚铁	$3.7×10^{-19}(18)$

附表 4 标准电极电势表(25 ℃)

电极反应	$E^{\ominus}/V$
$AlF_6^{3-} + 3e^- \rightleftharpoons Al + 6F^-$	-2.07
$Al^{3+} + 3e^- \rightleftharpoons Al$	-1.67
* $Mn(OH)_2 + 2e^- \rightleftharpoons Mn + 2OH^-$	-1.47
* $Zn(OH)_2 + 2e^- \rightleftharpoons Zn + 2OH^-$	-1.245
* $Sn(OH)_6^{2-} + 2e^- \rightleftharpoons HSnO_2^- + 3OH^- + H_2O$	-0.96
$[Co(CN)_6]^{3-} + e^- \rightleftharpoons [Co(CN)_6]^{4-}$	-0.83
* $2H_2O + 2e^- \rightleftharpoons H_2 + 2OH^-$	-0.828
$Zn^{2+} + 2e^- \rightleftharpoons Zn$	-0.762
* $SO_4^{2-} + 3H_2O + 6e^- \rightleftharpoons S^{2-} + 6OH^-$	-0.61
* $2SO_3^{2-} + 3H_2O + 4e^- \rightleftharpoons S_2O_3^{2-} + 6OH^-$	-0.58
* $Fe(OH)_3 + e^- \rightleftharpoons Fe(OH)_2 + OH^-$	-0.56
* $NO_2^- + H_2O + e^- \rightleftharpoons NO + 2OH^-$	-0.46
$Fe^{2+} + 2e^- \rightleftharpoons Fe$	-0.441
* $[Cu(CN)_2]^- + e^- \rightleftharpoons Cu + 2CN^-$	0.43
* $[Co(NH_3)_6]^{2+} + 2e^- \rightleftharpoons Co + 6NH_3(aq)$	-0.442
$2H^+([H^+] = 10^{-7}\ mol/L) + 2e^- \rightleftharpoons H_2$	-0.414
$Cr^{3+} + e^- \rightleftharpoons Cr^{2+}$	-0.41
$Cd^{2+} + 2e^- \rightleftharpoons Cd$	-0.402
* $Hg(CN)_4^{2-} + 2e^- \rightleftharpoons Hg + 4CN^-$	-0.37
* $[Ag(CN)_2]^- + e^- \rightleftharpoons Ag + 2CN^-$	-0.30
$Co^{2+} + 2e^- \rightleftharpoons Co$	-0.277
$Ni^{2+} + 2e^- \rightleftharpoons Ni$	-0.25
$Cu(OH)_2 + 2e^- \rightleftharpoons Cu + 2OH^-$	-0.224
$CuI + e^- \rightleftharpoons Cu + I^-$	-0.180
* $PbO_2 + 2H_2O + 4e^- \rightleftharpoons Pb + 4OH^-$	-0.16
$AgI + e^- \rightleftharpoons Ag + I^-$	-0.151

续表

电极反应	$E^\ominus/V$
$Sn^{2+}+2e^-\Longrightarrow Sn$	-0.140
$Pb^{2+}+2e^-\Longrightarrow Pb$	-0.126
$* CrO_4^{2-}+4H_2O+3e^-\Longrightarrow Cr(OH)_3+5OH^-$	-0.120
$* [Cu(NH_3)_2]^++e^-\Longrightarrow Cu+2NH_3$	-0.11
$* O_2+H_2O+2e^-\Longrightarrow HO_2^-+OH^-$	-0.076
$* MnO_2+2H_2O+2e^-\Longrightarrow Mn(OH)_2+2OH^-$	-0.05
$Fe^{3+}+3e^-\Longrightarrow Fe$	-0.036
$2H^++2e^-\Longrightarrow H_2$	0.000
$* [Co(NH_3)_6]^{3+}+e^-\Longrightarrow [Co(NH_3)_6]^{2+}$	0.1
$S+2H^++2e^-\Longrightarrow H_2S$	0.141
$Sn^{4+}+2e^-\Longrightarrow Sn^{2+}$	0.15
$Cu^{2+}+e^-\Longrightarrow Cu^+$	0.167
$S_4O_6^{2-}+2e^-\Longrightarrow 2S_2O_3^{2-}$	0.17
$* Co(OH)_3+e^-\Longrightarrow Co(OH)_2+OH^-$	0.20
$* IO_3^-+3H_2O+6e^-\Longrightarrow I^-+6OH^-$	0.26
$VO^{2+}+2H^++e^-\Longrightarrow V^{3+}+H_2O$	0.314
$Cu^{2+}+2e^-\Longrightarrow Cu$	0.345
$[Fe(CN)_6]^{3-}+e^-\Longrightarrow [Fe(CN)_6]^{4-}$	0.36
$[Ag(NH_3)_2]^++e^-\Longrightarrow Ag+2NH_3(aq)$	0.373
$2H_2SO_3+2H^++4e^-\Longrightarrow 3H_2O+S_2O_3^{2-}$	0.40
$* O_2+2H_2O+4e^-\Longrightarrow 4OH^-$	0.401
$H_2SO_3+4H^++4e^-\Longrightarrow S+3H_2O$	0.45
$* 2ClO^-+2H_2O+2e^-\Longrightarrow Cl_2+4OH^-$	0.52
$Cu^++e^-\Longrightarrow Cu$	0.522
$I_2+2e^-\Longrightarrow 2I^-$	0.534
$I_3^-+3e^-\Longrightarrow 3I^-$	0.535
$MnO_4^-+e^-\Longrightarrow MnO_4^{2-}$	0.54
$* MnO_4^-+2H_2O+3e^-\Longrightarrow MnO_2+4OH^-$	0.57
$* MnO_4^{2-}+2H_2O+2e^-\Longrightarrow MnO_2+4OH^-$	0.58
$* ClO_3^-+3H_2O+6e^-\Longrightarrow Cl^-+6OH^-$	0.62
$O_2+2H^++2e^-\Longrightarrow H_2O_2$	0.682

续表

电极反应	$E^{\ominus}/V$
$H_3SbO_4 + 2H^+ + 2e^- \Longrightarrow H_3SbO_3 + H_2O$	0.75
$Fe^{3+} + e^- \Longrightarrow Fe^{2+}$	0.771
$Ag^+ + e^- \Longrightarrow Ag$	0.799 1
$* HO_2^- + H_2O + 2e^- \Longrightarrow 3OH^-$	0.88
$* ClO^- + H_2O + 2e^- \Longrightarrow Cl^- + 2OH^-$	0.89
$NO_3^- + 4H^+ + 3e^- \Longrightarrow NO + 2H_2O$	0.96
$VO_2^{3+} + 6H^+ + 7e^- \Longrightarrow VO^{2+} + 3H_2O$	1.031
$Br_2 + 2e^- \Longrightarrow 2Br^-$	1.065 2
$IO_3^- + 6H^+ + 6e^- \Longrightarrow I^- + 3H_2O$	1.085
$IO_3^- + 6H^+ + 5e^- \Longrightarrow \frac{1}{2}I_2 + 3H_2O$	1.195
$O_2 + 4H^+ + 4e^- \Longrightarrow 2H_2O$	1.229
$MnO_2 + 4H^+ + 2e^- \Longrightarrow Mn^{2+} + 2H_2O$	1.23
$Cr_2O_7^{2-} + 14H^+ + 6e^- \Longrightarrow 2Cr^{3+} + 7H_2O$	1.33
$Cl_2 + 2e^- \Longrightarrow 2Cl^-$	1.359 5
$ClO_3^- + 4H^+ + 4e^- \Longrightarrow ClO^- + 2H_2O$	1.42
$ClO_3^- + 6H^+ + 6e^- \Longrightarrow Cl^- + 3H_2O$	1.45
$PbO_2 + 4H^+ + e^- \Longrightarrow Pb^{2+} + 2H_2O$	1.455
$ClO_3^- + 6H^+ + 5e^- \Longrightarrow \frac{1}{2}Cl_2 + 3H_2O$	1.47
$HClO + H^+ + 2e^- \Longrightarrow Cl^- + H_2O$	1.49
$MnO_4^- + 8H^+ + 5e^- \Longrightarrow Mn^{2+} + 4H_2O$	1.51
$NaBiO_3 + 6H^+ + 2e^- \Longrightarrow Bi^{3+} + Na^+ + 3H_2O$	1.61
$HClO + 2H^+ + 3e^- \Longrightarrow Cl_2 + 2H_2O$	1.63
$MnO_4^- + 4H^+ + 3e^- \Longrightarrow MnO_2 + 2H_2O$	1.695
$H_2O_2 + 2H^+ + 2e^- \Longrightarrow 2H_2O$	1.77
$Co^{3+} + e^- \Longrightarrow Co^{2+}$	1.82
$S_2O_8^{2-} + 6e^- \Longrightarrow 2SO_4^{2-}$	2.01

注:本表所采用的标准电极电势系还原电势;表中前面有 * 符号的电极反应是在碱性溶液中进行的,其余都在酸性溶液中进行。

附表 5　某些配离子的不稳定常数

配离子离解式	$K_i^{\ominus}$
$Ag(NH_3)_2^+ \rightleftharpoons Ag^+ + 2NH_3$	8.91×10^{-8}
$Cd(NH_3)_6^{2+} \rightleftharpoons Cd^{2+} + 6NH_3$	7.24×10^{-6}
$Cd(NH_3)_4^{2+} \rightleftharpoons Cd^{2+} + 4NH_3$	7.58×10^{-8}
$Co(NH_3)_6^{2+} \rightleftharpoons Co^{2+} + 6NH_3$	7.76×10^{-6}
$Co(NH_3)_6^{3+} \rightleftharpoons Co^{3+} + 6NH_3$	6.31×10^{-36}
$Cu(NH_3)_4^{2+} \rightleftharpoons Cu^{2+} + 4NH_3$	1.38×10^{-13}
$Ni(NH_3)_6^{2+} \rightleftharpoons Ni^{2+} + 6NH_3$	1.82×10^{-9}
$Ni(NH_3)_4^{2+} \rightleftharpoons Ni^{2+} + 4NH_3$	1.10×10^{-8}
$Zn(NH_3)_4^{2+} \rightleftharpoons Zn^{2+} + 4NH_3$	3.47×10^{-10}
$CuCl_2^- \rightleftharpoons Cu^+ + 2Cl^-$	3.2×10^{-6}
$PbCl_4^{2-} \rightleftharpoons Pb^{2+} + 4Cl^-$	2.51×10^{-2}
$HgCl_4^{2-} \rightleftharpoons Hg^{2+} + 4Cl^-$	8.51×10^{-16}
$Cu(CN)_2^- \rightleftharpoons Cu^+ + 2CN^-$	1.0×10^{-24}
$Cu(CN)_4^{3-} \rightleftharpoons Cu^+ + 4CN^-$	5.01×10^{-31}
$Fe(CN)_6^{4-} \rightleftharpoons Fe^{2+} + 6CN^-$	1.0×10^{-35}
$Fe(CN)_6^{3-} \rightleftharpoons Fe^{3+} + 6CN^-$	1.0×10^{-42}
$Hg(CN)_4^{2-} \rightleftharpoons Hg^{2+} + 4CN^-$	4.0×10^{-42}
$Ag(CN)_2^- \rightleftharpoons Ag^+ + 2CN^-$	7.94×10^{-22}
$Ag(CN)_4^{3-} \rightleftharpoons Ag^+ + 4CN^-$	2.51×10^{-21}
$Zn(CN)_4^{2-} \rightleftharpoons Zn^{2+} + 4CN^-$	2.0×10^{-17}
$AlF_6^{3-} \rightleftharpoons Al^{3+} + 6F^-$	1.44×10^{-20}
$FeF_6^{3-} \rightleftharpoons Fe^{3+} + 6F^-$	1.0×10^{-16}
$Al(OH)_4^- \rightleftharpoons Al^{3+} + 4OH^-$	9.33×10^{-34}
$Sn(OH)_4^{2-} \rightleftharpoons Sn^{2+} + 4OH^-$	5.0×10^{-39}
$Cd(OH)_4^{2-} \rightleftharpoons Cd^{2+} + 4OH^-$	2.40×10^{-9}
$Cu(OH)_4^{2-} \rightleftharpoons Cu^{2+} + 4OH^-$	3.16×10^{-19}
$Pb(OH)_3^- \rightleftharpoons Pb^{2+} + 3OH^-$	2.63×10^{-15}
$Pb(OH)_6^{4-} \rightleftharpoons Pb^{2+} + 6OH^-$	1×10^{-61}
$Ni(OH)_3^- \rightleftharpoons Ni^{2+} + 3OH^-$	4.68×10^{-12}
$Zn(OH)_4^{2-} \rightleftharpoons Zn^{2+} + 4OH^-$	2.19×10^{-18}
$CuI_2^- \rightleftharpoons Cu^+ + 2I^-$	1.41×10^{-9}

配离子离解式	$K_i^{\ominus}$
$PbI_4^{2-} \rightleftharpoons Pb^{2+} + 4I^-$	3.39×10^{-5}
$HgI_4^{2-} \rightleftharpoons Hg^{2+} + 4I^-$	1.48×10^{-30}
$Co(CNS)_4^{2-} \rightleftharpoons Co^{2+} + 4CNS^-$	1.00×10^{-3}
$Cu(CNS)_2^- \rightleftharpoons Cu^+ + 2CNS^-$	6.61×10^{-6}
$Fe(CNS)_2^+ \rightleftharpoons Fe^{3+} + 2CNS^-$	4.36×10^{-4}
$Hg(CNS)_4^{2-} \rightleftharpoons Hg^{2+} + 4CNS^-$	5.89×10^{-22}
$Ag(CNS)_4^{3-} \rightleftharpoons Ag^+ + 4CNS^-$	8.32×10^{-11}
$Ag(CNS)_2^- \rightleftharpoons Ag^+ + 2CNS^-$	2.69×10^{-8}
$Cd(S_2O_3)_2^{2-} \rightleftharpoons Cd^{2+} + 2S_2O_3^{2-}$	3.63×10^{-7}
$Cu(S_2O_3)_3^{3-} \rightleftharpoons Cu^+ + 2S_2O_3^{2-}$	6.02×10^{-13}
$Pb(S_2O_3)_2^{2-} \rightleftharpoons Pb^{2+} + 2S_2O_3^{2-}$	7.41×10^{-6}
$Ag(S_2O_3)^- \rightleftharpoons Ag^+ + S_2O_3^{2-}$	1.51×10^{-9}
$Ag(S_2O_3)_2^{3-} \rightleftharpoons Ag^+ + 2S_2O_3^{2-}$	3.47×10^{-14}
$Ag(en)_2^+ \rightleftharpoons Ag^+ + 2en$	2.00×10^{-8}
$Cd(en)_3^{2+} \rightleftharpoons Cd^{2+} + 3en$	8.31×10^{-11}
$Co(en)_3^{2+} \rightleftharpoons Co^{2+} + 3en$	1.15×10^{-14}
$Co(en)_3^{3+} \rightleftharpoons Co^{3+} + 3en$	2.04×10^{-49}
$Cu(en)_2^+ \rightleftharpoons Cu^+ + 2en$	1.58×10^{-11}
$Cu(en)_3^{2+} \rightleftharpoons Cu^{2+} + 3en$	1.0×10^{-21}
$Fe(en)_3^{2+} \rightleftharpoons Fe^{2+} + 3en$	2.00×10^{-10}
$Hg(en)_2^{2+} \rightleftharpoons Hg^{2+} + 2en$	5.0×10^{-24}
$Mn(en)_3^{2+} \rightleftharpoons Mn^{2+} + 3en$	2.14×10^{-6}
$Ni(en)_3^{2+} \rightleftharpoons Ni^{2+} + 3en$	4.68×10^{-19}
$Zn(en)_3^{2+} \rightleftharpoons Zn^{2+} + 3en$	7.76×10^{-15}
$AlEdta^- \rightleftharpoons Al^{3+} + Edta^{4-}$	7.76×10^{-17}
$CaEdta^{2-} \rightleftharpoons Ca^{2+} + Edta^{4-}$	1.00×10^{-11}
$FeEdta^{2-} \rightleftharpoons Fe^{2+} + Edta^{4-}$	4.68×10^{-15}
$FeEdta^- \rightleftharpoons Fe^{3+} + Edta^{4-}$	5.89×10^{-25}
$MgEdta^{2-} \rightleftharpoons Mg^{2+} + Edta^{4-}$	2.29×10^{-9}
$ZnEdta^{2-} \rightleftharpoons Zn^{2+} + Edta^{4-}$	4.0×10^{-17}

附表 6　常见离子和化合物的颜色

1. 离子

(1) $[Ti(H_2O)_6]^{3+}$（紫色）　　　$[TiO(H_2O_2)]^{2+}$（橘黄色）　　　TiO_2^{2+}（橙红色）

(2) $[V(H_2O)_6]^{2+}$（蓝色）　　　　$[V(H_2O)_6]^{3+}$（暗绿色）　　　VO^{2+}（蓝色）

　　VO_2^{+}（黄色）　　　　　　　VO_2^{3+}（棕红色）　　　　　$V(O_2)O_3^{3-}$（黄色）

(3) $[Cr(H_2O)_6]^{2+}$（天蓝色）　　　$[Cr(H_2O)_6]^{3+}$（蓝紫色）　　　$[Cr(H_2O)_5Cl]^{2+}$（蓝绿色）

　　$[Cr(H_2O)_4Cl_2]^{+}$（绿色）　　　CrO_2^{-}（绿色）　　　　　　CrO_4^{2-}（黄色）

　　$Cr_2O_7^{2-}$（橙色）

(4) $[Mn(H_2O)_6]^{2+}$（浅红色）　　　MnO_4^{2-}（绿色）　　　　　　MnO_4^{-}（紫红色）

(5) $[Fe(H_2O)_6]^{2+}$（浅绿色）　　　$[Fe(H_2O)_6]^{3+}$（淡紫色）　　　$[Fe(CN)_6]^{4-}$（黄色）

　　$[Fe(CN)_6]^{3-}$（红棕色）　　　$[Fe(NCS)_n]^{3-n}$（血红色）

(6) $[Co(H_2O)_6]^{2+}$（粉红色）　　　$[(Co(CN)_3)_6]^{3+}$（黄色）　　　$[Co(NH_3)_6]^{3+}$（橙黄色）

　　$[Co(SCN)_4]^{2-}$（蓝色）

(7) $[Ni(H_2O)_6]^{2+}$（亮绿色）　　　$[Ni(NH_3)_6]^{2+}$（蓝色）

(8) $[Cu(H_2O)_4]^{2+}$（蓝色）　　　$[CuCl_2]^{-}$（棕黄色）　　　　$[CuCl_4]^{2-}$（黄色）

　　$[CuI_2]^{-}$（黄色）　　　　　　$[Cu(NH_3)_4]^{2+}$（深蓝色）

2. 化合物

(1) 氧化物

V_2O_5（红棕色或橙黄色）　　Cr_2O_3（绿色）　　　　CrO_3（橙红色）　　　MnO_2（棕色）

FeO（黑色）　　　　　　　Fe_2O_3（砖红色）　　　CoO（灰绿色）　　　Co_2O_3（黑色）

NiO（暗绿色）　　　　　　Ni_2O_3（黑色）　　　　Cu_2O（暗红色）　　　CuO（黑色）

Ag_2O（褐色）　　　　　　ZnO（白色）　　　　　CdO（棕灰色）　　　Hg_2O（黑色）

HgO（红色或黄色）　　　　PbO_2（棕褐色）　　　　Pb_3O_4（红色）　　　Sb_2O_3（白色）

Bi_2O_3（黄色）

(2) 氢氧化物

$Cr(OH)_3$（灰绿色）　　　$Mn(OH)_2$（白色）　　　$Fe(OH)_2$（白色）　　　$Fe(OH)_3$（红棕色）

$Co(OH)_2$（粉红色）　　　$Co(OH)_3$（褐色）　　　$Ni(OH)_2$（淡绿色）　　　$Ni(OH)_3$（黑色）

$Cu(OH)$（黄色）　　　　　$Cu(OH)_2$（浅蓝色）　　$Zn(OH)_2$（白色）　　　$Cd(OH)_2$（白色）

$Sn(OH)_2$（白色）　　　　$Pb(OH)$（白色）　　　　$Sb(OH)_3$（白色）　　　$Bi(OH)_3$（白色）

$BiO(OH)$（灰黄色）

(3) 铬酸盐

$CaCrO_4$（黄色）　　　　　$BaCrO_4$（黄色）　　　　Ag_2CrO_4（砖红色）　　　$PbCrO_4$（黄色）

(4) 硫酸盐

$CaSO_4$（白色）　　　　　$BaSO_4$（白色）　　　　Ag_2SO_4（白色）　　　$PbSO_4$（白色）

$Cr_2(SO_4)_3 \cdot 6H_2O$（绿色）　　$Cr_2(SO_4)_3 \cdot 18H_2O$（紫色）　　$[Fe(NO)]SO_4$（深棕色）

CoSO$_4$ · 7H$_2$O(红色)　　　　CuSO$_4$ · 5H$_2$O(蓝色)　　Cu$_2$(OH)$_2$SO$_4$(浅蓝色)Hg$_2$SO$_4$(白色)

(NH$_4$)$_2$Fe(SO$_4$)$_2$ · 6H$_2$O(蓝绿色)　　　　　　NH$_4$Fe(SO$_4$)$_2$ · 12H$_2$O(浅紫色)

(5) 磷酸盐

Ca$_3$(PO$_4$)$_2$(白色)　　　　CaHPO$_4$(白色)　　　　Ba$_3$(PO$_4$)$_2$(白色)　　FePO$_4$(浅黄色)

Ag$_3$PO$_4$(黄色)

(6) 碳酸盐

CaCO$_3$(白色)　　　　　　BaCO$_3$(白色)　　　　　Ag$_2$CO$_3$(白色)　　　PbCO$_3$(白色)

MgCO$_3$(白色)　　　　　　FeCO$_3$(白色)　　　　　MnCO$_3$(白色)　　　CdCO$_3$(白色)

Bi(OH)CO$_3$(白色)　　　　Co(OH)$_2$CO$_3$(红色)　　Ni$_2$(OH)$_2$CO$_3$(浅绿色)

Cu$_2$(OH)$_2$CO$_3$(蓝色)　　Zn$_2$(OH)$_2$CO$_3$(白色)　Hg$_2$(OH)$_2$CO$_3$(红褐色)

(7) 草酸盐

CaC$_2$O$_4$(白色)　　　　　BaC$_2$O$_4$(白色)　　　　Ag$_2$C$_2$O$_4$(白色)　　PbC$_2$O$_4$(白色)

FeC$_2$O$_4$(浅黄色)

(8) 硅酸盐

BaSiO$_3$(白色)　　　　　　MnSiO$_3$(肉色)　　　　Fe$_2$(SiO$_3$)$_3$(棕红色)　CoSiO$_3$(紫色)

NiSiO$_3$(翠绿色)　　　　　CuSiO$_3$(蓝色)　　　　ZnSiO$_3$(白色)　　Ag$_2$SiO$_3$(黄色)

(9) 氯化物

CoCl$_2$(蓝色)　　　　　　CoCl$_2$ · H$_2$O(蓝紫色)　CoCl$_2$ · 2H$_2$O(紫红色)

CoCl$_2$ · 6H$_2$O(粉红色)　CrCl$_3$ · 6H$_2$O(绿色)　FeCl$_3$ · 6H$_2$O(黄棕色)TiCl$_3$ · 6H$_2$O(紫色)

BiOCl(白色)　　　　　　SbOCl(白色)　　　　　Sn(OH)Cl(白色)　　Co(OH)Cl(蓝色)

AgCl(白色)　　　　　　CuCl(白色)　　　　　　Hg$_2$Cl$_2$(白色)　　PbCl$_2$(白色)

HgNH$_2$Cl(白色)

(10) 溴化物

AgBr(浅黄色)　　　　　PbBr$_2$(白色)

(11) 碘化物

AgI(黄色)　　　　　　Hg$_2$I$_2$(黄色)　　　　HgI$_2$(橘红色)　　PbI$_2$(黄色)

CuI(白色)

(12) 拟卤化合物

AgCN(白色)　　　　　AgSCN(白色)　　　　CuCN(白色)　　　Cu(CN)$_2$(黄色)

Cu(SCN)$_2$(黑色)

(13) 硫化物

MnS(肉色)　　FeS(黑色)　　Fe$_2$S$_3$(黑色)　　CoS(黑色)　　　NiS(黑色)　　　Cu$_2$S(黑色)

CuS(黑色)　　Ag$_2$S(黑色)　　ZnS(白色)　　CdS(黄色)　　　HgS(红色或黑色)　SnS(棕色)

SnS$_2$(黄色)　　PbS(黑色)　　As$_2$S$_3$(黄色)　　Sb$_2$S$_3$(橙色)　　Sb$_2$S$_5$(橙红色)　Bi$_2$S$_3$(黑褐色)

(14) 其他含氧酸盐

NaBiO$_3$(黄棕色) BaS$_2$O$_3$(白色) BaSO$_3$(白色)　　Ag$_2$S$_2$O$_3$(白色)

(15) 其他化合物

$Mn_2[Fe(CN)_6]$(白色)　　$Zn_2[Fe(CN)_6]$(白色)　　　　$Cu_2[Fe(CN)_6]$(红棕色)

$Ni_2[Fe(CN)_6]$(浅绿色)　　$Co_2[Fe(CN)_6]$(绿色)　　　　$Fe_3[Fe(CN)_6]_2$(蓝色)

$Fe_4[Fe(CN)_6]_3$(蓝色)　　$Na_2[Fe(CN)_5NO]\cdot 2H_2O$(红色)$(NH_4)_3PO_4\cdot 12MoO_3\cdot 6H_2O$(黄色)

(红棕色)　　　　　　(深褐色或红棕色)　　　　　　　　　　(鲜红色)

附表 7　几种缓冲溶液的配制方法

pH 值	配 制 方 法
1.0	0.1 mol/L HCl
2.0	0.01 mol/L HCl
3.6	$NaAc\cdot 3H_2O$ 8 g,溶于适量水中,加 6 mol/L HAc 134 mL,稀释至 500 mL
4.0	$NaAc\cdot 3H_2O$ 20 g,溶于适量水中,加 6 mol/L HAc 134 mL,稀释至 500 mL
4.5	$NaAc\cdot 3H_2O$ 32 g,溶于适量水中,加 6 mol/L HAc 68 mL,稀释至 500 mL
5.0	$NaAc\cdot 3H_2O$ 50 g,溶于适量水中,加 6 mol/L HAc 34 mL,稀释至 500 mL
5.7	$NaAc\cdot 3H_2O$ 100 g,溶于适量水中,加 6 mol/L HAc 13 mL,稀释至 500 mL
7.0	NH_4Ac 77 g,用水溶解后,稀释至 500 mL
7.5	NH_4Cl 60 g,溶于适量水中,加 15 mol/L 氨水 1.4 mL,稀释至 500 mL
8.0	NH_4Cl 50 g,溶于适量水中,加 15 mol/L 氨水 3.5 mL,稀释至 500 mL
8.5	NH_4Cl 40 g,溶于适量水中,加 15 mol/L 氨水 8.8 mL,稀释至 500 mL
9.0	NH_4Cl 35 g,溶于适量水中,加 15 mol/L 氨水 24 mL,稀释至 500 mL
9.5	NH_4Cl 30 g,溶于适量水中,加 15 mol/L 氨水 65 mL,稀释至 500 mL
10.0	NH_4Cl 27 g,溶于适量水中,加 15 mol/L 氨水 197 mL,稀释至 500 mL
10.5	NH_4Cl 9 g,溶于适量水中,加 15 mol/L 氨水 175 mL,稀释至 500 mL
11.0	NH_4Cl 3g,溶于适量水中,加 15 mol/L 氨水 207 mL,稀释至 500 mL
12.0	0.01 mol/L NaOH
13.0	0.1 mol/L NaOH

附表 8　实验室常用酸、碱溶液的浓度

溶 液 名 称	密度/(g/mL)(20℃)	质量百分数/%	物质的量浓度/(mol/L)
浓 H_2SO_4	1.84	98	18
稀 H_2SO_4	1.18	25	3
	1.06	9.1	1
浓 HNO_3	1.42	68	16
稀 HNO_3	1.20	32	6
	1.07	12	2
浓 HCl	1.19	38	12
稀 HCl	1.10	20	6
	1.033	7	2
H_3PO_4	1.7	86	15
浓高氯酸($HClO_4$)	1.70~1.75	70~72	12
稀 $HClO_4$	1.12	19	2
冰醋酸(HAc)	1.05	99~100	17.5
稀 HAc	1.02	12	2
氢氟酸(HF)	1.13	40	23
浓氨水($NH_3 \cdot H_2O$)	0.90	27	14
稀氨水	0.98	3.5	2
浓 NaOH	1.43	40	14
	1.33	30	13
稀 NaOH	1.09	8	2
$Ba(OH)_2$(饱和)	—	2	~0.1
$Ca(OH)_2$(饱和)	—	0.15	

参 考 文 献

[1] JOHN A SUCHOCKI. Conceptual Chemistry[M]. 北京:机械工业出版社,2002.

[2] THEODORE L BROWN,H EUGENE LEMAY,BRUCE E BRUSTEN. Chemistry-the Central Science Ninth Edition[M]. Pearson Education Inc. , 2003.

[3] 大连理工大学化学教研室. 无机化学[M]. 北京:高等教育出版社,2002.

[4] 大学化学编辑部. 今日化学[M]. 北京:高等教育出版社,2002.

[5] 冯莉,王建怀. 大学化学[M]. 徐州:中国矿业大学出版社,2006.

[6] 傅献彩. 物理化学[M]. 第 5 版. 北京:高等教育出版社,2012.

[7] 高颖,邬冰. 电化学基础[M]. 北京:化学工业出版社,2004.

[8] 胡忠鲠. 现代化学基础[M]. 北京:高等教育出版社,2000.

[9] 刘旦初. 化学与人类[M]. 上海:复旦大学出版社,2000.

[10] 彭珊珊. 分析化学[M]. 北京:中国计量出版社,2007.

[11] 申泮文. 近代化学导论[M]. 北京:高等教育出版社,2002.

[12] 宋其圣,孙思修. 无机化学教程[M]. 济南:山东大学出版社,2001.

[13] 唐有祺,王夔. 化学与社会[M]. 北京:高等教育出版社,2002.

[14] 杨宏秀. 材料化学导论[M]. 北京:高等教育出版社,2004.

[15] 杨玉国. 现代化学基础[M]. 北京:中国铁道出版社,2001.

[16] 姚天扬,张爱民,金敏燕,等. 大学基础化学[M]. 南京:南京大学出版社,2007.

[17] 尹汉东,崔庆新,王术皓. 大学化学实验[M]. 青岛:中国海洋大学出版社,2008.

[18] 赵士铎. 普通化学[M]. 第 3 版. 北京:中国农业大学出版社,2007.

[19] 赵晓农. 无机及分析化学导教·导学·导考[M]. 高教版. 西安:西北工业大学出版社,2006.

[20] 赵新生. 化学反应理论导论[M]. 北京:北京大学出版社,2003.

[21] 浙江大学普通化学教研室. 普通化学[M]. 北京:高等教育出版社,2002.